非线性系统的状态估计方法

白晓波　编著

西南交通大学出版社
·成　都·

图书在版编目（CIP）数据

非线性系统的状态估计方法 / 白晓波编著. —成都：西南交通大学出版社，2018.12
ISBN 978-7-5643-6638-4

Ⅰ. ①非… Ⅱ. ①白… Ⅲ. ①非线性系统（自动化）-研究 Ⅳ. ①TP271

中国版本图书馆 CIP 数据核字（2018）第 275571 号

非线性系统的状态估计方法 | 白晓波 编著 | 责任编辑 张宝华 封面设计 何东琳设计工作室

印张 14 字数 265千
成品尺寸 170 mm × 230 mm
版次 2018年12月第1版
印次 2018年12月第1次
印刷 四川森林印务有限责任公司
书号 ISBN 978-7-5643-6638-4

出版发行 西南交通大学出版社
网址 http://www.xnjdcbs.com
地址 四川省成都市二环路北一段111号
西南交通大学创新大厦21楼
邮政编码 610031
发行部电话 028-87600564 028-87600533
定价 56.00元

图书如有印装质量问题 本社负责退换
版权所有 盗版必究 举报电话：028-87600562

前　言

非线性系统的状态估计一直受到国内外研究人员的广泛关注，具有重要的理论意义及使用价值。对于解决非线性状态估计问题，具有代表性的算法是粒子滤波（Particle Filter，PF）和扩展卡尔曼滤波（Extend Kalman Filter，EKF），它们在统计信号处理、经济学、生物统计学、通信、目标跟踪、故障诊断、卫星导航和声呐定位等领域均有广泛的应用前景。

但是，粒子滤波和扩展卡尔曼滤波在实际应用中需要解决一些影响滤波性能的问题，如在粒子滤波中，主要有粒子权值退化、粒子丧失多样性等问题；在扩展卡尔曼滤波中，主要需要解决的是系统参数和噪声数据不准确导致的估计误差较大等问题。因此，本书主要围绕这两条主线展开：一是粒子滤波的改进和优化，二是对 EKF 的改进和优化。

利用群体智能优化算法（Swarm Intelligence Optimization Algorithm，SIOA）对 PF 进行优化具有较强的代表性，为此，作者首先介绍 8 种常见的群体智能算法，如粒子群算法、鸡群算法和蚁群算法等。而较多的学者都是基于粒子群算法对 PF 进行优化的，其基本思路也为其他研究人员提供了重要的借鉴意义；而基于其他智能优化算法对 PF 进行优化也得以快速发展，如先对萤火虫算法、蝙蝠算法和差分进化算法等进行改进，再对 PF 进行优化。在分析和总结众多学者的研究思路的基础上，作者重点研究了利用布谷鸟算法和烟花算法对 PF 进行改进和优化的方法。其基本思想是：由于蝙蝠算法和萤火虫算法易陷入局部最优问题，而烟花算法具有很好的随机性和全局收敛性，因此，基于这些算法对 PF 进行改进和优化而提出了 FWA-PF。然后重点分析了 FWA-PF 的收敛性，以及烟花爆炸半径、火花数对粒子多样性及 PF 性能的影响。另外，作者也探索了利用布谷鸟算法对 PF 进行优化的方法，以及基于多新息理论对 PF 进行优化的方法。在群体智能优化算法优化粒子滤波的基础上，本书最后一章也介绍了其他学者基于其他方法和思想对 PF 的改进，这也为我们的研究提供了重要的借鉴作用。

EKF 作为另一个解决非线性系统状态估计问题的标准方法，作者首先介绍了 EKF 的基本原理和方法，并重点介绍了基于多新息理论优化 EKF，以及其他如基于雁群 PSO、模糊神经网络等对 EKF 优化的方法。最后，介绍了作者本人的基于核偏最小二乘法（Kernel Partial Least Square, KPLS）对 EKF 进行优化的方法。

鉴于作者的研究成果是在其他学者的已有研究成果基础上进行的，这里首先对粒子滤波和扩展卡尔曼滤波的改进与优化做出研究的学者深表感谢。在成书的过程中，西安工程大学管理学院邵景峰教授给予了必要的指导，硕士研究生王蕊超同学为我提供了全力支持，在此表示特别感谢。

非线性状态估计在科学研究和工程应用领域具有重要价值，如工业过程中的状态反馈控制、航空制导系统、飞行目标跟踪、故障诊断和生化反应状态提取等领域。然而，由于作者的研究成果和工程积累尚不十分丰富，书中难免有不足之处，敬请读者不吝赐教。期望此书能起到抛砖引玉的作用，能为我国的科学研究和工程应用贡献微薄之力。

白晓波

2018 年于西安工程大学

目　录

第 1 章　研究背景

Kalman 于 1960 年提出了针对线性高斯问题领域的最优化估计理论，即卡尔曼滤波器（Kalman Filter，KF），它广泛应用于众多行业[1]。此后，人们对其进行了众多的应用研究，如张智勇[2]等提出了改进卡尔曼滤波短时客流预测模型；谢朔[3]和高向东[4]基于多新息理论提出了改进卡尔曼滤波，并分别将改进算法应用于辨识船舶响应模型和焊缝在线识别；文献[5]中的无人机分析控制系统故障检测；其他如文献[6-8]是基于多新息理论的改进 KF 或者扩展卡尔曼滤波（Extended Kalman Filter，EKF）[9]的研究。

然而，卡尔曼滤波器的重点在于对线性高斯问题的求解，而实际问题并不符合这种理想状态，即更多的实际系统的状态方程和量测方程是非线性非高斯的，即量测值带有噪声[10]，且噪声不一定服从高斯分布，这就使得 KF 在应用于这样的系统时状态估计误差较大。因此，针对这类非线性问题，人们又在卡尔曼滤波器的基础上提出了扩展卡尔曼滤波器。其核心思想是：通过 Taylor 展开式，对非线性系统局部线性化，这给弱非线性系统带来了较好的滤波效果。但是，对于强非线性系统，EKF 只能逼近到一阶精度，并不能充分体现系统的强非线性特性，甚至导致系统发散。于是，人们又提出了基于 EKF 和无极变换的另外一种改进的解决非线性问题的滤波器，即无极卡尔曼滤波器（Unscented Kalman Filter，UKF）[11]。其基本思想是利用高斯分布来近似任何一种非线性方程。利用 UKF 能够取得三阶矩的后验均值与协方差估计。但是，正是由于它是对非线性系统的后验概率密度的高斯假设，才使得它对非高斯分布模型的适用性不好。

1.1　粒子滤波理论

从线性高斯问题到非线性非高斯问题，产生的另外一种著名方法就是粒子滤波(Particle Filter，PF)，也称为序贯蒙特卡罗方法(Sequential Monte Carlo

Methods，SMC)。其基本思想是利用一组粒子近似表示系统在 k 时的后验概率分布，而非线性系统在 k 时的状态就用其近似分布表示。

1.1.1 非线性滤波问题描述

设描述织造过程的非线性动态系统的状态空间模型为：

$$x_k = f_k(x_{k-1}, v_{k-1}) \tag{1-1}$$

$$z_k = h_k(x_k, u_k) \tag{1-2}$$

其中，x_k 表示织造过程在 k 时刻所处的状态，z_k 表示织造过程在 k 时刻的观测向量，$f_k: A'^{n_x} \times A'^{n_x} \to A'^{n_x}$ 为织造状态转移函数，$h_k: A'^{n_x} \times A'^{n_x} \to A'^{n_x}$ 为织造系统量测函数；v_k、u_k 为织造过程噪声及观测噪声。假设织造过程为 m 阶马尔科夫模型，那么，织造数据的非线性滤波问题就转化为带有噪声的织造量测数据，递归估计的非线性织造过程的后验概率密度为 $p(x_{0:k} \mid z_{1:k})$，其中，$x_{0:k} = \{x_0, x_1, \cdots, x_k\}$ 为 k 时织造过程的状态序列，$z_{1:k} = \{z_1, z_2, \cdots, z_k\}$ 为 k 时织造过程的量测序列。文献[16]对 m 阶马尔科夫假设下的后验概率密度函数 $p(x_{0:k} \mid z_{1:k})$ 进行了推导，结论如下：

$$p(x_{0:k} \mid z_{1:k}) = p(z_k \mid x_k) p(x_k \mid x_{k-m:k-1}, z_{1:k-1}) p(x_{0:k-1} \mid z_{1:k-1}) \tag{1-3}$$

1.1.2 粒子滤波的基本原理

20 世纪 40 年代，Metropolis 等人提出了蒙特卡罗方法（Monte Carlo Method）[17]。其后，国内外很多学者对粒子滤波中的主要问题进行了深入研究，如粒子权值退化问题、粒子匮乏现象和自适应粒子数量选择策略等[16]。

粒子滤波基本原理是利用贝叶斯滤波理论来解决状态估计问题的，要计算粒子权重，要使用蒙特卡罗序列方法来确定状态的后验概率。其过程如下：

已知状态的初始概率密度函数为 $p(x_0 \mid z_0) = p(x_0)$，状态更新方程为：

$$p(x_k \mid z_{1:k}) = \frac{p(z_k \mid x_k) p(x_k \mid z_{1:k-1})}{p(z_k \mid z_{1:k-1})} \tag{1-4}$$

蒙特卡罗方法是解决上述贝叶斯估计问题的有效方法，其基本思想是：将积分运算转化为有效样本点的求和运算。通常使用的采样算法是：从已知容易采样且极度近似后验概率分布的重要性密度函数 $q(x_{0:k} \mid z_{1:k})$ 中采样，再

通过样本加权近似 $p(x_{0:k} | z_{1:k})$，然后进行重采样可得 N 个随机样本点 $\{x_{k-1}^i\}_{i=1}^N$，则其概率密度函数为：

$$p(x_k | z_{1:k}) \approx \sum_{i=1}^{N} \omega_k^i \delta(x_k - x_k^i) \tag{1-5}$$

式中

$$\omega_k^i = \omega_{k-1}^i \frac{p(z_k | x_k^i) p(x_k^i | x_{k-1}^i)}{q(x_k^i | x_{k-1}^i, z_k)} \tag{1-6}$$

然而，在实际应用时存在抽取有效样本困难的问题，为此，引入了重要性采样方法，文献[16]中对此进行了详细阐述。主要计算公式如下：

$$\omega_k^i = \omega_{k-1}^i \frac{p(z_k | x_k^i) p(x_k^i | x_{k-m:k-1}^i)}{q(x_k^i | x_{k-m:k-1}, z_k)} \tag{1-7}$$

式中 ω_k^i 为 k 时刻、第 i 个粒子的权值。在粒子滤波过程中，主要计算量在于重新采样，以防粒子权重退化，因此，其时间复杂度为 $O(N^2)$，N 为采样时粒子数。

基于以上内容，m 阶粒子滤波表示如下：

For $k = 0,1,2,\cdots$,

（1）根据重要性采样密度函数初始化 N 个粒子 $x_k^i \sim q(x_k | x_{k-m:k-1}^i, z_k)$，得粒子集合 $x_{0:k}^i = (x_{0:k-1}^i, x_k^i), i = 1,\cdots,N$。

（2）利用公式（1-7）计算 N 个粒子权值。

（3）粒子权值归一化：

$$\omega_k^i = \frac{\omega_k^i}{\sum_j \omega_k^j}, i = 1,\cdots,N \tag{1-8}$$

（4）$k = k + 1$，返回步骤（1）。

end For

1.1.3　标准粒子滤波 Matlab 程序实例

通过 Matlab 源程序，以更加直观的方式说明 1.1.2 节中的粒子滤波原理，下面给出状态方程和量测方程：

$$x = \frac{1}{2}x + 20\frac{x}{1+x^2} + 8(\cos(1.5(k-1))^2) + sqrt(Q) \times rand\ n \tag{1-9}$$

$$y = \frac{x^2}{20} + sqrt(R) \times rand\ n \tag{1-10}$$

其中 $Q = 10$ 为系统过程噪声方差，$R = 10$ 为量测噪声方差，rand n 为正态分布的随机数。基于式（1-9）和（1-10），下面给出粒子滤波仿真程序：

```
x=5; % initial state 初始状态
Q=10; % process noise covariance 过程噪声方差
R=10; % measurement noise covariance 测量噪声方差
tf=200; % simulation length 模拟长度
N=100; % number of particles in the particle filter 粒子过滤器中的粒子数
xhat=x; %xhat=x=0.1
P=2;
xhatPart=x; %xhatPart=x=0.1
% initialize the particle filter
    初始化粒子滤波，xpart 值用来在不同时刻生成粒子
t1=clock;
for i=1 : N
    xpart(i)=x + sqrt(P)*rand n;
    % rand n 产生标准正态分布的随机数或矩阵的函数
end %初始化 xpart(i)为生成的 100 个随机粒子
xArr=[x]; %xArr=x=0.1
xhatPartArr=[xhatPart]; %xhatPartArr=[xhatPart]=0.1
close all;
%粒子分布
particles=zeros(1,N);
estValue=0;
for k=1 : tf  %tf 为时间长度，k 可以理解为时间轴上的 k 时刻
   % system simulation 系统仿真
   % x 数据为时刻 k 的真实状态值
   x=1/2*x + 20*x / (1 + x^2) + 8*(cos(1.5*(k-1))^2) + sqrt(Q)*rand n;
   %状态方程(1)
   y=x^2 / 20 + sqrt(R)*rand n; %观测方程(2)
```

观测方程是在观测值和待估参数之间建立的函数关系式。

```
statusArr(k)=x;
observeArr(k)=y;
% particle filter
  生成 100 个粒子，并根据预测值和观测值的差值计算各个粒子的权重
for i=1 : N
  xpartminus(i)=1/2*xpart(i) + 20*xpart(i)/(1 + xpart(i)^2) + 8*(cos(1.5*(k-1))^2) +
            sqrt(Q) *rand n;
  ypart=xpartminus(i)^2 / 20;
  vhat=y-ypart; %观测值和预测值的差
  q(i)=(1 / sqrt(R) / sqrt(2*pi)) * exp(-vhat^2 / 2 / R);
  %根据差值给出 100 个粒子对应的权重
end
% normalize the likelihood of each a priori estimate
  每一个先验估计正常化的可能性
qsum=sum(q);
for i=1 : N
  q(i)=q(i) / qsum; %归一化权重，较大的权重除以 qsum 后不为零，
                  大部分较小的权重除以 qsum 后为零
end
% resample 重新取样
for i=1 : N
  u=rand; % uniform random number between 0 and 1
          0 和 1 之间的均匀随机数
  qtempsum=0;
  for j=1 : N
    qtempsum=qtempsum + q(j);
    if qtempsum >=u %重采样对低权重进行剔除，同时保留高权重，
                    防止退化
      xpart(i)=xpartminus(j);
      break;
    end
  end
```

```
    end
    % the particle filter estimate is the mean of the particles
      粒子滤波的估计是颗粒的平均值
    xhatPart=mean(xpart); %经过粒子滤波处理后的均值
    if k==100
        particles=xpart;
        estValue=xhatPart;
    end
    % plot the estimated pdf's at a specific time
      绘制在特定的时间估计的概率密度函数
    if k==20 % particle filter pdf
      pdf=zeros(81,1);
      for m=-40 : 40
        for i=1 : N
          if (m <=xpart(i)) && (xpart(i) < m + 1)
         %pdf 为概率密度函数,这里是 xpart(i)值落在[m, m + 1)上的次数
            pdf(m + 41)=pdf(m + 41) + 1;
          end
        end
      end
      figure;
      m=-40 : 40;
      %此图 1 绘制 k=20 时刻 xpart(i)区间分布密度
      plot(m,pdf/N,'r');
      hold;
      title('Estimated pdf at k=20');
      disp(['min,max xpart(i) at k=20 : ',num2str(min(xpart)),',',num2str (max(xpart))]);
    end
    % save data in arrays for later plotting
    xArr=[xArr x];
    xhatPartArr=[xhatPartArr xhatPart];
  end
  t2=clock;
  t3=etime(t2,t1);
```

```
%xlswrite('outData_store.xls',[xArr',xhatPartArr']);
t=0:tf;
figure;
plot(t,xArr,'b.',t,xhatPartArr,'g'); % xArr 为真值，xhatPartArr 为粒子滤波值
xlabel('time step'); ylabel('state');
legend('True state','Particle filter estimate');
```

1.1.4 粒子滤波存在的问题

PF 的粒子采样存在两个主要问题：一是粒子权值退化。为了解决该问题，Gordon[12]等人引入重采样（Resampling）方法；二是粒子贫化，丧失多样性。该问题又是由重采样导致的。因为重采样方法是复制权值较大的粒子以留作下一次迭代使用，然而在舍弃权值较小的粒子时，会导致部分权值较大的粒子可能被多次采样，这就导致粒子丧失了多样性。因此，为了保证算法的有效性，需要有足够多的粒子数，但粒子过多会增加运算量，影响算法实时性。为此，针对粒子滤波的粒子权值退化和丧失多样性问题，很多学者进行了研究。

1.1.5 重要性采样密度函数设计

在粒子滤波中，主要的步骤在于粒子的重要性采样。文献[13]指出，最优的重要性采样密度函数为 $p(x_k \mid x_{0:k-1}, z_{1:k})$，以其作为重要性采样密度函数可使得粒子权值的方差最小，进而降低权值退化的影响。然而，实现最优的重要性采样函数非常困难。为此，研究人员设计了次优的重要性采样密度函数构造方法，主要有三类[10]：一是利用非线性的滤波器 EKF 或 UKF 来构造重要性采样密度函数；二是 Auxiliary 粒子滤波（APF）[14]；三是利用优化算法发现非规范的最优采样密度模式，并拟合分散的学生 t-分布(Student's t-distribution)，进而模仿最优采样。但该方法需为每个粒子进行优化求解，算法的时间复杂度很高。

1.2 小 结

这一章重点阐述了非线性系统的研究背景，以及一个主要的非线性系统状态估计的方法——粒子滤波，以便为后续章节理论的阐述起到引领作用。

参考文献

[1] KIM P，HUH L. Kalman filter for beginners：with matlab examples[M]. Georgia：Create Space Independent Publishing Plat，2011.

[2] 张智勇，张丹丹，贾建林，等. 基于改进卡尔曼滤波的轨道交通站台短时客流预测[J]. 武汉理工大学学报:交通科学与工程版,2017,41(06)：974-977.

[3] 谢朔，陈德山，初秀民，等. 改进多新息卡尔曼滤波法辨识船舶响应模型[J]. 哈尔滨工程大学学报，2018，39(02)：282-289.

[4] 高向东，许二娟，李秀忠. 多新息理论优化卡尔曼滤波焊缝在线识别[J]. 焊接学报，2017，38(03)：1-4＋129.

[5] 刘晓东，钟麦英，柳海. 基于 EKF 的无人机飞行控制系统故障检测[J]. 上海交通大学学报，2015，49(6)：884-888.

[6] 刘毛毛，秦品乐，吕国宏，等. 基于多新息理论的 EKF 改进算法[J]. 计算机应用研究，2015，32(05)：1568-1571.

[7] 刘毛毛，吕国宏，常江. 基于多新息理论的卡尔曼滤波改进算法[J]. 中北大学学报(自然科学版)，2015，36(02)：234-239.

[8] 吕国宏，秦品乐，苗启广，等. 基于多新息理论的 EKF 算法研究[J]. 小型微型计算机系统，2016，37(03)：576-580.

[9] DOUCET A，JOHANSEN A M. A tutorial on particle filtering and smoothing：Fifteen years later//CRISAN D，ROZOVSKII B，eds. The Oxford Handbook of Nonliner Filtering. New York：Oxford University Press，2011：656-704.

[10] 王法胜，鲁明羽，赵清杰，等. 粒子滤波算法[J]. 计算机学报，2014，37(08)：1679-1694.

[11] 王璐，李光春，乔相伟，等. 基于极大似然准则和最大期望算法的自适应 UKF 算法[J]. 自动化学报，2012，38(07)：1200-1210.

[12] GORDON N J，SALMOND D J，SMITH A F M. Novel approach to nonlinear/non-Gaussian Bayesian state estimation [J]. IEE Proceedings F：Radar and Signal Processing，1993，140(2)：107-113.

[13] CORNEBISE J, MOULINES É, OLSSON J. Adaptive methods for sequential importance sampling with application to state space models[J]. Statistics & Computing, 2013, 18(4): 461-480.
[14] JOHANSEN A M, DOUCET A. A note on auxiliary particle filters[J]. Statistics & Probability Letters, 2008, 78(12): 1498-1504.
[15] 胡士强，敬忠良. 粒子滤波算法综述[J]. 控制与决策，2005(04): 361-365+371.
[16] 李孟敏. 粒子滤波算法综述[J]. 中国新通信，2015，17(10):5.
[17] Chan V. Theory and applications of Monte Carlo simulations. Rijeka, Croatia: InTech,2013.

第 2 章　群体智能算法

自然界中大多数动物往往以群居的方式生活及生存，如狼群、羊群、鸟群、鱼群、蜂群等群体。其原因主要是群体中单个成员的生存能力有限，而整个群体却能够表现出强大的战斗力和生命力，这种战斗力和生命力不仅表现在个体能力的单方面叠加，还存在着各种信息的传递和交换，而个体依据接收到的信息可对自己的行为进行调整，最终体现出群体智能。群体智能（Swarm Intelligence，SI）是一类具有自组织行为智能群体的总称，即基于个体群成员的聚集，也表现出独立的智能。1989 年，Gerardo Beni 和 Jing Wang 在文章《*Swarm Intelligence*》中第一次提出了“群体智能”概念[1]。SI 可以表达为由个体内部之间、个体与内外部环境之间的相互作用最终实现的智能信息交互行为，而且群体中的个体都遵循简单的行为规则，同时，群体之间没有统一的控制中心，个体之间的相互作用最终表现为整个种群上的智能[2]。SI 的优点在于[3]：

（1）灵活性：整个种群能够快速适应变化的环境。

（2）鲁棒性：即使少数个体无法工作，整个种群依然能够正常运转。

（3）自组织性：整个种群只需要相对较少的监督或自上而下的控制。

基于此，近年来国内外学者通过观察、研究、模拟动物的群体信息交互模式，提出许多新型的群体智能算法，这些算法主要表现为算法参数较少、进化过程相对简单、运算速度快、全局搜索能力较强，它适用于解决高维和多目标优化问题。对此，本章将选取部分经典群体智能算法，如粒子群优化算法、萤火虫算法、布谷鸟算法、鸡群算法、蝙蝠算法、烟花算法、差分进化算法、混合蛙跳算法、蚁群算法等进行阐述及介绍。

2.1　粒子群优化算法

2.1.1　产生背景

优化问题是在工业生产和设计过程中经常遇到的现实问题，许多问题最后都可以归结为优化问题。优化问题有两个核心问题：一是要求寻找全局最小点；二是要求有较高的收敛速度。为了解决各个领域中的优化问题，学者们提出了许多优化算法，比较著名的有爬山法、遗传算法等。其中，爬山法具有较高的精度，但是容易陷入局部极小。而遗传算法属于进化算法中的一种，它通过模仿自然界中生物的选择与遗传机理来寻找最优解。遗传算法有三个基本算子：选择、交叉和变异。但是遗传算法的程序编码实现较为复杂，主要表现为：首先需要对问题进行统一编码，找到最优解之后还需要对问题进行解码。此外，三个算子的表达式中有许多参数，如交叉率和变异率，并且这些参数的选择直接影响解的质量。而且，目前这些参数的确定，大部分是依靠学者们的经验进行的。

科学家们通过对大自然中群体性动物的观察，发现兽群、鸟群、鱼群等在其捕食、迁徙过程中（见图 2-1），通常表现出高度的组织性和纪律性。是这些现象吸引了很多研究人员的浓厚兴趣，并对其进行了深入研究，其中包括动物学家、计算机科学家、社会心理学家等领域的专家和学者。例如，1987 年，Reynolds 利用计算机技术实现了对鸟群运动的可视化仿真[4]，这些理论成果为粒子群的提出奠定了理论基础和思想来源。

图 2-1　自然界中的鸟群和鱼群

在 Reynolds 的鸟群社会系统中，一群鸟在天空中飞行，每个鸟都服从以下三个原则：

（1）与邻近的鸟最大限度地避免相撞。

（2）与自己相邻的鸟保持协调性。

（3）向整个群体中具有最优位置的鸟靠近。

依据这三条简单的原则，鸟群社会系统就出现了非常逼真的群体聚集行为，主要表现为鸟成群地在空中飞行，当它们遇到障碍物时会分开绕行而过，随后又会重新形成群体。

基于此，1995 年，Eberhart 博士和 Kennedy 博士提出了一种新的算法：

粒子群优化算法（Particle Swarm Optimization，PSO）。该算法以其实现容易、精度高、收敛快等优点引起了学术界的重视，并且在解决实际问题的过程中展示了其优越性[5]。

粒子群优化算法是一种进化计算技术（Evolutionary Computation），它主要源于Eberhart博士和Kennedy博士对鸟群捕食行为的研究。该算法起初是受到飞鸟集群活动的规律性启发，进而利用群体智能思想建立的一个简化模型。具体而言，粒子群优化算法是在对动物（如鸟群、鱼群）集群活动行为观察的基础上，利用群体中个体对信息的共享使整个群体的运动在问题求解空间中产生从无序到有序的演化过程，从而获得最优解。

粒子群优化算法表达了学者们对生物群体聚集活动（如迁徙、捕食等）的认识，并且将这些活动行为借助计算机程序或者软件来进行模拟和仿真，同时与各自的研究背景相结合，是多学科相融合的产物。Eberhart 是一名电子电气工程师，而 Kennedy 是一位社会心理学家，他们将社会心理学上的个体认知、社会影响、群体智慧等思想进行融合，并应用于组织性和规律性很强的群体行为中，进而开发出一个可用于工程实践的优化工具。

PSO的指导思想是群体中的所有成员在觅食过程中发现和积累的经验对每一个个体都有益处。Eberhart 和 Kennedy 也说，他们在设计 PSO 的时候，不仅考虑了模拟生物的群体活动,更重要的是融入了一些社会心理学的理论，包括个体认知（Self-cognition）和社会影响（Social-influence）。这有可能是Kennedy受到生物学家 Wilson 的启发并结合自身研究领域的优势的结果[6]。

2.1.2 基本思想

自然界中，鸟群是如何进行捕食的呢？真实的捕食行动是这样的：外出捕食的鸟群通过自己的搜索和群体的合作来确定食物的具体位置。粒子群优化算法通过模拟鸟群捕食过程，将该过程虚拟化：空中有一群鸟在寻找食物，食物只存在于搜索区域中的某一点。起始时，每只鸟都不知道食物的具体位置，但它们可以估计其当前所在位置距离食物有多远（假设可以通过食物香味的浓淡程度来判断食物的远近等）。每只小鸟在飞行过程中会不断地记录和更新它曾经到过的距离食物最近的位置，同时，它们通过与其他的粒子（也就是小鸟）进行交流来比较大家所找到的最好的位置，从而得到一个当前整个鸟群已经找到的最好的位置。这样，小鸟在飞行的时候就有了一个指导方向，再结合自身的经验和整个种群的经验，调整自己的飞行速度和位置，不断地寻找距离食物更近的位置，最后整个群体会聚集到食物所在的地方。通过上述模拟，可以认为找到食物的比较好的办法就是搜索当前距离食物源较近的鸟所在的空间区域。因此，Eberhart 和 Kennedy 从中受到启发并创造了粒子群模型，并借助该模型来解决优化问题。

PSO 是一种模拟鸟群觅食行为的随机优化方法，它基于群体的搜索过程，将粒子的个体分组成群，而群中的每个粒子代表优化问题的一个候选解。在搜索空间内，粒子位置的改变是基于个体模仿其他粒子成功的社会心理倾向。群内粒子的改变主要受到其邻居的经验或知识的影响，粒子利用自己已经历的最佳位置和邻居的最优位置来调整自己的位置并指向最优解，每个粒子的性能（即粒子靠近全局最优解的程度）是通过预先定义的，用与求解问题相关的适应度函数来衡量。因此，一个粒子的搜索行为往往会受到群中其他粒子的影响，也就是说，PSO 是一种共生协同算法。结果是：粒子一边向最优解位移，一边在当前最好位置的周围进行搜索和开发，并最终找到整个种群的最优解。对比鸟群觅食及 PSO 的基本思想，表 2-1 给出了鸟群觅食的基本生物要素和 PSO 的基本定义。

表 2-1 鸟群觅食和 PSO 的基本定义对照表

鸟群觅食	粒子群优化算法
鸟群	搜索空间的一组有效解（表现为种群规模 N）
觅食空间	问题的搜索空间（表现为维数 D）
飞行速度	解的速度向量 $\vec{V}_i=(v_{i1},v_{i2},\cdots,v_{iD})^{\mathrm{T}}$
所在位置	解的位置向量 $\vec{X}_i=(x_{i1},x_{i2},\cdots,x_{iD})^{\mathrm{T}}$
个体认知与群体协作	根据自身的历史最优位置和群体的全局最优位置更新速度和位置
找到食物	算法结束，输出全局最优解

2.1.3 算法基本流程

粒子群优化算法是基于群体的演化算法，其核心思想主要来源于人工生命和演化计算理论。Reynolds 通过对鸟群飞行行为的研究发现，小鸟起初仅能够追踪它的有限数量的邻居，而最终的结果则是整个鸟群好像是在同一个中心的控制之下完成的，即：复杂的全局行为是由简单规则的相互作用引起的。而 PSO 的提出，源于对鸟群觅食行为的研究，即：一群鸟在随机搜寻食物，如果这个区域内只有一处存在食物，那么找到食物的最简单有效的策略就是搜寻目前距离食物最近的鸟的周围区域。PSO 就是从这种模型中得到启示而产生的，并应用于解决优化问题。而我们人类通常是以他们自己及他人的经验来作为决策的依据，这就构成了 PSO 的一个基本概念。

用 PSO 求解优化问题时，问题的解对应于搜索空间中一只鸟的位置，称这些鸟为“粒子”（Particle）或“主体”（Agent）。每个粒子都有自己的位置和速度（决定飞行的方向和距离），同时还存在一个由被优化函数决定的适应值。各个粒子记忆和追随当前的最优粒子，并在解空间中进行搜索。每次迭代的过程并非完全随机的，一旦寻找到较好的解，将会以此为依据来寻找下一个解。具体而言：

令 PSO 初始化为一群随机粒子（随机解），在每一次迭代中，各个粒子通过跟踪两个“极值点”来更新自己的位置。第一个就是粒子本身所找到的最好解，叫作个体极值点（用 pbest 表示其位置）；全局版 PSO 中的另一个极值点是整个种群目前找到的最好解，称为全局极值点（用 gbest 表示其位置），而局部版 PSO 不用整个种群，而是借助其中一部分作为粒子的邻居，而所有邻居中的最好的解为局部极值点（用 lbest 表示其位置）。在找到这两个最好解后，粒子根据下面的式（2-1）和式（2-2）来更新自己的速度和位置，其在二维空间中的关系如图 2-2 所示。

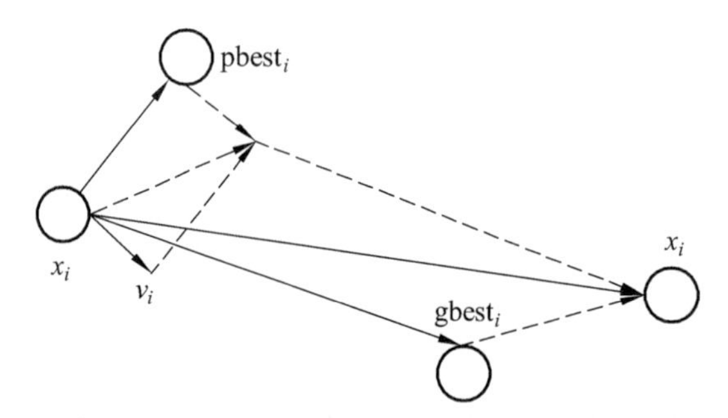

图 2-2　PSO 中粒子的速度与位置在二维空间中的关系及更新示意图

粒子 i 的信息可以用 D 维向量表示，位置表示为 $X_i=(x_{i1},x_{i2},\cdots,x_{iD})^{\mathrm{T}}$，速度为 $V_i=(v_{i1},v_{i2},\ldots,v_{iD})^{\mathrm{T}}$，其他向量类似，则速度和位置的更新方程为：

$$v_{id}^{k+1}=v_{id}^{k}+c_1 rand_1^k(pbest_{id}^k-x_{id}^k)+c_2 rand_2^k(gbest_{id}^k-x_{id}^k) \tag{2-1}$$

$$x_{id}^{k+1}=x_{id}^{k}+v_{id}^{k+1} \tag{2-2}$$

式（2-1）、（2-2）中，v_{id}^k 是粒子 i 在第 k 次迭代中第 d 维的速度；c_1,c_2 是加速

系数（或称学习因子），分别调节向全局最好粒子和个体最好粒子方向飞行的最大步长。c_1, c_2 若太小，粒子则可能远离目标区域；若太大，则会导致粒子突然向目标区域飞去，或飞过目标区域[7]。合适的 c_1 和 c_2 可以加快收敛且不易陷入局部最优，缺省情况下一般设 $c_1 = c_2 = 2$，但也有实验结果表明 $c_1 = c_2 = 0.5$ 可以获得更好的结果。近期的工作表明，取 c_1 小于 c_2 但要满足 $c_1+c_2 \leqslant 4$ 能得到更佳的效果[8]；$rand_{1,2}$ 是区间 [0,1] 的随机数；x_{id}^k 是粒子 i 在第 k 次迭代中第 d 维的当前位置；$pbest_{id}$ 是粒子 i 在第 d 维的个体极值点的位置（即坐标）；$gbest_d$ 是整个种群在第 d 维的全局极值点的位置。

为了防止粒子远离搜索空间，粒子的每一维速度 v_d 都会被钳位在区间 $[-v_{d\max}, +v_{d\max}]$，$v_{d\max}$ 若太大，粒子将飞离最好解，若太小，粒子将会陷入局部最优。假设将搜索空间的第 d 维定义为区间 $[-x_{d\max}, +x_{d\max}]$，则通常有 $v_{d\max} = kx_{d\max}$，$0.1 \leqslant k \leqslant 1.0$。每一维都用相同的方法设置。

对此，PSO 的基本流程可以描述为：

Step1：初始化。

初始搜索点的位置 X_i^0 及其速度 V_i^0。通常，位置及速度的选取是在允许的范围内随机产生的，每个粒子的 pbest 坐标设置为其当前位置，且计算出其相应的个体极值（即个体极值点的适应度值），而全局极值（即全局极值点的适应度值）就是个体极值中最好的，记录该最好值的粒子序号，并将 gbest 设置为该最好粒子的当前位置。

Step2：评价每一个粒子。

计算粒子的适应度值，如果该值优于该粒子当前的个体极值，则将 pbest 设置为该粒子的当前位置，同时更新个体极值。如果所有粒子的个体极值中最好的优于当前的全局极值，则将 gbest 设置为该粒子的当前位置，并记录该粒子的序号，同时更新全局极值。

Step3：粒子的更新。

用式（2-1）和式（2-2）对每一个粒子的速度和位置进行更新。

Step4：检验是否符合结束条件。

如果当前的迭代次数达到了预先设定的最大次数（或达到最小错误要求），则停止迭代，输出最优解，否则转到 Step2。

综上，PSO 有如下特征：

特征 1：基本 PSO 最初是处理连续优化问题的。

特征 2：类似于遗传算法（GA），PSO 也是多点搜索。

特征 3：式（2-1）的第一项对应于多样化（Diversification）的特点，第二项、第三项对应于搜索过程的集中化（Intensification）特点，因此这个方法可以在多样化和集中化之间建立均衡[9]。

PSO 有全局版和局部版两种。全局版 PSO 收敛快，但有时会陷入局部最优。局部版 PSO 通过保持多个吸引子来避免早熟，假设每一个粒子在大小不同的 l 的邻域内定义一个集合 N_i：

$$N_i = \{pbest_{i-l}, pbest_{i-l+1}, \cdots, pbest_{i-1}, pbest_i, pbest_{i+1}, \cdots, pbest_{i+l-1}, pbest_{i+l}\} \quad (2\text{-}3)$$

从 N_i 中选出最优的，并将其位置作为 lbest 来代替公式中的 gbest，其他与全局版 PSO 相同。实验发现，局部版 PSO 比全局版收敛慢，但不容易陷入局部最优[10]。在实际应用中，可以先用全局版 PSO 找到大致的结果，再用局部版 PSO 进行搜索。

基于此，PSO 的具体流程如图 2-3 所示。

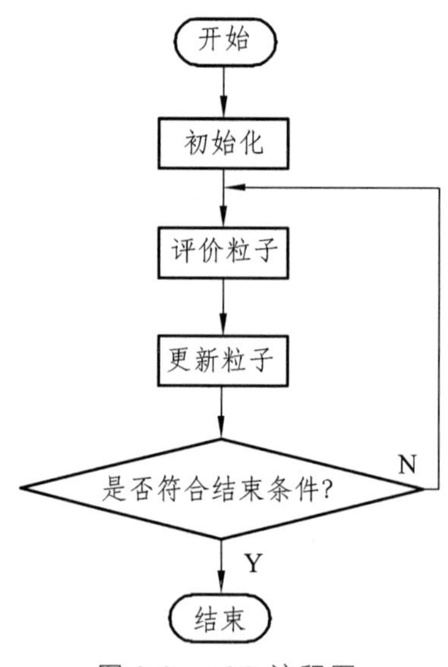

图 2-3　PSO 流程图

2.2　萤火虫算法

2.2.1　产生背景

人们往往受自然界中各种生物、自然现象或过程的启发，提出了许多用于解决复杂优化问题的新方法。萤火虫算法作为一种模仿自然界中萤火虫成虫发光特性的随机优化算法，在算法中忽略了萤火虫发光的一些生物学意义，只利用其发光特性在搜索区域寻找伙伴，并向其邻域结构内位置较优的萤火虫移动，从而实现位置进化[11]。

萤火虫算法在 2005 年 IEEE 群体智能会议上首次提出以来，因在探测多束源定位、群体机器人应用、有害气体泄漏或核泄漏检测[12]以及多模态优化问题[13]等方面得到较好的应用而很快引起国内外学者的广泛关注，成为智能计算领域一个新的研究热点。

萤火虫算法是一种模仿自然界中萤火虫成虫发光行为而构造出的元启发式算法。学者们从萤火虫在夜间进行食物搜索的行为和在不同区域的个体会根据同伴间所散发的荧光亮度进行信息传递中得到灵感，依据仿生学原理，实现在一定的求解空间内进行寻优，即萤火虫优化算法。其算法运行的实质是不同亮度的萤火虫个体之间会产生吸引，进而发生移动行为。在自然界中，萤火虫可以凭借自身的亮度，对周围的其他个体形成相互吸引。一般来讲，萤火虫个体产生的亮度越高，其吸引力越大，也就会有更大的吸引力使得周围的个体向自己靠拢[14, 15]。目前，该算法有两个版本：一种是 2005 年由印度学者 Krishnanand 等人提出的，称之为 Glowworm Swarm Optimization(GSO)，又称之为基本萤火虫算法。另一种是 2008 年由剑桥学者 Yang 提出的，称之为 Firefly Algorithm (FA)[16]，又称之为标准萤火虫算法。GSO 和 FA 的仿生原理大致相同，但它们在具体实现方面有一定的差异。

2.2.2　基本思想

1. GSO 基本思想

在基本的 GSO 中，假设目标函数的解集空间是 D 维。在目标解集范围内，基本萤火虫算法随机地在目标函数的解集空间中初始化一群萤火虫 $X_1, X_2, \cdots, X_n$，其中 n 代表萤火虫的数量；$X_i = (X_{i1}, X_{i2}, \cdots, X_{id})$ 代表一个 d 维空间向量，即表示萤火虫个体 i 在解集空间中的位置。萤火虫个体的初始荧光素浓度都被设置为同一个值，萤火虫个体的亮度与荧光素浓度成正比关系，萤火虫个体的荧光亮度越大，萤火虫的荧光素浓度就越大。萤火虫的荧光亮度就是这只萤火虫所处的空间位置的待优化函数的解。所以，荧光素浓度的值越高，即萤火虫的荧光亮度越强，代表目标值越优。

萤火虫个体在移动时遵循以下规则：

萤火虫个体 i 在自己的周围（决策域半径），搜寻比自己的荧光素浓度更大的萤火虫个体，组成自己的邻域集，然后在自己的邻域集内用轮盘赌法选出另一个萤火虫个体 j，此时，萤火虫个体 i 就会朝着萤火虫个体 j 的方向移动。如果单只萤火虫个体 i 在自己的周围没有找到荧光素浓度更大的萤火虫个体，则萤火虫个体 i 将随机运动。

萤火虫个体运动到新的位置之后，会更新萤火虫的荧光素浓度的大小和其本身的决策域半径，以便为下一次迭代做准备。通过这种基于荧光素浓度大小的吸引机制，会使萤火虫不断的迭代运动，从而使萤火虫种群向更佳解的区域运动，最后聚集在荧光素浓度较大的萤火虫个体周围，即搜寻到了待优化函数的最佳解。

2. FA 基本思想[17]

在 FA 中，由于距离的增加和空气对光的吸收（反射、折射等），萤火虫 i 的亮度会随着距离 r 的增加而逐渐减小。为了表达这种亮度随着距离的变化而变化，在 FA 中给出了萤火虫的绝对亮度和相对亮度的定义。具体如下：

定义 1（绝对亮度）对于萤火虫 i，其初始光强度（$r=0$ 处的光强度）为萤火虫 i 的绝对亮度，记作 I_i。

定义 2（相对亮度） 萤火虫 i 在萤火虫 j 所在位置处的光强度为萤火虫 i 对萤火虫 j 的相对亮度，记作 I_{ij}。

假设待优化目标函数的解空间为 d 维。在该解空间中，萤火虫算法会随机初始化一群萤火虫，即 $\vec{x}_1,\vec{x}_2,\cdots,\vec{x}_i,\cdots,\vec{x}_n$，其中，$n$ 为萤火虫的个数，$\vec{x}_i=(x_{i1},x_{i2},\cdots,x_{id})$ 是一个 d 维向量，表示萤火虫 i 在解空间中的位置，即代表该问题的一个潜在解。萤火虫的绝对亮度的定义是由目标函数直接决定的，所以绝对亮度的大小直接表示萤火虫所代表的潜在解的优劣，即绝对亮度越大的萤火虫所代表的潜在解越好。

同时，所有的萤火虫遵循以下吸引规则，即绝对亮度较小的萤火虫会被绝对亮度较大的萤火虫吸引，而且不断向其所在方向进行移动。

基于这种规则，每只萤火虫都会向其解空间内绝对亮度比它大的萤火虫移动，从而更新自己的位置，产生一个新的解。整个解空间中绝对亮度最大的萤火虫不能被任何萤火虫吸引，因此，其随机移动。通过这种基于亮度的吸引机制，会使整个种群在解空间中不断探索，并向更好的解的区域移动。

待所有的萤火虫都移动到新位置以后，萤火虫会更新其绝对亮度，从而使萤火虫再被绝对亮度比它大的萤火虫吸引，以便进行下一次移动。经过一段时间的迭代，萤火虫会聚集在亮度较大的萤火虫周围，从而得到目标函数的最优解。萤火虫之间的这种相互作用几乎是独立的，这样可以高效地搜索解空间，同时获得局部最优解和全局最优解。

2.2.3　算法基本流程

1. GSO 基本流程

基本的萤火虫算法（GSO）将萤火虫个体作为目标函数解域中的一个解，而萤火虫群会随机地分布在解域中，然后模仿自然界中萤火虫的移动方式进行不断的迭代更新运动，最后使萤火虫聚集分布在较优的值的周围。基本的萤火虫算法包括荧光素浓度更新、概率更新、位置更新、决策域范围更新等四个步骤。其算法步骤描述如下[18-19]：

Step1：荧光素浓度变化更新阶段。

萤火虫个体所处的搜索空间的位置决定了其自身的荧光强度的强弱。具体而言，其所处的空间位置越接近目标位置，其荧光就越亮，由于荧光素浓度与其荧光强度存在正比关系，所以荧光素浓度也就越高。另外，萤火虫个体的荧光素浓度与其上一次迭代后荧光素浓度的大小及发散速度的快慢有关系，萤火虫个体的位置更新完成后，下一次算法迭代开始前，全部萤火虫个体的荧光素浓度都会更新。其更新依据的公式为：

$$L_i(t+1)=(1-\rho)L_i(t)+\gamma J_i(t+1) \tag{2-4}$$

式（2-4）中，$\rho(0<\rho<1)$ 是萤火虫个体的荧光素浓度挥发速度系数，$L_i(t)$ 是算法在第 t 次迭代中萤火虫个体 i 的荧光素浓度值，γ 是萤火虫个体的更新速度系数，$J_i(t+1)$ 是算法在第 $t+1$ 次迭代中荧光虫个体 i 的自适应值。

Step2：萤火虫个体移动概率更新阶段。

萤火虫个体在每次算法的迭代过程中，自己的空间位置都会发生移动。萤火虫个体 i 移动位置之前必须找到一个萤火虫个体 j，同时，萤火虫个体 j 必须是萤火虫个体 i 的邻居。萤火虫个体 j 要成为萤火虫个体 i 的邻居必须满足以下两项前提条件：一是萤火虫个体 j 的荧光素浓度必须高于萤火虫个体 i 的荧光素浓度；二是萤火虫个体 j 要在萤火虫个体 i 的动态决策域范围内。因此，在萤火虫个体 i 的邻域集中，根据公式（2-5）来计算每个邻居萤火虫的概率：

$$P_{ij}=\frac{L_j(t)-L_i(t)}{\sum\limits_{k\in N_i(t)}(L_k(t)-L_i(t))} \tag{2-5}$$

式（2-5）中，$j\in N_i(t), N_i(t)=\{j:d_{ij}(t)<r_d^i(t);L_i(t)<L_j(t)\}$，$N_i(t)$ 是第 t 次迭代中萤火虫个体 i 的邻域集合，$d_{ij}(t)$ 是第 t 次迭代中萤火虫个体 i 与萤火虫个体 j 的欧式空间距离。

Step3：萤火虫位置更新阶段。

根据轮盘赌法则，在 $N_i(t)$ 中选出萤火虫个体 j，然后根据公式（2-6）更新其空间位置：

$$X_i(t+1)=X_i(t)+s\left(\frac{X_j(t)-X_i(t)}{\left\|X_j(t)-X_i(t)\right\|}\right) \tag{2-6}$$

式（2-6）中，$\left\|X_j(t)-X_i(t)\right\|$ 是两个萤火虫个体之间的欧式空间距离，s 是萤火虫个体的移动步长。

Step4：萤火虫决策域范围更新阶段。

萤火虫个体的动态决策域范围会随着其位置的改变而更新，决策域范围内邻居的密度决定了决策域范围的半径。调整更新决策域范围的策略如公式（2-7）所示：

$$r_d^i(t+1)=\min\{r_s,\max\{0,r_d^i(t)+\beta(n_t-|N_i(t)|)\}\} \tag{2-7}$$

式（2-7）中，β 是一个常量参数，n_t 是萤火虫个体邻域集合的阈值。

GSO 的具体流程如图 2-4 所示。

在萤火虫算法的初始化阶段，将萤火虫群在问题的目标空间中随机初始化，把萤火虫个体所代表的相关向量代入目标函数里，更新萤火虫个体的荧光素浓度，在萤火虫个体 i 的动态决策域半径里，搜寻比萤火虫个体 i 的荧光素浓度大的萤火虫个体 j，组成邻域集，然后按照轮盘赌法移动萤火虫个体 i，最后对萤火虫个体 i 的位置和决策域半径进行更新。满足算法结束的终止条件是：算法已经达到最大迭代次数或者已经寻找到目标值等。

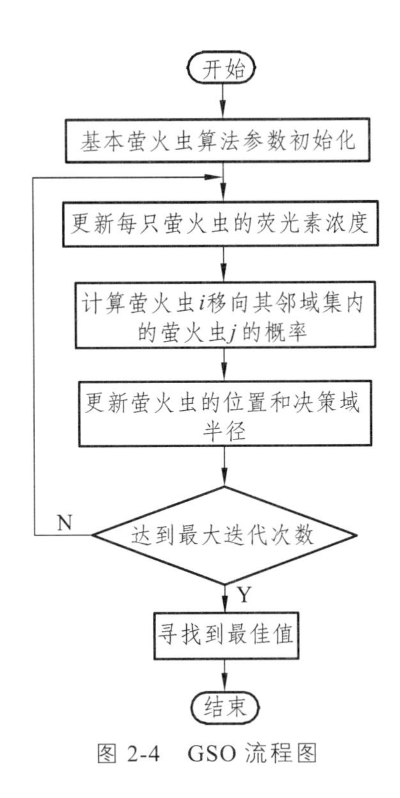

图 2-4　GSO 流程图

2. FA 基本流程

萤火虫算法的核心思想是：萤火虫被绝对亮度比它大的萤火虫吸引，并根据位置更新公式更新其自身的位置。因此，需要分别对萤火虫的绝对亮度和萤火虫的吸引力进行建模，随后给出萤火虫的位置更新公式。具体步骤如下：

Step1： 首先建立萤火虫 i 的绝对亮度 I_i 和目标函数值的联系，用萤火虫的绝对亮度表征萤火虫所在位置处潜在解的目标函数值。在要求最大值的优化问题中，为了降低问题的复杂度，我们设定 $\bar{x}_i=(x_{i1},x_{i2},\cdots,x_{id})$ 处的萤火虫 i 的绝对亮度 I_i 与 $\bar{x}_i$ 处的目标函数值相等，即 $I_i=f(\bar{x}_i)$。

Step2： 假设萤火虫 i 的绝对亮度比萤火虫 j 的绝对亮度大，则萤火虫 j 被萤火虫 i 吸引而向 i 移动。这种吸引力的大小是由萤火虫 i 对萤火虫 j 的相对亮度决定的，相对亮度越大，吸引力越大。所以，为了对萤火虫 i 对萤火虫 j 的吸引力进行建模，首先要对萤火虫 i 对萤火虫 j 的相对亮度进行建模。考虑到萤火虫 i 的亮度随着距离的增加以及空气的吸收而减弱，可以定义萤火虫 i

对萤火虫 j 的相对亮度为：

$$I_{ij}(r_{ij})=I_i \mathrm{e}^{-\gamma r_{ij}^2} \tag{2-8}$$

其中 I_i 为萤火虫 i 的绝对亮度，它等于萤火虫 i 所处位置的目标函数值；γ 为光吸收系数，可设为常数；r_{ij} 为萤火虫 i 到萤火虫 j 的距离。

Step3: 假设萤火虫 i 对萤火虫 j 的吸引力和萤火虫 i 对萤火虫 j 的相对亮度成比例，则由萤火虫 i 相对亮度的定义，可得萤火虫 i 对萤火虫 j 的吸引力 $\beta_{ij}(r_{ij})$ 为：

$$\beta_{ij}(r_{ij})=\beta_0 \mathrm{e}^{-\gamma r_{ij}^2} \tag{2-9}$$

式（2-9）中，β_0 为最大吸引力，即在光源处（$r=0$ 处）萤火虫的吸引力。对于大部分问题，可以取 β_0=1；γ 为光吸收系数，它标志着吸引力的变化，其值对萤火虫算法的收敛速度和优化效果有很大的影响。对于大部分问题，可以取 $\gamma\in[0.01,100]$；r_{ij} 为萤火虫 i 到萤火虫 j 的笛卡尔距离，即：

$$r_{ij}=\left\|\vec{x}_i-\vec{x}_j\right\|=\sqrt{\sum_{k=1}^{d}(x_{i,k}-x_{j,k})^2} \tag{2-10}$$

由于被萤火虫 i 吸引，萤火虫 j 向其移动而更新自己的位置，j 位置的更新公式如下：

$$\vec{x}_j(t+1)=\vec{x}_j(t)+\beta_{ij}(r_{ij})(\vec{x}_i(t)-\vec{x}_j(t))+\alpha\vec{\varepsilon}_j \tag{2-11}$$

式（2-11）中，t 为算法的迭代次数；$\vec{x}_i$ 、$\vec{x}_j$ 为萤火虫 i 和 j 所处的空间位置；$\beta_{ij}(r_{ij})$ 为萤火虫 i 对萤火虫 j 的吸引力；α 为常数，一般可以取 $\alpha\in[0,1]$；$\vec{\varepsilon}_j$ 是由高斯分布、均匀分布或者其他分布得到的随机数向量。显然，位置更新公式（2-11）的第二项取决于吸引力，第三项是带有特定系数的随机项。

FA 的具体流程如图 2-5 所示。

在算法初始化阶段，设置算法参数，初始化萤火虫的位置，并把萤火虫的位置向量代入目标函数中，对萤火虫的亮度初始化。在萤火虫位置更新阶段，根据萤火虫亮度大小和萤火虫之间的吸引规则，完成所有萤火虫位置的更新。在萤火虫亮度更新阶段，把萤火虫的新的位置向量代入目标函数中，完成所有萤火虫亮度的更新。该算法常用的终止条件有：达到特定迭代次数，求得符合要求的优化目标值等。

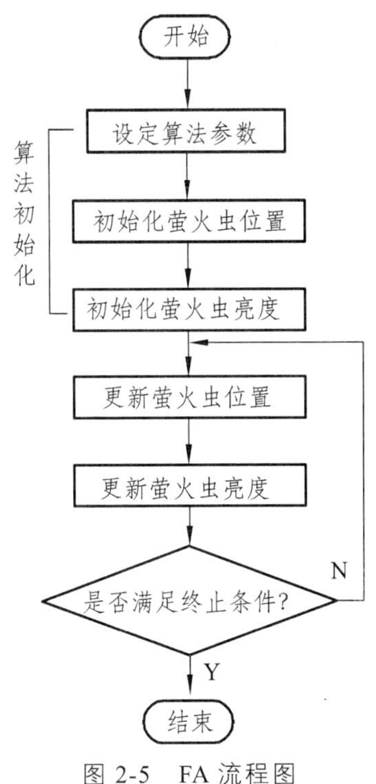

图 2-5　FA 流程图

3. GSO 和 FA 对比分析[20]

由 GSO 和 FA 的算法基本流程可以看出：

（1）FA 通过荧光亮度吸引附近的萤火虫个体，而 GSO 通过荧光素浓度来吸引附近的萤火虫个体，这两者在实质上是一致的，因为荧光素浓度值越高，该萤火虫个体的亮度就越强，代表所处位置的目标值就越佳。

（2）为避免算法陷入局部最优，增大萤火虫的搜寻范围，FA 在位置更新式中加入了扰动项 $\bar{\varepsilon}_j$；而 GSO 在式中加入了移动步长，以加大对整个问题空间的搜索。

（3）与 FA 相比，GSO 中每只萤火虫拥有各自的动态决策域半径。假设某一个萤火虫的荧光强度很大，它只对位于它决策域内的萤火虫起调节作用，使其决策域内的萤火虫选择它的概率更大，但对位于其相邻决策域内的萤火虫不起调节作用。在初始时刻，各个位置上的荧光强度大小相等，但由于在基本 GSO 中，萤火虫只对决策域内的其他萤火虫起调节作用，并且与周围的萤火虫无法进行交流，从而导致萤火虫之间的协作不足，交流不够及时，易陷入局部最优。

2.3 布谷鸟算法

2.3.1 产生背景

布谷鸟是一种充满智慧的鸟类，它们在拥有迷人的叫声的同时，还会采用侵略的方式来繁殖自己的后代。如 Ani 和 Guira 等种类的布谷鸟会将自己的卵产在一些公共的鸟窝中，然后将其他鸟的卵扔出鸟窝，从而增加自己后代的孵化率。在自然界中，不少种类的物种都是将自己产的卵寄放在其他种类的鸟窝中来孵化自己的卵。

2009 年，YANG Xin-she 和 DEB Suash 等人从中受到启发，提出了布谷鸟算法，其全称是基于 Lévy-flights 的布谷鸟算法（Cuckoo Search via Lévy-flights，CS）。学者们通过对布谷鸟的繁殖习性的长期观察，发现布谷鸟是一种只生蛋不筑巢的鸟，即布谷鸟会把自己的蛋下在其他鸟类的巢中。为了防止鸟巢的主人可能会发现巢中的蛋不是它自己的，从而把布谷鸟的蛋丢出鸟巢外或者丢弃自己的鸟巢，鸟巢的位置就需要不断地得到优化。YANG Xin-she 和 DEB Suash 从这个现象中得到启发，给出了布谷鸟算法。

布谷鸟算法与其他算法的搜索路径不同，其搜索方式遵循 Lévy-flights 模式。学者们经过大量的研究发现，Lévy-flights 模式可以最大限度地在不确定环境中提高搜索效率。Lévy-flights 模式最初是由法国数学家 Paul Pierre Levy 提出的一种随机游走模式，其游走步长是满足一个重尾（Heavy-tailed）的稳定分布的随机游走（Random walk）。在这种行动模式下，经常性的表现是短距离的移动和偶然性的较长距离的跳跃相间，图 2-6 是 Lévy-flights 在二维平面上的移动轨迹。其实，在大自然中很多生物的飞行和很多自然现象都符合 Lévy-flights 模式，当然，布谷鸟算法中个体的飞行也是其中一种。当布谷鸟算法在进行搜索时，其步长有时比较短，有时比较长，而大多数步长是比较短的，比较长的步长则较少，与此同时，个体的每段飞行都和前一段飞行相差一个比较小的角度。Lévy-flights 看上去似乎杂乱无章，但实际上其各段距离和各个偏离的角度都遵循着非常确定的统计分布规律。在 CS 中，步长是通过具有 Lévy 分布特征的 Mantegna 法则[20]得到的。

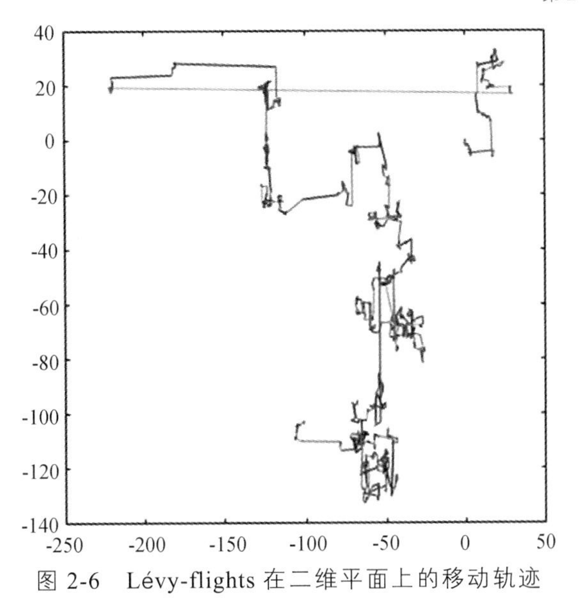

图 2-6　Lévy-flights 在二维平面上的移动轨迹

2.3.2　基本思想

1. 布谷鸟生活习性

在自然界中，大部分鸟都会筑巢来哺育幼鸟，但是有 35%左右的杜鹃鸟即布谷鸟是采取寄生的方式来哺育自己的幼鸟的，也就是巢寄生。巢寄生是鸟类中一种特殊的繁殖行为。以巢寄生为繁殖行为的鸟类会将自己的卵产在别的鸟类建造的鸟巢里，并由其代为孵化与哺育。巢寄生的寄生行为主要表现在宿主的选择上。布谷鸟在繁殖期要寻找与其习性、产卵期非常相似的宿主，比如，孵化期相似、雏鸟习性相似、卵形与颜色相似等。布谷鸟一般在宿主产卵之前，会乘其外出捕食快速产卵寄生。它平均每年产卵 2～10 个，而且，每次在一个鸟窝里只产一个蛋。为了保证自己的雏鸟能够有更大的生存率，布谷鸟会把宿主的一枚蛋移走或者全部推出，而且，幼鸟孵化之后，也会把宿主的鸟蛋推出鸟窝，使自己独享义亲的哺育。研究还发现，布谷鸟也会模仿宿主鸟的幼鸟的叫声来得到义亲的哺育，这也大大增加了布谷鸟的繁殖率[22]。

2. 莱维飞行（Lévy Flight）

在自然界中，很多动物的觅食行为符合随机行为过程。随机过程是指下一步的移动取决于当前位置，而选择哪个方向取决于所使用的数学模型。

莱维飞行（Lévy Flight）[23]是具有截尾概率分布步长的随机游走。莱维分布是一种连续概率分布，它以法国数学家 Paul Lévy 的名字命名。Lévy 分布可以用几个参数来定义：特征指数α，尺度σ，位移χ，方向参数β。Lévy 分布的定义是其特征函数$\varphi(t)$的傅里叶变换：

$$\begin{aligned} p_{\alpha,\beta}(k;\mu,\sigma) &= F\{p_{\alpha,\beta}(x;\mu,\sigma)\} = \int_{-\infty}^{\infty} \mathrm{d}x \mathrm{e}^{\mathrm{i}kx} p_{\alpha,\beta}(x;\mu,\sigma) \\ &= \exp\left[\mathrm{i}uk - \sigma^{\alpha}|k|^{\alpha}\left(1 - \mathrm{i}\beta\frac{k}{|k|}\varpi(k,\alpha)\right)\right] \end{aligned} \tag{2-12}$$

其中

$$\varpi(k,\alpha) = \begin{cases} \tan\dfrac{\pi\alpha}{2}, if \ \ \alpha \neq 1, 0 < \alpha < 2 \\ -\dfrac{2}{\pi}\ln|k|, if \ \ \alpha = 1 \end{cases} \tag{2-13}$$

Lévy 分布的概率密度分布函数如下：

$$p_{\alpha,\beta}(x) = \begin{cases} \dfrac{1}{\sqrt{2\pi}} x^{-\frac{3}{2}} \exp\left(-\dfrac{1}{2x}\right), x \geqslant 0 \\ 0\ , x < 0 \end{cases} \tag{2-14}$$

其中$\alpha = \dfrac{1}{2}$，$\beta = 1$。

Lévy Flight 的跳跃分布概率密度函数如下：

$$\lambda(x) \approx |x|^{-1-\alpha}, 0 < \alpha < 2 \tag{2-15}$$

2.3.3 算法基本流程

布谷鸟算法（CS）是基于布谷鸟随机寻窝产卵的过程和莱维飞行而产生的。布谷鸟算法具有三方面的优点：操作简单、参数少、无须在处理优化问题时重新匹配参数。基于上述阐述，布谷鸟算法还遵循三个要素：选择最优、局部随机飞行、全局 Lévy 飞行。

为了简化描述布谷鸟算法，假设存在下面三条理想化规则：

（1）每只布谷鸟每次只有一个卵，即有一个最优值解，鸟巢进行孵化时遵从随机选择。

（2）最优的鸟巢与最优的解保留到下一代。

（3）巢主鸟的数量是固定的，且布谷鸟孵化的卵被巢主鸟发现的概率也固定为 $p_\alpha \in [0,1]$。在这种情形下，巢主鸟或者把卵抛出鸟巢，或者丢弃此鸟巢去别处另寻并建立新的鸟巢。

基于以上三条规则，布谷鸟的寻窝路径和位置更新公式如下：

$$x_i^{(t+1)} = x_i^{(t)} + \alpha \oplus L(\lambda),\ i = 1,2,\cdots,N \tag{2-16}$$

式（2-16）中，$x_i^{(t)}$ 表示第 i 个鸟巢在第 t 次迭代时的位置；α 为步长比例因子，$L(\lambda)$ 服从 Lévy 分布，为随机飞行步长；N 为鸟巢数量；$\oplus$ 代表点乘。

该算法结合了局部随机过程和全局随机过程。

局部随机过程描述如下；

$$x_i^{(t+1)} = x_i^{(t)} + \alpha s \oplus H(p_\alpha - \varepsilon) \otimes (x_j^{(t)} - x_k^{(t)}) \tag{2-17}$$

式（2-17）中，$x_i^{(t)}$ 和 $x_j^{(t)}$ 是不同的随机向量；$H(u)$ 是海威赛德函数；ε 是随机分布的随机数；s 是步长。

全局随机过程可以描述为：

$$x_i^{t+1} = x_i^t + \alpha L(s,\lambda) \tag{2-18}$$

式（2-18）中

$$L(s,\lambda) = \frac{\lambda \Gamma(\lambda) \sin(\pi\lambda/2)}{\pi} \frac{1}{s^{1+\lambda}}, s \succ s_0 > 0, 1 < \lambda \leqslant 3 \tag{2-19}$$

其中 $\alpha > 0$ 为步长因子。

一般情况下，随机过程是一个马尔科夫链，它的下一个位置完全取决于当前位置及其概率。因此，为了避免新的解陷入局部最优，就要保证下一个位置距离当前位置足够远。这种特点也与布谷鸟产卵以及被宿主发现的特点相似。

布谷鸟算法的具体操作步骤如下：

Step1： 随机产生 n 个位置 $x = (x_1, x_2, \cdots, x_d)^{\mathrm{T}}$，测试这 n 个位置，筛选出最优的位置，并保留到下一代。

Step2： 利用随机过程公式和全局过程公式进行位置更新，测试新的位置，并与上一代的结果进行比较，选出较优的位置，进入下一步。

Step3： 产生服从均匀分布的随机数 $r \in (0,1)$，与布谷鸟鸟蛋被发现的概率 p_α 比较，若 $r > p_\alpha$，则对鸟窝位置进行随机改变，反之，不变。然后再对更新后的鸟窝位置进行测试，并与上一步得到的结果进行对比，取测试值较好的鸟窝位置，选取全局最优位置 s^*。

Step4： 判断 $f(s^*)$ 是否满足终止条件，若满足，则 s^* 为全局最优解 gs，若不满足，重新返回 Step2 循环。

布谷鸟算法的具体流程如图 2-7 所示。

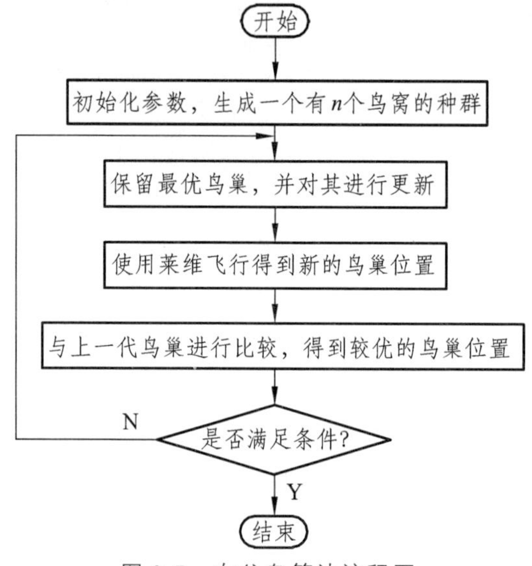

图 2-7　布谷鸟算法流程图

2.4　鸡群算法

2.4.1　产生背景

家禽鸡作为一种群居性鸟类动物，具备较高的个体识别能力。具体而言，其在时隔几个月后，依旧能够识别出 100 个以上的不同个体。它们同时具备 30 种以上的不同声音用以沟通，并且可以相互传递筑巢、食物、交配和危险等不同信息。每只鸡个体不仅可以通过自身实践和所犯的错误来判断自己的行为，还可以借助学习其他个体的经验来改善及矫正自己的行为，以帮助自己更快地获得较优质的食物。而在整个鸡群的活动中，等级制度起到了重要的作用，因此，群体中的优势个体将会领导弱势个体。添加或者删除个体都会引起已存在的群体制度的混乱，直到新的群体等级制度建立。

在群体中等级高的个体具有食物分配权，它可能会将食物优先分配给同组的母鸡，而在母鸡孕育后代后也会将食物分配给自己的孩子来食用。然而，这种食物分配方式不会发生在不同的种群之间，当其他种群的个体进入它们的地盘时公鸡会发出警告。一般情况下，鸡群的觅食行为具有随机性。具体而言，具有优势地位的公鸡会带领种群积极地寻找食物并同其他鸡群竞争，同时优势个体将会在处于优势地位的公鸡周围进行觅食，而弱势个体将会在种群边缘进行觅食，不同的个体之间存在竞争。

鸡群通过这种特殊的等级制度来协调种群内部并作为一个团队来进行觅食，可以将这种群体智能与目标优化问题进行联系，由此，Xianbing Meng、Yu Liu 等人在 2014 年 10 月提出了鸡群优化算法（Chicken Swarm Optimization，CSO）。CSO 是一种新的群智能仿生优化算法，它通过模仿鸡群中的等级制度和鸡群行为方式来有效地提取鸡群智能处理目标优化问题[24]。

2.4.2　基本思想

Meng 等人于 2014 年提出鸡群优化算法，该算法启发于鸡群搜索行为及其种群之间存在的等级制度，这种等级制度会在一定代数之后更新。同大部分群体智能算法类似，鸡群也分为很多子群，子群数目由公鸡个数确定，母鸡个数由母鸡比例因子与种群规模确定，小鸡个数由小鸡比例因子与种群规模确定。

鸡作为最普遍的家养动物，具有群居行为，即使在分别数十月之后，它们依旧能够辨别出伙伴。它们之间的交流语言超过 30 种，比如：咯咯的叫声、喋喋不休的叫声、啾啾的叫声等，这些声音除了使它们能够辨别错误和危险外，还能使它们在做出决定之前总结自己的经验或者同伴的经验。主要描述为：

（1）总的鸡群可以分为多个子群，子群数目由公鸡个数确定，因为每个子群必须保证有一只公鸡且只能有一只公鸡，这只公鸡在子群中主导其他类型的鸡；每个子群还有若干只母鸡与小鸡，且由母鸡比例因子、小鸡比例因子确定。

（2）根据鸡的适应度值 f 确定如何分组（适应度值由具体的目标函数决定）。首先，f 最大的若干个个体为公鸡，公鸡的个数便确定了分组数；其次，f 居中的若干个个体视为母鸡，随机地分配给公鸡所在的组里；最后，f 最小的若干个个体视为小鸡，小鸡跟随母鸡，小鸡和母鸡的母子关系随机确定。

（3）一旦建立好公鸡、母鸡、小鸡之间的关系，就要保持这种等级制度 G 代，G 代后开始更新。

（4）鸡群之间存在觅食竞争，母鸡跟随它所在子群中的公鸡觅食，小鸡跟随母鸡觅食。

2.4.3 算法基本流程

整个鸡群中有三种类型的鸡，因此，在优化问题中，每个个体都是一个解，即每个个体的位置设为 $x_{i,j}$，即第 i 个个体的第 j 维的值。假设种群数目为 N，公鸡数目为 N_R，母鸡数目为 N_H，小鸡数目为 N_C，妈妈母鸡的数目为 N_M，种群位置更新公式描述如下：

公鸡的适应度值最好，寻找食物的范围更广，位置更新如下：

$$x_{i,j}^{t+1} = x_{i,j}^{t} * (1 + rand\ n\,(0, \sigma^2)) \tag{2-20}$$

其中

$$\sigma^2 = \begin{cases} 1, \ \ if\ f_i < f_k \\ \exp\left(\dfrac{(f_k - f_i)}{|f_i| + \varepsilon}\right), \quad otherwise \\ k \in [1, N], k \neq i \end{cases} \tag{2-21}$$

式（2-20）、（2-21）中，$rand\ n(0,\sigma^2)$ 表示均值为 0，标准差为 σ^2 的高斯分布；k 为所有公鸡中不同于当前第 i 个个体的任一个体；f_k 为第 k 个个体的适应度值；f_i 为第 i 个个体的适应度值；ε 为一个很小的常量；t 为迭代次数。

母鸡的适应度值处于中间，寻找食物的范围仅次于公鸡，位置更新如下：

$$x_{i,j}^{t+1} = x_{i,j}^{t} + S_1 * rand(x_{r_1,j}^{t} - x_{r_2,j}^{t}) + S_2 * rand(x_{r_2,j}^{t} - x_{i,j}^{t}) \tag{2-22}$$

式（2-22）中，$rand$ 表示 0 ~ 1 之间的随机数；r_1 是第 i 只母鸡对应的公鸡；r_2 是除小鸡外的任意一个个体；但 $r_1 \neq r_2$，S_1、S_2 表示学习因子，计算公式如下：

$$S_1 = \exp(f_i - f_{r_1}) / (abs(f_i) + \varepsilon) \tag{2-23}$$

$$S_2 = \exp(f_{r_2} - f_i) \tag{2-24}$$

小鸡的适应度值最差，寻找食物的范围最窄，位置更新公式如下：

$$x_{i,j}^{t+1}=x_{i,j}^{t}+FL*(x_{m,j}^{t}-x_{i,j}^{t})\tag{2-25}$$

式（2-25）中，m 为第 i 只小鸡对应除公鸡与小鸡外的个体，$FL\in[0,2]$。

因此，CSO 的步骤描述如下：

Step1： 首先初始化相关参数，包括 N、N_R、N_H、N_C、N_M、G；

Step2： 确定所有个体的适应度值，找到当前最优个体；

Step3： 判断是否满足种群更新条件，如果满足则更新种群等级关系，更新完种群关系之后执行 Step4，否则直接执行 Step4；

Step4： 按照公式（2-20）、（2-22）、（2-25）更新三种鸡的位置，并计算个体的适应度值；

Step5： 更新最优适应度值；

Step6： 如果达到最大迭代次数或者达到设定精度，执行 Step7，否则执行步骤 Step3；

Step7： 输出最优解。

CSO 的具体流程如图 2-8 所示。

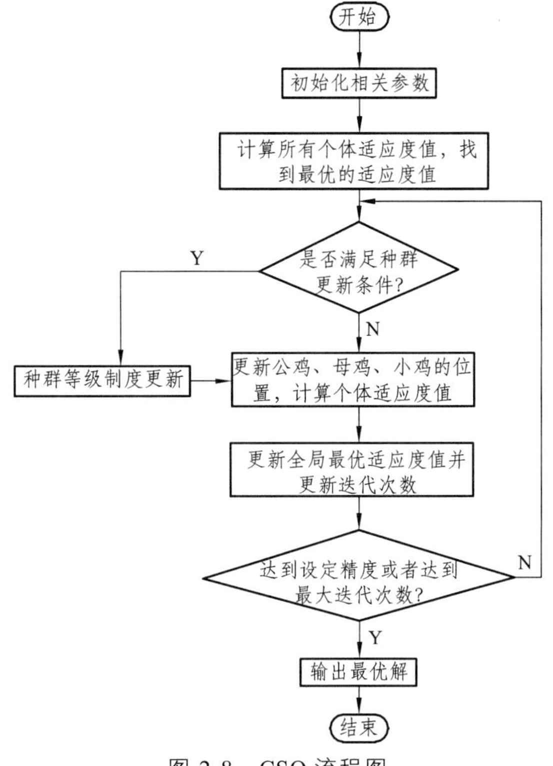

图 2-8　CSO 流程图

2.5 蝙蝠算法

2.5.1 产生背景

蝙蝠算法（BA）是 Yang 教授于 2010 年基于群体智能提出的启发式搜索算法，是模拟自然界中蝙蝠利用一种声呐来探测猎物、避免障碍物的随机搜索算法。该算法模拟蝙蝠利用超声波对障碍物或猎物进行最基本的探测、定位，并将其和优化目标功能相联系。

蝙蝠是一种具备飞行能力的哺乳动物，特别适合生活在黑暗的环境中，它们虽然只拥有微弱的视力，但却能够在夜间捕食猎物和躲避障碍物。这一神奇特征归功于蝙蝠具有超强的声音分辨能力和精准的回声定位系统。蝙蝠个体在飞行过程中会通过口和鼻发出一种人类感受不到的高频超声波，声波遇到障碍物会反弹回来，蝙蝠再通过灵敏的耳朵对返回的回声进行有效收集，然后通过这些信息辨别是猎物还是障碍物，并判断出物体的距离和方向。蝙蝠就是利用回声定位的方式巧妙地避开障碍物，探测并识别猎物的。

世界上总计约有 800 种蝙蝠拥有回声定位系统，其中，绝大多数蝙蝠发射出的频率范围在[5 kHz, 100 kHz]，少数蝙蝠甚至能够发出超过 150 kHz 的声波频率。众所周知，声音在空气中的传播速度 v 是一个固定值，$v = 340$ m/s，在频率 f 下声波的波长计算公式为：

$$\lambda = \frac{v}{f} \tag{2-26}$$

式（2-26）表达了波长、速度和频率三者之间的关系。蝙蝠在飞行过程中通过变换发射脉冲的频率来改变脉冲的到达范围，当蝙蝠寻找目标时，先发出频率较低、波长较长的生物脉冲波，每秒发出声波脉冲的个数为 10 ~ 20 个，每个声波脉冲一般都会持续 5 ~ 20 ms，以使声波可以到达更远的距离，从而对更大的区域进行搜索，但是对大范围区域进行搜索很难对猎物的准确位置进行定位，这一过程类似于全局搜索；然而，当蝙蝠飞行到目标附近的时候，会增加脉冲波的频率，缩短波长，此时的脉冲发射频度会迅速增加到每秒 200 个声波脉冲，这样就能够对目标进行更加精准的定位，这一过程类似于局部搜索。蝙蝠除了借助频率和波长，还通过改变声波的响度来进行目标搜索。响度代表能量，响度的大小会随着蝙蝠距离猎物的远近实时改变，即蝙蝠在搜索过程中，声波的响度最大，当靠近猎物时，响度会逐渐减小，捕获猎物时，最终会达到静音[25]。也可以认为响度和频率是成反比的。

2.5.2　基本思想

1. 基本原理

蝙蝠利用回声定位来捕食猎物的行为，类似于在可行域内寻找目标函数的最优解问题，它使得一种新的全局优化算法成为可能。在研究了蝙蝠的回声定位系统后，Yang 等人利用蝙蝠的一些回声定位特性研究出蝙蝠算法。

利用 BA 求解实际工程中的优化问题时，首先需要对待处理的问题空间进行有效映射，将其转换为算法空间；其次，对算法空间内的可行解和相关参数进行初始化操作；接着在算法参数的约束下，借助指定的搜索策略对空间内的可行解进行搜索；再以某种接受规则为依据，更新种群中个体的当前状态，经过反复迭代最终达到求解要求；最后进行算法空间到问题空间的反转换，并将求解到的最优解输出。以上流程可大致由图 2-9 来描述。

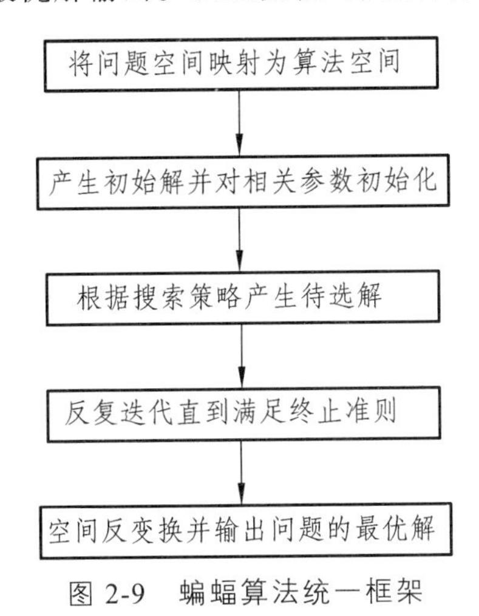

图 2-9　蝙蝠算法统一框架

为了简化蝙蝠的生物特性，首先设定理想化的规则：

（1）所有的蝙蝠利用回声定位行为感知自身与猎物或障碍物之间的距离。

（2）蝙蝠在位置 x_i，以速度 v_i 和固定频率 $f_{\min}$（或波长 λ）进行随意飞行，以可变波长 λ 以及响度 A_0 寻找猎物。蝙蝠在搜寻猎物时能够根据自身和猎物间的距离不断地调整脉冲发出的频率（或波长）和响度。

（3）响度在蝙蝠搜索的过程中不断变化，这里我们假设响度是从一个很大的正数 A_0 变化到最小值 $A_{\min}$。

除了这些理想化的规则，为了简单起见，我们还可以使用一些近似值。

通常情况下，频率 f 的范围是 $[f_{min}, f_{max}]$，而波长对应的区间是 $[\lambda_{min}, \lambda_{max}]$。如果某个声波的频率区间为[20 kHz, 500 kHz]，则它的波长的对应范围就应该是[0.7 mm, 17 mm]。

蝙蝠算法作为一种仿生智能计算方法，通过模拟自然界中蝙蝠个体利用回声定位系统进行目标搜索这一现象进行求解，而在寻优过程中完全依赖蝙蝠个体自身本能，通过无意识的寻优行为来优化自身状态以适应环境。它具有如下特点：

（1）寻优结果具有某种不确定性。大自然中的生物具有独特的生理机制，使得种群中的个体在对目标物体进行搜索时也具有一定的随机性。因此，在设计仿生类算法的基本流程时不可避免地包含了一些随机因素。例如，种群初始化和个体更新过程，使得算法求得的最终结果有了很大的不确定性，但正是由于这种不确定性为全局最优解的获得提供了更多的可能。

（2）对待优化问题本身没有特别要求。在进行求解的过程中，蝙蝠算法不依赖于问题自身的数学性质，如是否可导、连续。并且 BA 不依赖于对约束条件和目标函数的描述。

（3）基于智能体的仿生智能计算方法。蝙蝠算法中的蝙蝠个体通过发射超声波与环境进行交互，从而更好地适应环境。

（4）并行性。蝙蝠算法适合大规模的并行，每个蝙蝠个体可以通过改变自身位置从而更加靠近目标。

（5）突现性。蝙蝠算法的寻优结果会在个体的更新过程中表现出来。

（6）进化性。在周围环境不断发生改变的情况下，蝙蝠算法借助自学习过程对个体的适应度进行提升。

（7）稳健性。所谓的稳健性是指算法在不同环境和条件下表现出来的适用性以及有效性。因为 BA 不依赖于问题自身的结构特征和数学性质，所以，在对不同问题进行求解时，只需要设计相应的目标（评价）函数，而基本上不需要修改算法的其他部分。

2. 关键参数

蝙蝠算法的寻优过程包含了全局的广度搜索和局部的精细搜索，通过调节脉冲频率和响度来探测和定位目标。算法中主要包括种群规模、脉冲频率、脉冲响度、脉冲发射频度和算法的迭代次数这五个关键性的参数。

（1）种群规模。

种群规模用 N 来表示，它是蝙蝠算法最重要的参数之一，表示种群包含蝙蝠个体的数量。种群规模的选取对算法性能有着重要影响。种群规模越大，蝙蝠个体的数量就会越多，在空间中的分布也会更加广泛，可以使得算法以更大的可能性搜索到全局最优解，但较大的种群规模会导致每次迭代的时间较长，降低算法的搜索效率；种群规模越小，搜索范围将越小，如果算法在一开始就远离全局最优解所在区域，则算法在短时间内就无法收敛到全局最优，甚至根本无法收敛到全局最优，最终降低了算法的搜索精度。因此，设定合适的种群规模对平衡算法搜索精度和搜索效率尤为重要。

（2）脉冲频率。

脉冲频率用 f 来表示，蝙蝠根据不同的频率和响度来搜索目标，因此，在执行蝙蝠算法时，需要通过目标函数来选取合适的频率范围 $[f_{\min}, f_{\max}]$。BA 中蝙蝠个体的移动步长可以类比蝙蝠发出声波的波长，由于波在空气中的传播速度是相同的，由公式 $v = \lambda f$ 可以看出，λf 是一个常数，从而通过改变频率可以达到调整移动步长的目的。

（3）脉冲响度。

脉冲响度用 A 来表示，响度代表蝙蝠发出声波的能量。响度的大小会随着蝙蝠距离猎物的远近进行实时的调整，远离猎物时声波的响度很大，在靠近猎物的过程中响度会逐渐减小直至最终变为静音。脉冲响度可以反映出蝙蝠个体距离目标的距离，将响度映射到一个有效的范围可以对算法的性能产生影响。

（4）脉冲发射频度。

脉冲发射频度用 r 来表示，它代表蝙蝠个体在单位时间内发射脉冲声波的个数。一旦发现猎物，蝙蝠的发射频度就会增加，以便更精细地对附近的猎物进行探测；相反，脉冲的发射频度就会相应减小。

（5）算法迭代次数。

算法迭代次数用 T 来表示，一般情况下，T 与问题自身的规模正相关。倘若算法所选择的迭代次数过大，其复杂度就会明显增加；相反，过小的迭代次数会使得蝙蝠个体之间缺少足够的交流，进而影响最终求解的精度。

由 Yang 和 Deb 研究的蝙蝠算法在有效性和准确性方面优于其他算法。如果通过一个随机参数来替代频率 f_i，并设置 $A_i = 0$，$r_i = 1$，此时 BA 在本质上就成了标准的粒子群算法。类似地，如果我们没有使用速度，而是使用了固定的音量和脉冲发生率：A_i 和 r_i，如果 $A_i = r_i = 0.7$，该算法实际上就成了简化的和声算法（HS）。频率/波长的改变实际上是对音调的调整，而脉冲发生率类似于和声搜索算法中的和声接收率。当前研究表明，蝙蝠算法更具有潜力，因此，应该进一步研究蝙蝠算法在工程和工业优化问题中的应用。

2.5.3 算法基本流程

蝙蝠算法是一种元启发式优化算法，该算法的基本思路是：首先在可行域内随机产生一定数量的蝙蝠个体并作为初始种群，记录当前适应度值最好的位置 bestx；然后通过个体的更新公式对速度和位置进行调整，在当前最优位置 bestx 附近进行局部范围内的搜索，不断尝试更新最优位置，通过不断的循环迭代，使得算法最终能够收敛到最优解。

（1）初始化。

在搜索空间中随机产生 N 个点 $\{x_1,x_2,\cdots,x_N\}$，并将 $\{x_1,x_2,\cdots,x_N\}$ 作为初始种群，其中 $x_i=(x_{i1},x_{i2},\cdots,x_{id})$，$i=1,2,\cdots,N$，为 D 维空间的一个解，D 为问题的维数。通过随机方法进行种群的初始化，并根据适应度值函数计算每个蝙蝠个体位置的适应度值，记录最优的个体位置 x_{best}。

（2）个体更新。

在模拟仿真中，我们使用虚拟蝙蝠代表自然界中的蝙蝠个体，此外，在 D 维搜索空间下，按照特定的规则对蝙蝠个体的位置 x_i 以及速度 v_i 进行更新。蝙蝠算法在时刻 t 下，个体位置 x_i^t 和速度 v_i^t 的更新公式定义如下：

$$f_i=f_{\min}+(f_{\max}-f_{\min})\beta \tag{2-27}$$

$$v_i^t=v_i^{t-1}+(x_i^t-x_*)f_i \tag{2-28}$$

$$x_i^t=x_i^{t-1}+v_i^t \tag{2-29}$$

式（2-27）、（2-28）、（2-29）中，编号为 i 的蝙蝠个体在 t 时刻发出声波的频率用 f_i 来表示，频率的最小值和最大值分别表示为 $f_{\min}$ 和 $f_{\max}$；β 是一个随机数，它服从 $[0,1]$ 均匀分布；x_* 代表当前蝙蝠种群中适应度值最优的个体。由于乘积 $\lambda_i f_i$ 是速度的增量，根据待求解问题的需要，可以将其中的一个变量 λ_i 或者 f_i 进行固定，通过对另外一个变量 f_i 或者 λ_i 的调整来改变速度。在应用蝙蝠算法解决实际问题的过程中，我们可以针对问题所需求解空间的大小对频率的范围进行有效的限定。例如，令 $f_{\min}=0$，$f_{\max}=100$。初始时，算法根据 $[f_{\min}, f_{\max}]$ 间的均匀分布生成频率，并将生成的频率值赋给种群内的蝙蝠个体。

蝙蝠个体位置和速度的更新方式跟标准粒子群算法很相似，其中 f_i 在本质上控制着聚焦粒子的运动范围和移动节奏。BA 在一定程度上可以视作强化局部搜索和标准粒子群优化这两者的结合，并通过控制脉冲发生率和音量达到平衡。

（3）响度和脉冲发生率更新。

响度 A_i 和脉冲发生率 r_i 会随着迭代过程进行更新，蝙蝠个体能够根据自身与猎物的距离进行自适应调整。当蝙蝠靠近目标物时，响度就会随之降低，脉冲发生率则会得到增加，因此可以将响度限定在任何合理的区间。例如，我们用 $A_0 = 100$，$A_{\min} = 1$。为了简单起见，也可用 $A_0 = 1$，$A_{\min} = 0$，这里假设 $A_{\min} = 0$ 代表蝙蝠已经捕获目标猎物，并且不再发射脉冲波。更新响度 A_i 和脉冲发生率 r_i 的公式如下：

$$A_i^{t+1} = \alpha A_i^t \tag{2-30}$$

$$r_i^{t+1} = r_i^0 \left[1 - \exp(-\gamma t)\right] \tag{2-31}$$

式（2-30）、（2-31）中，α、γ 都表示常量。在实际的应用中，α 与模拟退火算法中冷却过程的冷却因子非常相似。当 $t \to \infty$ 时，对于任意的 $0 < \alpha < 1$，$\gamma > 0$，会有 $A_i^t \to 0$，$r_i^t \to r_i^0$。

A_i 与 r_i 分别代表蝙蝠的响度与脉冲发射频度。我们需要根据一定的策略和经验对参数进行设定。算法在刚开始运行的时候，会赋予每一只蝙蝠不同的脉冲发生率和响度，蝙蝠个体也会拥有随机的行为。例如，在进行初始化时，响度 A_i^0 的值一般会在区间 $[1, 2]$ 内，脉冲的初始发生率 r_i^0 可以在 0 附近取值，只要发现新的解，它们就会对响度和脉冲率进行更新，蝙蝠种群就是通过这种方式不断地靠近全局最优解的。在简单情况下，设定参数 A、r、α 及 γ 时，使用 $\alpha = \gamma = 0.9$。

（4）局部搜索。

通过目标函数计算每一个蝙蝠个体位置的适应度值，并将最优个体的信息保存。然后产生随机数 $rand$ 并和对应个体的脉冲发生率 r 进行比较，如果 $rand$ 大于 r，说明 r 相对较小，此时蝙蝠个体距离目标物还相当远，需要在当前最优解附近进行局部搜索，通过最简单的线性随机搜索以及平均响度产生局部新解。局部搜索的公式为：

$$x_{new} = x_{old} + \varepsilon \cdot A^t \tag{2-32}$$

式（2-32）中，$\varepsilon \in [-1,1]$ 是一个随机数，$A^t = \left\langle A_i^t \right\rangle$ 是种群中所有蝙蝠在第 t 代中的平均响度。

蝙蝠算法的基本步骤如下：

Step1：对蝙蝠种群的规模 N、个体所在位置 $x_i = (x_{i1}, x_{i2}, \cdots, x_{id})$ $(i = 1, 2, \cdots, N)$ 和移动速度 v_i 进行初始化操作，并令当前迭代次数 $t = 0$；

Step2：定义每个 x_i 的频率 f_i，初始化脉冲发射频度 r_i 和响度 A_i，根据初始种群个体，计算适应度值，通过排序得到全局最优个体 x_*；

Step3：更新蝙蝠个体的速度 v_i 和位置 x_i；

Step4：生成一个随机数 $rand1$；

Step5：若 $rand1 > r_i$，则在最优个体 x_* 附近，并产生一个局部个体 y_0；

Step6：若 $f(y_0) < f(x_i)$，令 $x_* = x_i$；

Step7：生成一个随机数 $rand2$，若 $rand2 < A_i$ 并且 $f(x_i) < f(x_*)$，更新脉冲发射频度 r_i 和响度 A_i；令 r_i；

Step8：令 $t = t+1$；

Step9：如果 $t < T$，则转 Step3，否则转 Step10；

Step10：输出结果 x_*，算法结束。

蝙蝠算法的具体流程如图 2-10 所示。

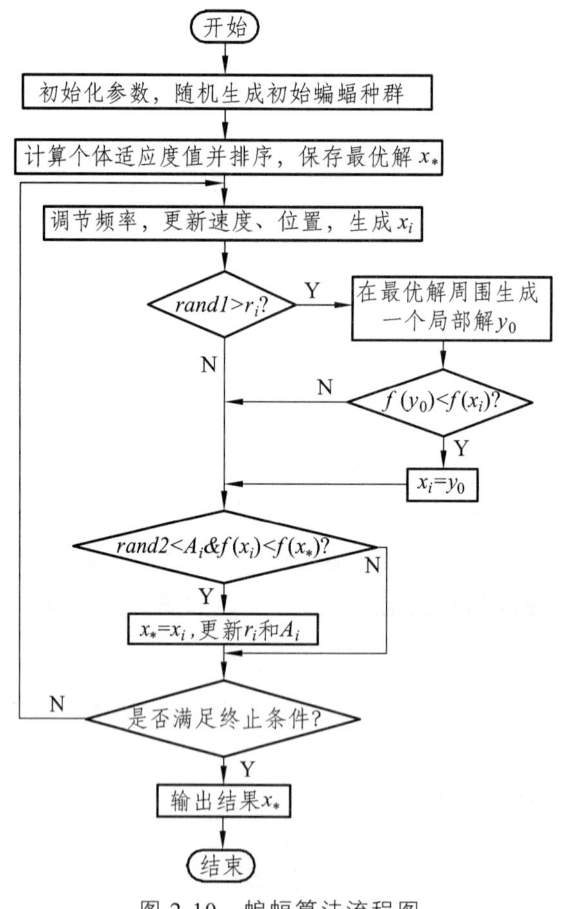

图 2-10　蝙蝠算法流程图

2.6　烟花算法

2.6.1　产生背景

燃放烟花是一种传统的欢庆方式，通过观察夜空中烟花爆炸产生的图案，发现不同烟花的爆炸范围差别很大，有的集中密集，有的分散稀疏，十分美丽。其实，不同价格的烟花有质量上的差异，各自爆炸产生的图案和效果也不尽相同。一般情况下，质量好的烟花在爆炸后产生的火花数目明显要多一些，整个烟花爆炸后生成的火花分布比较密集且分布范围也要小一些；相反，质量相对次一些的烟花爆炸后产生的火花数目明显要少许多，整个烟花爆炸后生成的火花分布比较稀疏且范围也要广一些。

烟花在爆炸过程中会在其周围形成一个以烟花自身为圆心、一定大小为半径的圆形邻域，烟花质量不同，形成的圆形邻域区域也不同。如果将烟花爆炸后形成的区域看成潜在解空间中的一个局部区域，将爆炸生成的火花看成这个区域中的点，那么烟花的一次爆炸过程可以对应为对局部区域的一次搜索。自从 2010 年谭营发表了烟花算法的开创性论文[26]，业界对烟花算法的研究就逐步开展和深入了。曹炬等研究者也由此受到启发，把通常寻优任务中的搜索空间对应到烟花爆炸产生的范围，运用烟花爆炸的位置、爆炸产生的火花的位置来表征优化过程中的潜在解，选出当中适应度值最大的位置作为下一个烟花的炸点，通过设置烟花的爆炸层数、数量、爆炸范围等参数进行邻域集的调整，同时间断性地引入具有活力的烟花、变异算子以防算法陷入局部最优[27]。

烟花算法就是通过模拟燃放烟花时，烟花在空中爆炸生成的许多火花的现象建立对应的数学模型，同时通过加入随机因素以及选择策略而提出的一种并行爆炸式搜索方式。烟花算法为求解各种优化问题的最优解提供了新的方向。真实的烟花爆炸与优化问题搜索对比如图 2-11 所示。

（a）烟花爆炸产生火花

（b）优化问题搜索结构示意图

图 2-11　真实的烟花爆炸与优化问题搜索对比

2.6.2 基本思想

在用烟花算法解决优化问题的过程中，用适应度函数对每个烟花及其爆炸产生的火花进行评价，计算出适应度函数值。烟花及火花所对应的适应度函数值越小，就越能说明这个烟花或者火花属于优质的个体，在选择其作为下一次爆炸烟花的时候，该烟花或者火花爆炸时产生的火花数量就越多，爆炸范围即爆炸半径就越小；相反，烟花及火花所对应的适应度函数值越大，就越能说明这个烟花或者火花属于较次的个体，在选择其作为下一次爆炸烟花的时候，该烟花或者火花爆炸时产生的火花数量就越少，爆炸范围就越大。

具体而言，烟花算法主要包括爆炸算子、变异操作、映射操作和选择操作四个部分，其中爆炸算子又由爆炸强度、爆炸幅度及位移操作构成；变异操作主要通过高斯变异进行；映射操作部分由模运算、镜面反射、随机映射构成；选择操作由基于距离的选择操作、随机选择操作等组成。烟花算法的核心部分在于爆炸算子，主要负责爆炸操作在以烟花为圆心的周围按照规则产生一批新的火花。爆炸产生的火花数目、爆炸范围都包含在爆炸算子的设计中，可以通过适应度函数值自适应地控制爆炸算子，从而达到控制产生火花的数目、爆炸范围的大小的目的。除此之外，通过变异操作后产生的火花要服从高斯分布。在完成这两部分操作后，如果产生的火花有的超出了可行域范围，就要利用映射操作把爆炸后生成的新火花映射到可行域的范围内，最后通过选择操作在所有烟花及其生成的火花中选择出一部分火花作为下一次进行爆炸的烟花。其基本算法框架如图 2-12 所示。

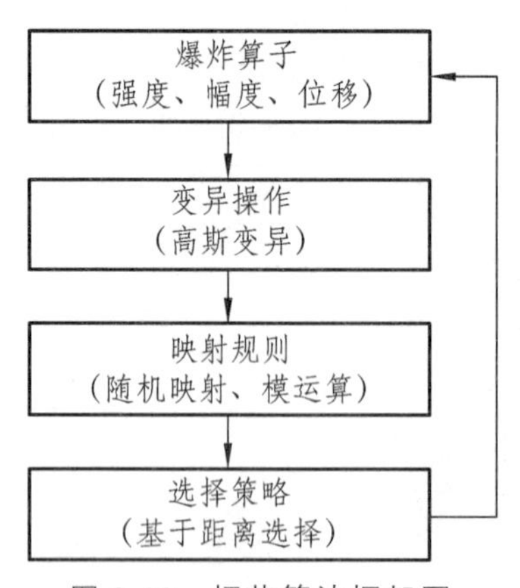

图 2-12 烟花算法框架图

1. 爆炸算子

烟花算法的初始化操作，其本质是随机生成 M 个初始烟花的过程，通过爆炸算子使之前生成的这些烟花爆炸以产生新的火花。爆炸算子是整个烟花算法的核心内容，其作用十分重要，通常包括爆炸强度（产生新火花数目）、爆炸幅度（爆炸范围、爆炸半径）以及位移操作三部分。

（1）爆炸强度。每一个烟花发生爆炸的时候，都会在一定范围内生成一堆火花，这就要求确定每一个烟花爆炸后生成的火花数量，同时也要确定在什么爆炸幅度内生成这些火花。通常情况下，寻优问题中最优点周围的适应度值好的点也会相对比较多也比较密，也就是说，在这些点附近找出最优点的可能性更大。与之相反，如果遇到适应度函数值较差的烟花时，找出最优解的概率较小，同时爆炸后产生适应度函数值较好的火花的概率也较小，所以应减少这类烟花生成火花的数目。这种适应度值差的烟花也不能不要，主要是对其余空间进行适度的探索,这在一定程度上能够避免烟花算法的早熟、局部最优。综上，适应度值较好的烟花自然会生成数目更多的火花，而适应度值较差的烟花自然会生成数目较少的火花。烟花爆炸产生的火花示意图如图 2-13 所示。

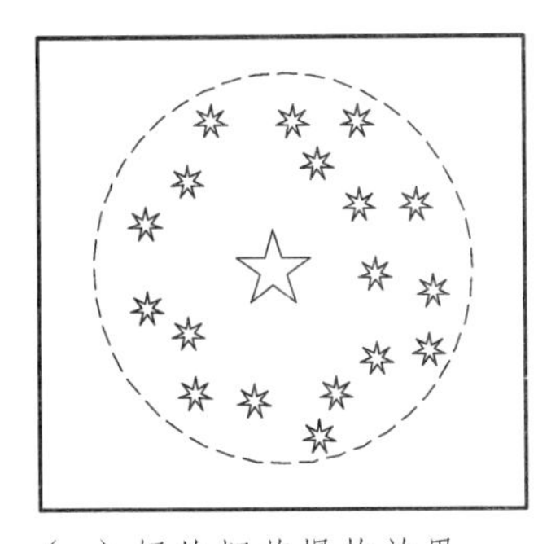
（a）好的烟花爆炸效果

（b）差的烟花爆炸效果

图 2-13　烟花爆炸产生的火花示意图

因此，可以通过爆炸强度的控制使这些适应度值较好的点产生更多更集中的火花，从而最大限度地避免寻优过程中产生的火花徘徊在最优值附近，导致不能精准地找出最优点的问题。产生火花的公式为：

$$S_i = m\frac{Y_{\max} - f(x_i) + \varepsilon}{\sum_{i=1}^{N}(Y_{\max} - f(x_i)) + \varepsilon} \tag{2-33}$$

式（2-33）中，S_i表示第i个烟花爆炸生成的火花数目；m是限制火花生成数目的常数；Y_{max}表示当前情况下适应度值最差的个体（包括烟花和火花）的适应度值；$f(x_i)$表示第i个个体的适应度值；ε表示一个防止分母为零的极小常数。

为了合理控制爆炸生成火花的数量，防止火花数目出现过多或者过少的情况，对每个烟花进行如下限定：

$$\hat{S}_i = \begin{cases} round(am),\ S < am \\ round(bm),\ S > bm, a < b < 1 \\ round(S_i),\ 其他 \end{cases} \quad (2\text{-}34)$$

式（2-34）中，$\hat{S}_i$表示第i个烟花可以生成的火花数目，$round(\,)$表示仿真平台中四舍五入的取整函数，a和b表示人为设定的常数。

（2）爆炸幅度。由于函数的最优值点、极值点的周围点的函数值往往比较优秀，因此，在烟花算法寻优过程中，可以借助对爆炸幅度的控制，使适应度函数值较好的烟花的爆炸范围缩小，从而使其能更早更有效的收敛，并最终找出最优值。与之相反，适应度函数值较差的点，往往离最优值都较远，只有让这类烟花发生大幅度的变异，它们才有可能回到最优值的周围，如图 2-13 所示。烟花算法爆炸幅度的计算公式为：

$$A_i = \hat{A}\frac{f(x_i) - Y_{min} + \varepsilon}{\sum_{i=1}^{N}(f(x_i) - Y_{min}) + \varepsilon} \quad (2\text{-}35)$$

式（2-35）中，A_i表示第i个烟花爆炸的幅度（可用基于半径的表示方式），烟花爆炸时生成的所有火花不能超出这个范围；$\hat{A}$表示最大爆炸幅度，通常为给定的常数；与公式（2-33）中Y_{max}对应，Y_{min}表示当前情况下适应度值最好的个体的适应度值；$f(x_i)$表示第i个个体的适应度值；ε表示一个防止分母为零的极小常数。

（3）位移操作。确定烟花爆炸生成火花的数目和爆炸的范围后，需要通过位移操作将生成的火花分布在确定的范围内，常用随机位移的方法来进行位移变异操作。位移操作要求对烟花的每一个维度都进行位移，其公式为：

$$\Delta x_i^k = x_i^k + rand(0, A_i) \quad (2\text{-}36)$$

式（2-36）中，x_i^k表示当前情况下第i个烟花的位置；Δx_i^k表示第i个烟花进行位移操作后的位置；$rand(0, A_i)$表示在爆炸幅度A_i范围内生成均匀的随机数。

通过上述操作过程后，每一个烟花都会有对应的产生火花数目、爆炸范围，并且都随机产生一个位移，这样可以保证和丰富种群的多样性，为寻优问题最终找到全局最优解提供更多可能性方面的保障。

2. 变异操作

变异操作的作用是通过在烟花算法过程中引入高斯变异步骤，从而进一步丰富烟花算法的种群多样性。具体操作为：在所有烟花中随机挑选出一个，然后随机挑选维度对其进行高斯变异操作。需要说明的是，高斯变异发生在被选中的烟花与适应度值最好的烟花之间，如果变异后生成的火花超出可行域，则需要通过之后所述的映射操作回到某个新的位置。变异操作过程示意图如图 2-14 所示。

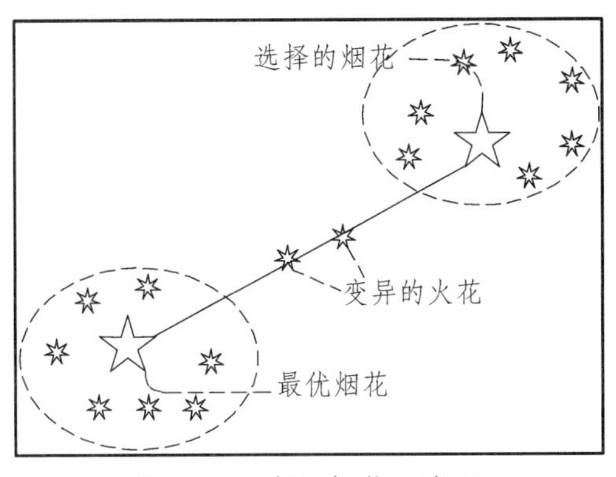

图 2-14　变异操作示意图

变异操作的公式为：

$$x_i^k = x_i^k g \tag{2-37}$$

$$g \sim N(1,1) \tag{2-38}$$

式（2-37）、（2-38）中，x_i^k 表示当前情况下第 i 个烟花的位置；g 是服从均值、方差均为 1 的高斯分布的随机数。

3. 映射操作

一些分布在可行域边界附近的烟花的爆炸幅度范围很可能会覆盖到可行域边界以外的区域，这可能导致烟花在可行域范围以外产生火花。而可行域以外的火花是没有用的，显然需要某种操作将这些分布到可行域以外的火花拉回到可行域范围中。按照映射规则对这些火花进行映射操作，将越界的火花拉回到可行域中，从而确保所有火花个体都留在可行域范围内。模运算映射规则公式为：

$$x_i^k = x_{\min}^k + \left|x_i^k\right| \%(x_{\max}^k - x_{\min}^k) \tag{2-39}$$

式（2-39）中，x_i^k表示当前情况下第i个超出边界烟花在k维度上的位置；$x_{\max}^k$和$x_{\min}^k$表示在k维度上的上边界值和下边界值；%表示模运算。

4. 选择操作

选择操作的主要任务是从可行域空间的火花中，挑选一部分火花作为下次爆炸的烟花，而烟花算法采用建立在距离上的选择方式，留下每次爆炸后的最优个体后再选出剩下的火花。其中，为满足火花种群多样性的要求，让与其他个体距离更远的火花个体有更大的概率被挑选出来，在烟花算法中两两个体间采用欧氏距离进行度量，公式为：

$$R(x_i) = \sum_{j=1}^{K} d(x_i, x_j) = \sum_{j=1}^{K} \left\| x_i - x_j \right\| \tag{2-40}$$

式（2-40）中，$d(x_i,x_j)$表示所有烟花和火花中任意两个个体的欧式距离；$R(x_i)$表示第i个个体与其他烟花个体的距离总和；K表示之前完成爆炸算子、变异操作等过程后，生成的火花的位置集合；$j \in K$表示第j个位置属于烟花位置集合K。

在计算出$R(x_i)$后，利用轮盘赌的方式求出每个火花被选择的概率，公式为：

$$p(x_i) = \frac{R(x_i)}{\sum_{j \in K} R(x_j)} \tag{2-41}$$

式（2-41）中，$p(x_i)$表示第i个火花个体被选择的概率。观察该公式不难发现，离其他火花个体越远的火花有更大的概率成为下一代烟花，从而保证了烟花群体的多样性。

2.6.3 算法基本流程

烟花算法开始迭代，依次进行爆炸算子、变异操作、映射操作和选择操作，直到达到求解问题的精度要求或者达到函数评估的次数上限。烟花算法的基本流程如图 2-15 所示。

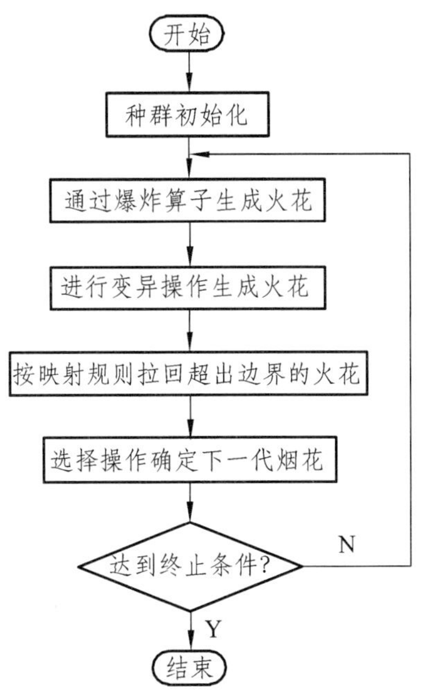

图 2-15　烟花算法流程图

烟花算法的实现过程：

Step1： 在可行域中随机生成初始化中设定数量的烟花，其中每个生成的烟花都代表可行域中的一个潜在解，用适应度函数算出所有烟花对应的适应度值，并通过爆炸算子生成火花。

Step2： 结合实际搜索问题的具体情况，在烟花的辐射范围内对烟花进行适当变异，一般为高斯变异。

Step3： 搜索出烟花种群的最优解并判断是否达到需求，如果满足要求则停止计算，否则继续进行迭代操作，直到达到迭代次数阈值或找到最优解。

2.7　差分进化算法

2.7.1　产 生 背 景

生物进化论概念被达尔文第一次提出后，人们从自然选择、物竞天择的角度和思路对物种在自然界中出现的生命规律做出了规律和合理的解释。进化论的提出者达尔文赞成自然界中的生物一直在为了各自的生存而斗争，到最后只有最适合环境的个体才能存活下来。即适应能力强的个体不被淘汰，而不能适应自然规律的生命个体就被淘汰。所以说，直到今天，每个生物都是经过自然选择、遗传和变异的淘汰过程才得以存活下来的，之后，再经历低级和简单阶段，最后过渡到高级和复杂阶段。

基于此过程，1975 年 Holland 提出了遗传算法。该算法是模仿自然进化的启发式搜索算法，主要通过对自然界中的万物在进化过程中继承、变异、选择和交叉等过程的模拟来寻优求解。在进化过程中，进化个体在种群中随机选择，每一代的每个个体都要经过所设定的适应度函数来抉择出优于父代的个体，再随机选择个体成为新种群，以便进行下一次的迭代。如果超过最大迭代次数或者所设定的适应度函数的精度达到预期值则进化结束；如果超过最大迭代次数进化就结束，可能得不到满意的结果。

后来，越来越多的学者受到这种思想的启发，进一步从进化论的自然选择中提取智能算法的思想，比如差分进化算法和遗传算法。遗传算法的思想是从自然选择、物竞天择和适者生存的进化规律中凝练出的一个智能方法。在差分进化算法中，主要包括四个步骤，即初始化、变异、交叉和选择。

差分进化算法（DE）是建立在遗传算法基础上而发展起来的一个全新的智能优化算法。它在 1995 年被 Storn 和其他研究学者首次提出，最开始也只是为了求解 Chebyshev 多项式。随着对该算法的了解的不断深入，人们意识到 DE 对于参数优化问题可以实现有效的求解。和传统的遗传类算法相比，差分进化算法是基于达尔文“物竞天择，适者生存”的进化规律和遗传规律所形成的一种智能算法，该算法根据父代个体的向量之差来交叉，进而选择出更优的子代。

DE 的优点主要表现在可以实现实数域的编码，这不同于传统遗传算法的二进制类型的编码。同时，相比传统的遗传算法，DE 减少了数据编码和数据解码两个烦琐过程，大大提高了优化效率。从算法实现的角度来看，也变得更加简单了。

2.7.2 基本思想

为了求解 Chebyshev 多项式问题，学者 Rainer Storn 和 Kenneth Price 等人借助万物进化思想于 1995 年提出了差分进化算法。该算法是一种采用实数编码、在连续空间中进行随机搜索、基于群体迭代的新型进化算法，具有结构简单、性能高效的特点。随着对算法的深入研究，学者们发现 DE 也是解决复杂优化问题的有效技术。

DE 是基于群体智能理论，并且通过群体内个体间的合作与竞争产生的群体智能来指导优化搜索的优化算法。DE 不仅具有记忆个体最优解和种群内信息共享以及较强的全局搜索收敛能力和鲁棒性等特点，而且不需要借助问题的特征信息，不受问题性质的限制，就可有效地求解复杂环境中的优化问题。与确定性算法相比，DE 具有普遍的适应性，已成为一种求解非线性、不可微、多极值和高维的复杂函数的一种有效和鲁棒的方法。

从工程角度看，差分进化算法是一种自适应的迭代寻优过程；从数学角度看，它是一种随机搜索算法。该算法的基本思想是：基于达尔文生物进化论中“适者生存”的竞争策略，根据父代个体间的差分矢量进行变异（Mutation）、交叉（Crossover）和选择（Selection）操作，即从某一随机产生的初始种群开始，随机选择种群中任意两个不同的个体，然后将它们的差向量加权后按一定的规则与第三个个体向量求和来产生新个体，这一过程被称为“变异”。然后将新个体的参数与当代种群中某个预先确定的目标个体的参数按照一定的规则来产生试验个体向量，该操作称为“交叉”。如果试验个体的适应度值优于与之相比较的个体的适应度值，则在下一代中就将试验个体取代目标个体，否则目标个体仍保存下来，此过程称为“选择”。这样种群通过不断地迭代计算，淘汰劣质个体，保留优良个体，引导搜索过程向最优解逼近。在每一代的进化过程中，每一个个体向量都必须作为目标个体向量一次，以便在下一代中出现相同个体竞争者。

与传统的优化算法相比，差分进化算法具有以下特点：

（1）简单的算法原理，而且容易实现，不需要确定性的规则，采用概率转移规则。

（2）具有记忆个体最优解的能力和极强的群体搜索能力。

（3）差分进化算法具有内在的并行性，可协同搜索，具有利用个体局部信息和群体全局信息指导算法进一步搜索的能力，在同样精度要求下，DE 具有更快的收敛速度。

（4）DE 操作十分简单，易编程实现，尤其擅长求解高维的函数优化问题。

（5）算法通用，可直接对结构对象进行操作，不依赖于问题信息，不存在对目标函数的限定。

2.7.3　算法基本流程

DE的基本步骤总结为：对于一个种群，假定 NP 为其规模大小，选取变量个数为 n 维向量参数 $x_{ij}(i=1,2,\cdots,NP; j=1,2,\cdots,n)$。该算法的每个优化解用单个个体表示，这些个体可以在种群中的各维空间同时搜索优化。从种群的父代开始，依次经历变异、交叉、选择三个主要步骤优化出子代。其中，在变异步骤中，首先选取具有差异的两个父代向量，并作差。其次，给差分向量添加一个变异系数，即将变异因子 F 乘以差分向量，最后将优化结果和另外一个父代向量相加，就可得到变异向量。在接下来的交叉优化中，将初始化向量与上一步得到的变异向量混合，得到相应的试验向量。在最后的选择优化过程中，会出现以下两种情况：从适应度值的角度而言，当试验向量比目标向量更强时，选取前者作为新一代的父代向量，继续下一代的优化；而当试验向量比目标向量弱时，选取后者继续作为新一代的父代向量，重新经历三个步骤以进行下一代的优化。

DE的具体实现步骤如下：

（1）初始化。

与其他优化算法相同的是，DE 在优化最初也是要初始化的。种群初始化通常是在 n 维的空间向量中利用均匀分布的随机函数得到的。另外，为了提高初始化质量和优化精度，应该使初始化种群占据所有可以搜索的空间范围。假定种群大小为 NP，个体的目标向量维度为 n，其中，$x_i=[x_{i1},x_{i2},\cdots,x_{in}]$，即可算出 $x_{i,j}$ 的表达式：

$$x_{i,j}=x_{i,j\min}+rand(0,1)*(x_{i,j\max}-x_{i,j\min}) \tag{2-42}$$

式中 $x_{i,j}$、$x_{i,j\max}$ 和 $x_{i,j\min}$ 分别是第 j 代个体向量、个体向量的上限值和下限值。

（2）变异操作。

利用两个不同的父代向量作差，产生相应的差分向量，这也是差分进化算法的前提；然后给得到的差分向量添加一个变异系数，即将变异因子 F 乘以差分向量；最后将优化结果和另外一个父代向量相加，就可得到变异向量。得到的变异向量 $v_{i,j}^{k+1}$ 可以通过下式计算：

$$v_{i,j}^{k+1}=v_{r_1,j}^{k}+F\cdot(x_{r_2,j}^{k}-x_{r_3,j}^{k}) \tag{2-43}$$

式（2-43）中，$r_1,r_2,r_3\in\{1,2,\cdots,NP\}$，且和 i 不能相同，所以 NP 是一个大于4

的整数；F 为变异因子，$F \in [0,1]$，它影响优化过程的缩放程度。图 2-16 为变异操作的示意图，其中，曲线为函数的等高线，× 为个体向量。

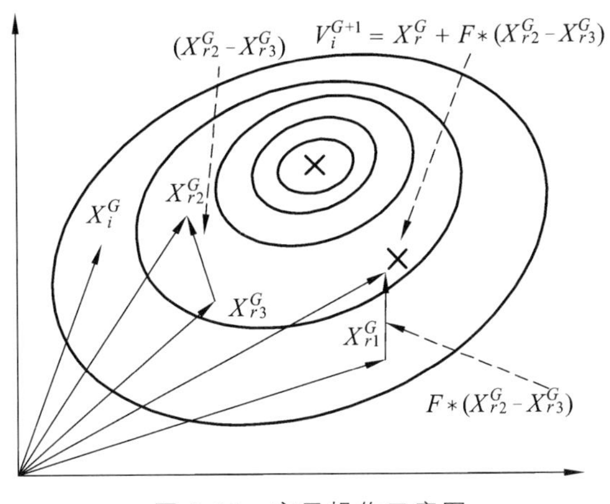

图 2-16　变异操作示意图

（3）交叉操作。

通过上一步的变异操作后，由种群中的目标向量 x_i^k 可得到个体 v_i^k，然后利用交叉操作得到试验个体 u_i^k。根据基因突变原理，交叉操作由向量 x_i^k 的一部分替换变异向量 v_i^k 中的相应位，并且保存 v_i^k 中其他位的值，所以试验个体 u_i^k 主要由两部分组成，即一方面来自目标向量 x_i^k，其余通过变异向量 v_i^k 得到。另外，交叉因子 CR 影响试验个体 u_i^k 的某些值是通过个体 x_i^k 或者变异个体 v_i^k 得到的。交叉操作的具体表达式如下：

$$u_{i,j}^{k+1} = \begin{cases} v_{i,j}^{k+1}, & \eta \leqslant CR \ \ or \ \ j = q_j \\ x_{i,j}^{k}, & otherwise \end{cases} \tag{2-44}$$

式中 η 为大于 0 而小于 1 的任意数，j 表示变量，交叉因子为 CR，取值范围为 $[0,1]$。另外，$q_j \in \{1,2,\cdots,n\}$。

（4）选择操作。

根据“贪婪”优化原则，在 DE 中，通过前两步的优化，就个体适应度值而言，如果新的试验个体 $u_{i,j}^{k+1}$ 比父代 $u_{i,j}^{k}$ 好，则选择试验个体作为新的子代；相反，继续采用 $x_{i,j}^{k}$ 作为子代。结果是把求解最优问题转换为求解最小值问题，即：

$$x_{i,j}^{k+1}=\begin{cases}u_{i,j}^{k+1},\ f(u_{i,j}^{k+1})<f(x_{i,j}^{k})\\ x_{i,j}^{k}\ ,\ otherwise\end{cases} \tag{2-45}$$

综上所述，差分进化算法的基本流程总结如下：

Step1：对种群进行初始化，初始化的参数包括种群大小 NP 、个体初向量、变异因子 F 、交叉因子 CR 等。

Step2：计算每个个体的不同的适应度值，并从中选择出最优的个体。

Step3：产生差分向量，再根据公式（2-43）进行变异操作，求得变异个体 $v_{i,j}^{k+1}$ 。

Step4：根据公式（2-44）进行交叉操作，得到试验向量 $u_{i,j}^{k+1}$ ，并得到 $u_{i,j}^{k+1}$ 的适应度值。

Step5：根据公式（2-45）进行选择操作，产生 $k+1$代个体 $x_{i,j}^{k+1}$ 。

Step6：优化出最优个体；否则，转 Step2。

图 2-17 详细地展现了 DE 的优化过程，即展现了从初始化种群到变异、交叉和选择，最后优化出最优个体的流程。

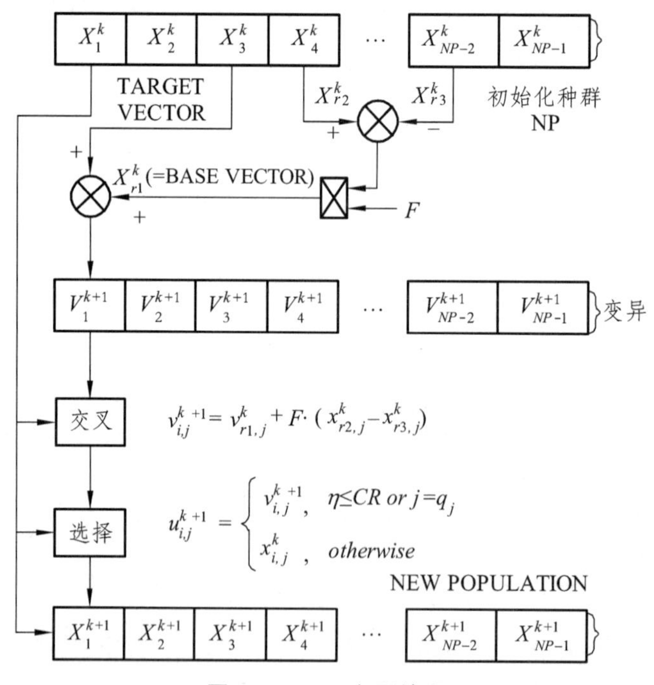

图 2-17　DE 主要流程

2.8　混合蛙跳算法

2.8.1　产生背景

学者们经常通过观察、理解和模拟周围客观的世界，提出一些具有针对性的优化算法来解决我们日常生活中所遇到的问题，如上述小节中的萤火虫算法、布谷鸟搜索算法、蝙蝠算法和鸡群算法等。这些算法都是学者们通过对大自然中某些生物的行为和习性进行观察而提出的仿生学算法。为此，Eusuff 等人受大自然中青蛙寻觅食物过程中通过种群间的相互合作并采用跳跃的方式找寻食物的启发，提出了一种新的基于群体的智能优化算法——混合蛙跳算法（Shuffled Frog-Leaping Algorithm，SFLA）。

混合蛙跳算法是一种新型的仿生类智能优化算法，该算法结合了模因算法和粒子群算法的特点，同时具有适者生存和随机搜索的特性。因此，混合蛙跳算法是一种模仿自然界的生物而产生的基于群体的协同搜索方法。该方法将青蛙群体分成若干个子种群，并在子种群间进行思想传递，将全局信息交换和局部搜索相结合。这个局部深度搜索和全局跳跃信息交换的平衡策略使得算法能跳出局部极值点，向全局最优解的方向移动，这也是混合蛙跳算法的主要特点。混合蛙跳算法基于“适者生存”的思想，保证了更优秀的亲代提供遗传信息，同时子代被随机分布在可行域中，保证了解的搜索范围。另外，用新产生的子代代替原子种群中性能最差的解而非整个种群中的最差解，保证了子种群中的每个个体都能参与进化。

2.8.2　基本思想

蛙跳算法的基本思想是：在一块湿润的土地上栖息着一群青蛙，同时在湿地里分布着大小不同的石头供青蛙寻觅食物时跳跃，青蛙通过在不同大小的石头上跳跃来传递信息以提高自己寻觅食物的能力，每个青蛙都是通过不断地跳跃来寻找食物的。每个青蛙都携带有一定的信息，为了能够使自己找到所寻食物，青蛙通过彼此之间的相互交流，吸取其他个体的长处以“取长补短”，进而改变自己的跳跃方向和步伐，从而实现信息的共享。快而准地找到食物是青蛙梦寐以求的，因此，将种群划分为不同的子种群，在局部区域形成组团搜索，由精英个体来指引其他个体的搜索方向，在提高搜索速度的同时也实现了快速的信息交流。当每个分散的小群落进化到一定程度后，将不同的群落混合，以实现不同群落之间的交流，当达到所满足的条件时则停止。在混合交流的过程中，每个青蛙都可以在更大的环境下学习新思想，实现种群信息的共享，以免受某一群落或某一个体偏执思想的影响，从而使整个种群向着食物的方向前进。

对于一个 S 维的函数优化问题，首先从已知可行域中随机产生 F 个点（青蛙）作为初始种群，设第 i 只青蛙表示为 $x^i=(x_1^i,x_2^i,\cdots,x_S^i)$，计算每只青蛙的目标函数值 $f(x^i)$，根据目标函数值将其降序排列；然后将整个青蛙群体划分为 m 个子种群，每个子种群中包含 n 个解（青蛙），其中，第一个解进入第一个子种群，第二个解进入第二个子种群，以此类推，第 m 个解进入第 m 个子种群；重复上述过程，第 $m+1$ 个解再次进入第一个子种群，以此类推，直到所有的青蛙分配完毕为止。接下来进行局部搜索，即在子种群内进行进化运算，每一次迭代都改变子种群中位置最差青蛙 p_w 的位置，即先通过子种群中位置最好的青蛙 p_b 利用位置更新公式更新位置最坏的青蛙的位置；如果此次改变没有使位置最坏的青蛙的位置得到改进，就用整个群体中位置最好的青蛙 p_g 替代 p_b 再重新利用上述公式计算；若此时仍没有进展，就随机生成一只新青蛙直接代替 p_w；算法继续迭代直至达到子种群迭代次数。最后将子种群中的青蛙进行混合，并将混合后的青蛙按目标函数值降序排列，及时更新整个种群中位置最好的青蛙 p_g，直至达到种群规定的迭代次数或终止条件为止。

2.8.3 算法基本流程

SFLA 是一种随机搜索的元启发式全局优化算法。该算法首先从可行域中随机产生一组初始解（即初始青蛙），计算每只青蛙的目标函数值，并根据目标函数值的大小对青蛙进行降序排列；其次将整个青蛙群体分成若干子种群，在每个子种群中进行局部搜索，以某种策略更新局部最差青蛙，使得搜索青蛙朝最优解移动；最后当子种群进化到设定代数后，将子种群混合，各子种群之间进行信息传递实现信息交流，并最终得到全局最优解。

为了说明 SFLA 的算法机理，本节所研究的函数优化问题如下：

$$\begin{aligned}&\min f(x)\\&\text{s.t. } x\in[l,u]\end{aligned}\tag{2-46}$$

式（2-46）中，$[l,u]:=\{x\in\Re^S \mid l_k\leqslant x_k\leqslant u_k, k=1,2,\cdots,S\}$。

利用混合蛙跳算法求解该类问题时，包括四个步骤：

Step1：初始化。

从可行域中随机产生 F 个解 $\{x^1,x^2,\cdots,x^F\}$ 并作为初始种群，问题的维数为 S ，$x^i=(x_1^i,x_2^i,\cdots,x_S^i)$ 为 S 维空间的一个解 $(i=1,2,\cdots,F)$ 。经典 SFLA 的初始化过程是随机初始化，种群分布不均匀，不利于算法在整个可行域空间上进行均匀搜索，进而影响了算法的全局寻优能力。

Step2：子种群划分。

计算每个解的目标函数值 $f(x^i)(i=1,2,\cdots,F)$ ，将目标函数值按降序排列，并将目标函数值最优的解记为 x^g 作为整个种群的最优解。将整个种群分为 m 个子种群：$Y_1,Y_2,\cdots,Y_m$ ，每个子种群包含 n 个解，即满足 $F=m*n$ 。其中，第一个解进入 Y_1 ，第二个解进入 Y_2 ，直到第 m 个解进入 Y_m ，然后将第 $m+1$ 个解进入 Y_1 ，以此类推，直到所有解分配完毕。在每个子群中，目标函数值最好和最差的解分别记为 x^b 和 x^w 。上述分组方法在分组过程中仅进行了组内信息交换，没有较好地将组间信息进行交流，不利于发挥种群多样性。

Step3：局部搜索。

在迭代过程中，各子种群只更新目标函数值最差的解 x^w ，其更新公式为：

$$D_i=rand()*(x^b-x^w),i=1,2,\cdots,m \tag{2-47}$$

$$x^w=x^w+D_i,-D_{\max}\leqslant D_i\leqslant D_{\max};i=1,2,\cdots,m \tag{2-48}$$

其中 $rand()$ 为 0 与 1 之间的随机数，D_i 为青蛙的移动步长，$D_{\max}$ 表示允许青蛙移动的最大距离。式（2-48）对目标函数值最差的青蛙 x^w 执行更新，即修改解的位置。如果更新后得到比 x^w 更好的解，则用更新后的解替代最差解；否则用 x^g 代替式（2-48）中的 x^b ，重新利用公式（2-47）、（2-48）计算新解；若仍得不到比 x^w 更优的解，则随机产生一个新解去替换最差解，这样，子种群中位置最差的青蛙的位置就得到了更新。在指定迭代次数内重复执行以上操作，就完成了一轮子种群的局部搜索。有学者[28]将生物学中的吸引排斥思想引入 SFLA 中，修正了经典 SFLA 的更新策略，但要给所有青蛙均带上电荷，这就增加了算法执行前需确定的参数个数，进而使问题求解变得更加复杂。

Step4：子种群混合。

将各子种群 $Y_1,Y_2,\cdots,Y_m$ 重新合并为 X ，即 $X=\{Y_1\cup Y_2\cup\cdots\cup Y_m\}$ ，然后将 X 重新按目标函数值降序排列，并用整个种群中位置最好的青蛙（即目标函数值最小）及时更新 x^g ，重新划分子种群，进行下一轮的局部搜索。重复上述过程，直到达到指定的进化代数或满足终止条件。对此，有学者[29]在子种群混合前引入了种群淘汰机制，对算法中陷入局部最优的子种群及时进行淘汰，很好地避免了算法的早熟收敛。

由上述四个步骤可见，SFLA结合了局部深度搜索和全局信息交换的优势，在进行局部搜索的基础上更新全局最优，即先在子种群内的个体间进行信息交换，当子种群进化到指定的子种群内更新代数，再将各子种群进行混合操作。该算法具有全局优化和局部细致搜索的优点，可以用来优化连续和离散问题，方便求解组合优化和复杂函数的最优解。但是，其初始种群是随机产生的，如果种群分布不均匀，将影响算法的搜索性能，降低算法的全局寻优能力；采用传统的分组方法，易导致种群间差异较大，扩大了种群间的不均匀性；在更新策略的局部搜索过程中采用固定步长，其搜索范围受到限制，影响了算法的收敛速度和寻优精度；没有引入种群的淘汰机制对算法中可能处于停滞状态的子种群及时进行淘汰，算法易出现早熟收敛现象。

经过上述四步即种群初始化、子种群划分、局部搜索、子种群混合，完成了SFLA的一次迭代，解的位置也得到了更新。混合蛙跳算法的基本流程如图2-18所示。

2.9 蚁群算法

2.9.1 产生背景

20世纪90年代，意大利学者提出了一种新型的群体智能算法——蚁群算法。该算法是他们通过观察和研究自然界中蚂蚁群体的觅食过程而受到启发提出的，同时也形成了算法的核心思想。具体而言，通过观察和研究大量蚂蚁群体的觅食行为过程，对其觅食行为进行总结和归纳后发现了一些规律：当一只蚂蚁发现了食物，经过一段时间后，蚂蚁群体中的大部分个体都会聚集在从食物源到蚁穴的最短路径上。该算法最早于1991年由意大利学者 Dorigo M[30]等人提出，并将其命名为蚂蚁系统。到了1995年，Gambardella L M和Dorigo M两位学长提出了著名的Ant-Q算法[31]，他们在

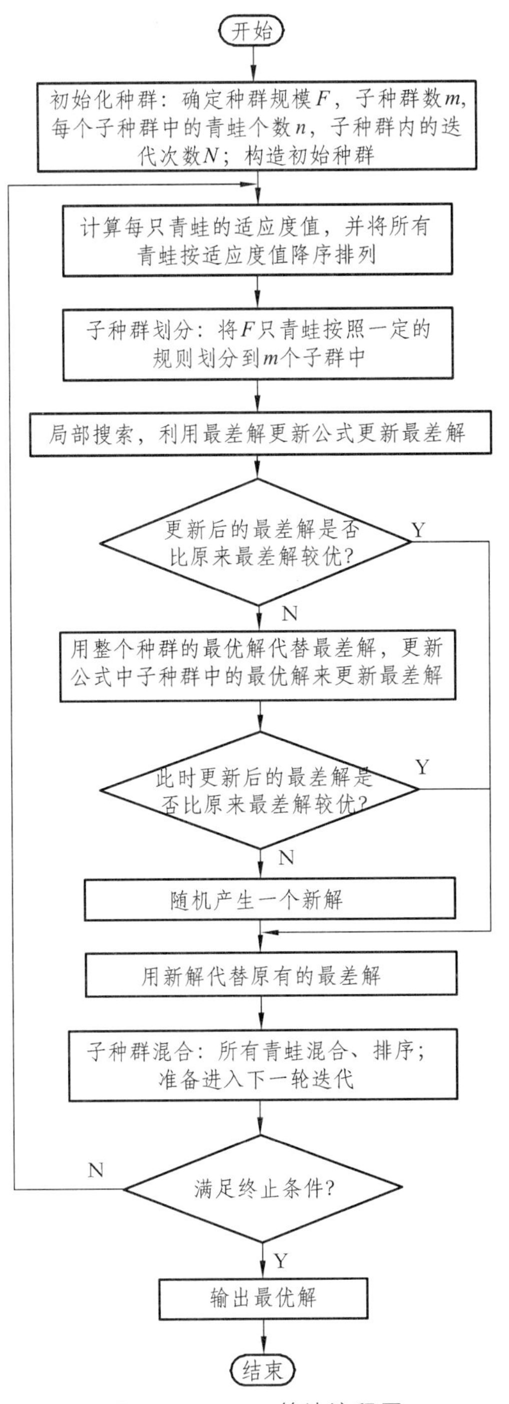

图 2-18　SFLA 算法流程图

该算法中运用了伪随机比例路径选择规则，在更新全局信息素的同时引入局部信息素的更新，解决了算法早熟的问题。1996 年，Dorigo M[32]等人详细阐述了蚁群算法的基本原理及在实际中的应用，并且对涉及的各个参数对算法求解性能的影响进行了分析。之后，蚁群算法逐渐受到各界专家的广泛关注，从而掀起了一股研究热潮。1998 年 10 月，在比利时布鲁塞尔成功召开了第一届蚂蚁优化国际研讨会，从此以后，蚁群算法的国际会议每年召开一次，成为世界各国学者交流的平台。在众多对蚁群算法的改进中，Dorigo M 等人提出的带精英策略的蚂蚁系统和 Stutzle T 等提出的最大最小蚂蚁系统[33]是两个典型的代表。随着蚁群算法被不断关注、研究和改进，其应用领域也逐步扩大，由最初的求解 TSP 已经成功扩展到图着色问题、网络路由规划、集成电路问题、车辆路径问题等众多方面，而且都取得了很好的效果。

2.9.2 基本思想

学者们通过观察与研究蚂蚁运动的规律并对其进行归纳和总结发现，蚂蚁在搜索食物的路径上会主动留下一种分泌物，而这种分泌物在蚂蚁群体间起到了信息传递的作用，这种分泌物我们称之为“信息素”。蚂蚁在运动的过程中能够感知信息素的存在与否以及浓度大小，并可以根据浓度来调整自己的运动方向。蚂蚁更偏向于沿着信息素浓度高的路径前进，与此同时，会在这些路径上留下信息素使得其浓度更高。因此，在蚂蚁群体中会体现出信息的正反馈现象。由于信息素具有挥发特性，而蚂蚁又喜欢沿着信息素浓度高的路径前进，所以一段时间过后，某条路径上的信息素浓度会明显高于其他路径，于是绝大多数蚂蚁会聚集在此路径上，此时整个蚂蚁群体处于一个稳定状态。而该路径便是蚁穴和食物源之间的最短路径。为了更进一步说明该思想，下面借助一个简易图来加以说明，具体如图 2-19 所示。

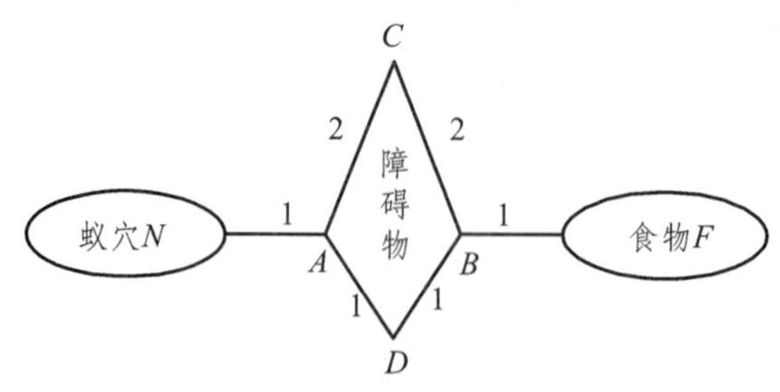

图 2-19　蚁群算法简易原理图

在图 2-19 中，蚁穴 N 和食物 F 之间存在两条路径，这两条路径分别为：$N \to A \to C \to B \to F$ 和 $N \to A \to D \to B \to F$，而在各节点之间的距离已经在该图中注明。现在假设每只蚂蚁的运动速度相同，即一个单位时间内移动的距离都是一个单位长度。每只蚂蚁经过任意一段路径都会分泌一个单位的信息素，假设在初始时刻所有路径上都不存在信息素。蚂蚁群体在图 2-19 中的觅食过程可进行如下描述：

假设在初始时刻（$t=0$ 时）有 12 只蚂蚁同时从蚁穴 N 出发去寻找食物。

当 $t=1$ 时，12 只蚂蚁移动到节点 A，由于此时路径 $A \to C$ 和 $A \to D$ 上的信息素都为 0，所以蚂蚁会以相同的概率来选择这两条路径，即平均有 6 只蚂蚁朝着节点 C 移动，另外 6 只蚂蚁朝着节点 D 移动。

当 $t=4$ 时，经过路径 $A \to D \to B$ 的 6 只蚂蚁最先找到食物源 F，并将返回。

当 $t=5$ 时，返回的 6 只蚂蚁到达节点 B，而经过路径 $A \to C \to B$ 寻找食物的 6 只蚂蚁也到达节点 B，此时，路径 $D \to B$ 和 $C \to B$ 上的信息素浓度一样，所以处于返程的 6 只蚂蚁中有 3 只会选择路径 $D \to B$，另外 3 只选择路径 $C \to B$。

当 $t=8$ 时，经过路径 $A \to D \to B$ 返回的前 3 只蚂蚁到达蚁穴 N，此时，剩余的 9 只蚂蚁还处在返途中，其中路径 $A \to C$ 的中点位置、路径 $C \to B$ 的中点位置、节点 D 等三处都有 3 只蚂蚁。

当 $t=9$ 时，最先到达蚁穴 N 的 3 只蚂蚁再次出发并移动到节点 A，另外 9 只蚂蚁仍在返途中，其中 6 只蚂蚁移动到节点 A，3 只蚂蚁移动到节点 C。此时，路径 $A \to C$、$A \to D$ 上的信息素数量分别是 9 和 12。所以，再次出发的 3 只蚂蚁会以较大的概率选择路径 $A \to D$，从而使得路径 $A \to D$ 与路径 $A \to C$ 上的信息素浓度的差值继续加大。随着蚂蚁觅食过程的不断继续，所有蚂蚁都会聚集在最短路径 $N \to A \to D \to B \to F$ 上。

与大自然界的蚂蚁觅食过程相比，蚁群算法具有以下特性：

（1）信息素释放具有调节性，可以从释放的数量和释放的时间这两方面来进行调节。

（2）蚂蚁的运动方向不仅受路径上的信息素浓度的影响，同时也受启发式因子的影响。

（3）蚂蚁具有一定的记忆功能；蚂蚁搜索空间具有离散性，在求解组合优化问题时会不断从一个旧的状态转移到一个新的状态。

2.9.3 算法基本流程

为了方便理解，本小节以求解旅行商问题为例来对蚁群算法的数学模型机算法的基本流程进行阐述。旅行商问题描述简单，在其求解过程中阐述蚁群算法的数学模型易于理解。用于求解 TSP 的每只蚂蚁都具备以下几点特性：① 具有记忆功能，即在完成一次迭代前，蚂蚁对每个城市节点只能访问一次，且访问完所有城市节点后回到初始节点；② 蚂蚁在所走过的路径上分泌信息素，信息素分泌的数量和时间由算法决定。

假设待访问城市的个数为 n，蚂蚁群体的规模为 m，城市节点 i 与 j 之间的距离为 d_{ij}，则 $d_{ij}=\sqrt{(x_i-x_j)^2+(y_i-y_j)^2}$，其中 x_i,x_j,y_i,y_j 分别代表城市 i、j 的横纵坐标或者说经纬度坐标。在每次迭代开始时，m 只蚂蚁会被随机放置到这 n 个城市中，使得蚂蚁的出发点具有随机性。为了制止在一次迭代中同一只蚂蚁对同一个城市进行多次访问，我们设置了一个禁忌表来记录每只蚂蚁已访问过的城市，$tabu_k$ 中记录了蚂蚁 k 已走访过的城市的名称和访问顺序。$\tau_{ij}(t)$ 表示在 t 时刻时路径 $\langle i,j\rangle$ 上的信息素浓度，在初始时刻（$t=0$ 时），所有路径上的信息素浓度都设置成同一个常数。蚂蚁 k 在 t 时刻时从当前所在的城市节点 i 向城市节点 j 移动的概率用 $p_{ij}^k(t)$ 来表示，我们称这种状态转移规则为随机比例规则，其公式如下：

$$p_{ij}^k(t)=\begin{cases}\dfrac{[\tau_{ij}(t)]^\alpha[\eta_{ij}]^\beta}{\sum\limits_{s\in allowed_k}[\tau_{is}(t)]^\alpha[\eta_{is}]^\beta}, j\in allowed_k \\ 0, \ otherwise\end{cases} \tag{2-49}$$

在公式（2-49）中，启发式因子 η_{ij} 表示路径 $\langle i,j\rangle$ 的能见度，它反映了蚂蚁从城市节点 i 向 j 移动的启发程度，其取值通常如公式（2-50）所示：

$$\eta_{ij}=\frac{1}{d_{ij}} \tag{2-50}$$

参数 α 和参数 β 分别反映了在蚂蚁选择路径时，路径上的信息素浓度和启发信息的相对重要性[34]。α 值的大小影响蚂蚁对重复路径的选择，其值越大，蚂蚁走重复路径的可能性就越大，此时，算法容易出现停滞现象。$allowed_k$ 中存放着蚂蚁 k 尚未访问的城市的编号，其计算公式如下：

$$allowed_k = \{1,2,\cdots,n\} - tabu_k \tag{2-51}$$

当蚂蚁 k 按照随机比例策略选择了一个可以访问的城市 C 并且到达以后，我们要对禁忌表进行更新，即在 $allowed_k$ 中添加城市 C 的编号。若 $|tabu_k| < n$，则蚂蚁 k 按照随机比例策略继续选择下一个城市并进行访问。经过不断重复上述过程，直至 $tabu_k$ 包含了所有的城市，此时，蚂蚁 k 回到出发点，并将出发城市添加到 $tabu_k$ 末尾。当 m 只蚂蚁都完成各自的访问任务后，根据禁忌表中每只蚂蚁的访问顺序计算出每只蚂蚁走过的总路程，并按照下式更新路径上的信息素。

$$\tau_{ij}(t+1) = (1-\rho)\tau_{ij}(t) + \sum_{k=1}^{m} \Delta\tau_{ij}^{k} \tag{2-52}$$

在式（2-52）中，ρ 代表信息素挥发系数，它模拟了自然界中蚂蚁分泌的信息素随着时间的推移而挥发的现象。ρ 的取值范围是 $(0,1)$，若取值过大，则路径上的信息素挥发得过快，将会增加再次选择以前搜索到的路径的可能性，从而大大缩小了解空间，使得算法全局搜索的能力减弱；若取值过小，尽管增大了搜索到全局最优解的可能性，但同时也削弱了算法的收敛性。$\Delta\tau_{ij}^{k}$ 表示在本次迭代中，蚂蚁 k 在路径 $\langle i,j\rangle$ 上留下的信息素的数量。根据分泌的数量和时间的不同，Dorigo M 给出了如下三种模型：

（1）蚁周模型（Ant-Cycle）：

$$\Delta\tau_{ij}^{k} = \begin{cases} \dfrac{Q}{L_k}，若蚂蚁k在本次循环中经过(i,j) \\ 0，否则 \end{cases} \tag{2-53}$$

在蚁周模型中，Q 代表蚂蚁完成一圈周游任务所分泌的信息素数量，它的大小应该随着问题规模的变化而变化。若 Q 值太大，算法容易陷入局部最优解；若 Q 值太小，则会降低算法的收敛性。L_k 代表在本次迭代中蚂蚁 k 走过的总路程。

（2）蚁量模型（Ant-Quantity）：

$$\Delta\tau_{ij}^{k} = \begin{cases} \dfrac{Q}{d_{ij}}，若蚂蚁k在本次循环中经过(i,j) \\ 0，否则 \end{cases} \tag{2-54}$$

在蚁量模型中，Q表示蚂蚁在一段路径上分泌的信息素数量，d_{ij}代表路径(i,j)的长度。

（3）蚁密模型（Ant-Density）：

$$\Delta\tau_{ij}^{k}=\begin{cases}Q, & \text{若蚂蚁}k\text{在本次循环中经过}(i,j)\\ 0, & \text{否则}\end{cases} \tag{2-55}$$

蚁量和蚁密模型都是采用信息素局部更新的策略，具体而言，当一只蚂蚁到达一个新城市节点后便会立即更新刚刚走过的路径上的信息素浓度，这两种模型唯一的不同在于信息素增量的形式不同。在蚁密模型中，信息素增量为常量Q，始终保持不变；而在蚁量模型中，信息素增加的数量与本段路径长度成反比，即长度越长，增加的数量越小，这有利于蚂蚁沿着较短路径前进。与蚁量和蚁密模型的信息素更新方式不同，蚁周模型采用全局更新信息素的方式，即在每次循环中，只有当m只蚂蚁全部完成周游任务时才对路径上的信息素进行更新。由于其信息素增量与周游总路程成反比，所以采用蚁周模型能够有效地增大好路径和差路径的信息素浓度差，使算法的求解性能更优。

使用蚁周模型求解 TSP 的步骤如下：

Step1：初始化参数。设置蚂蚁规模m，城市数量n，当前迭代次数$nc=1$，最大迭代次数$nc_\max$，各边上的信息素浓度为一个正常数c。

Step2：清空禁忌表。将m只蚂蚁随机放到n个城市中，在禁忌表的对应位置加入当前城市。

Step3：蚂蚁根据随机比例规则选择移动到下一个城市并在禁忌表的对应位置添加该城市。

Step4：若蚂蚁还有未访问的城市，则重复 Step3，否则，回到出发点。待m只蚂蚁都完成访问任务后，计算每只蚂蚁在本次循环中的总路程，保存最小值以及对应的路径。

Step5：根据公式（2-51）和（2-52）来更新每条路径上的信息素。

Step6：判断$nc==nc_\max$?若是，继续执行 Step7，否则，$nc=nc+1$，转到 Step2。

Step7：输出最优解（保存的$nc_\max$个值中的最小值）以及对应的路径。

蚁群算法的具体流程如图 2-20 所示。

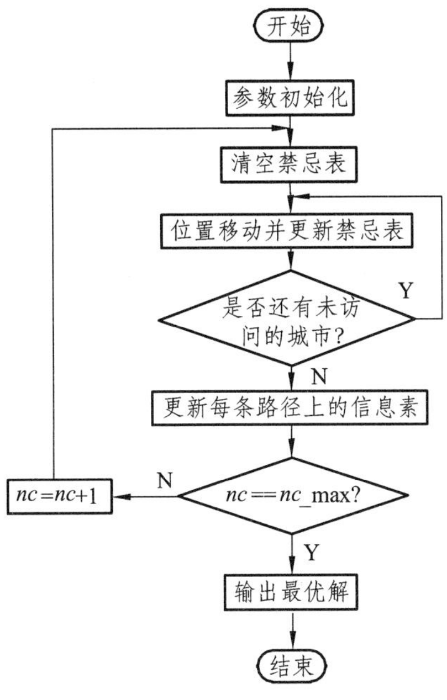

图 2-20　蚁群算法流程图

2.10 小　结

本章通过对群体智能概念的介绍，引出群体智能算法，并列举出当前受学者们关注度较高的 9 种算法，并对其产生背景、基本流程及算法的数学模型或基本流程进行了介绍。同时，为了进一步让读者理解和应用，笔者还提供了 Matlab 的实现代码，仅为读者提供参考。

参考文献

[1] HINCHEY M G，STERRITT R，ROUFF C. Swarms and swarm intelligence[J]. Computer，2007，40(4)：111-113.

[2] 林诗洁，董晨，陈明志，等. 新型群智能优化算法综述[J]. 计算机工程与应用，2018，54(12)：1-9.

[3] BONABEAU E，MEYER C. Swarm intelligence：a whole new way to

think about business[J]. Harv Bus Rev，2001，79(5)：106-114.
[4] REYNOLDS C W. Flocks, herds and schools: a distributed behavioral model[C]//ACM Computer Graphics. 1987：25-34.
[5] 秦明明. 基于改进粒子群算法的电力系统有功调度[D]. 上海：东华大学，2010.
[6] 钟子强. 粒子群算法优化研究及应用[D]. 南开大学，2011.
[7] Hu X，Eberhart R C，Shi Y. Engineering optimization with particle swarm[C]//Swarm Intelligence Symposium，2003. Sis '03. Proceedings of the. IEEE，2003：53-57.
[8] 秦明明. 基于改进粒子群算法的电力系统有功调度[D]. 东华大学，2010.
[9] Lee K. Modern Heuristic Optimization Techniques With Applications To Power Systems[M]. IEEE Power Engineering Society, 2002.45-51.
[10] 胡旺，李志蜀. 一种更简化而高效的粒子群优化算法[J]. 软件学报，2007，18(4)：861-868.
[11] 程美英，倪志伟，朱旭辉. 萤火虫优化算法理论研究综述[J]. 计算机科学，2015，42(4)：19-24.
[12] Krishnanand K N，Ghose D. Glowworm swarm optimization for simultaneous capture of multiple local optima of multimodal functions[J]. Swarm Intelligence，2009，3(2)：87-124.
[13] Cao Song, Wang Jian-hua, Gu Xing-sheng.A Wireless sensor network location algorithm based on firefly algorithm [M]//Xiao T，Zhang L，Fei M.Asiasim 2012.Springer Berlin Heidelberg，2012：18-26
[14] 张海梁，孙婉胜. 基于萤火虫算法的配电网状态估计研究[J]. 电器与能效管理技术，2015(13)：24-27.
[15] 陈洁钰，姚佩阳，王勃，税冬东.基于结构熵和 IGSO-BP 算法的动态威胁评估[J]. 系统工程与电子技术，2015，37(5)：1076-1083.
[16] Yang X S. Nature-Inspired Optimization Algorithms[M]. Elsevier Science Publishers B. V. 2014.
[17] 董静. 萤火虫算法研究及其在水下潜器路径规划中的应用[D]. 哈尔滨工程大学，2013.

[18] 唐少虎，刘小明. 一种改进的自适应步长的人工萤火虫算法[J]. 智能系统学报，2015，10(3)：470-475.

[19] 郁书好，杨善林，苏守宝.一种改进的变步长萤火虫优化算法[J]. 小型微型计算机系统，2014，35(06)：1396-1400.

[20] 程美英，倪志伟，朱旭辉. 萤火虫优化算法理论研究综述[J]. 计算机科学，2015，42(4)：19-24.

[21] Mantegna R N. Fast，accurate algorithm for numerical simulation of Lévy stable stochastic processes.[J]. Physical Review E Statistical Physics Plasmas Fluids & Related Interdisciplinary Topics，1994，49(5)：4677.

[22] Barthelemy P，Bertolotti J，Wiersma D S. A L é vy flight for light[J]. Nature，2008，453(7194)：495-498.

[23] Chechkin A V，Metzler R，Klafter J，et al. Introduction to the Theory of Lévy Flights[M]//Anomalous Transport：Foundations and Applications. Wiley-VCH Verlag GmbH & Co. KGaA，2008：431-451.

[24] Meng X，Liu Y，Gao X，et al. A New Bio-inspired Algorithm：Chicken Swarm Optimization[M]//Advances in Swarm Intelligence. Springer International Publishing，2014：86-94.

[25] 肖辉辉，段艳明. 基于 DE 算法改进的蝙蝠算法的研究及应用[J]. 计算机仿真，2014，31(1)：272-277.

[26] Tan Y，Zhu Y. Fireworks algorithm for optimization[C]// International Conference on Advances in Swarm Intelligence. Springer-Verlag，2010：355-364.

[27] Liang J J，Runarsson T P，Mezura-Montes E，et al. Problem definitions and evaluation criteria for the CEC 2006 special session on constrained real-parameter optimization[J]. International Journal of Computer Assisted Radiology & Surgery，2005，(2)：1-39.

[28] 赵鹏军，刘三阳. 求解复杂函数优化问题的混合蛙跳算法[J]. 计算机应用研究，2009，26(7)：2435-2437.

[29] 姜建国，李锦，龙秀萍，等. 采用小生境技术的混合蛙跳算法[J]. 计算力学学报，2012，29(6)：960-965.

[30] Colorni A. Distributed Optimization by Ant Colonies[C]// European Conference on Artificial Life. The MIT Press，1992.

[31] 尚玉昌. 蚂蚁的化学通讯[J]. 生物学通报，2006，41(6)：14-15.

[32] Dorigo M，Maniezzo V，Colorni A. Ant system：optimization by a colony of cooperating agents.[J]. IEEE Transactions on Systems Man & Cybernetics Part B Cybernetics A Publication of the IEEE Systems Man & Cybernetics Society，1996，26(1)：29-41.

[33] Stutzle T，Hoos H. MAX-MIN Ant System and Local Search for the Traveling Salesman Problem[M]// MAX-MIN Ant System and local search for the traveling salesman problem. 1997：309-314.

[34] 陈一昭，姜麟. 蚁群算法参数分析[J]. 科学技术与工程，2011，11(36)：9080-9084.

第 3 章　群体智能算法优化粒子滤波

在第 1 章的 1.1.4 小节中指出了粒子滤波存在的主要问题，即粒子权值退化问题和粒子贫化、丧失多样性问题。产生这两个问题的原因是粒子滤波的序贯重要性采样算法（Sequential Importance Sampling，SIS）经过多次迭代以后，大部分粒子的权值趋近于零，而只留下少部分粒子，其权值趋近于 1。若继续往下迭代，将导致大量的运算开销集中在可以忽略的粒子上，这不仅影响算法效率，还影响估计精度。为了解决这种粒子权值退化现象，主要进行两种操作：一是增加采样数量，二是重新采样。但是，采样数量的增加必然导致计算效率的降低，那么，舍弃权值较小的粒子重新采样，将权值较大的粒子直接用作下一次迭代就更为可行，这在一定程度上保证了粒子滤波的运行效率和估计精度。但是，重新采样在将权值较大的粒子用作下一次迭代的思路又导致了新的问题，即粒子丧失多样性。因此，在通常的粒子滤波中粒子权值退化和粒子贫化、丧失多样性的问题同时存在。为了解决这两个问题，很多学者提出了新的思路，比较有代表性的就是利用第 2 章中所述的群体智能优化算法优化粒子滤波。

3.1　粒子群优化算法优化粒子滤波

3.1.1　基本思路

利用粒子滤波（Particle Filter，PF）和粒子群优化算法（Particle Swarm Optimization，PSO）的相似性，可将两者融合，主要有以下三个方面[1]：

（1）粒子群优化算法是利用不断修改粒子在搜索空间中的速度和位置的方法来寻找最优值的。而粒子滤波是以迭代的方式来更新粒子位置和权值进而逼近系统状态的真实后验概率分布。

（2）最大权重的粒子最有可能是系统的状态，粒子群优化算法中适应度值最大的粒子表示搜索空间的最优值。

（3）粒子滤波和粒子群优化算法中，粒子都有各自的运动机理，但是，粒子群优化算法是通过搜索个体最优值和全局最优解来更新自己的位置和速度的，而粒子滤波则是通过运动模型来更新粒子的位置，通过观测模型来更新权重值。

基于以上三点相似性，可以将粒子群优化算法和粒子滤波进行融合，从而达到利用粒子群优化算法优化粒子滤波的目的。

3.1.2 PSO 优化 PF 过程

POS 与 PF 的融合步骤如下。

步骤 1　定义适应度函数如下：

$$fitness = \exp\left[-\frac{1}{2R_k}(y_{new} - y_{pred})^2\right] \tag{3-1}$$

式中 R_k 为量测噪声方差，y_{new} 为新的观测值，y_{pred} 表示预测观测值。通过适应度值的计算，可使所有粒子向最优粒子移动。但是，在 PSO 中，相关参数难以确定，尤其是粒子的最大速度。所以，基于高斯分布改进的粒子群优化算法（improved Particle Swarm Optimization，imp-PSO），可用来更新粒子速度。由此，可以得出以下结论：

若粒子群体大多分布于最优值附近，说明大多数粒子都具有较好的局部最优解；若大部分粒子都不能分布于最优值附近，说明大部分粒子未能取得较高的局部最优值，那么全局最优值也未必理想。对此，可以利用 imp-PSO，根据最优值来更新每个粒子的速度和位置，从而使得大部分粒子向真实值靠近。

步骤 2　更行粒子的速度和位置，计算公式如下：

$$v_k^i = |rand\ n|(P_{pbest} - x_k^i) + |Rand\ n|(P_{gbest} - x_k^i) \tag{3-2}$$

$$x_{k+1}^i = x_k^i + v_k^i \tag{3-3}$$

式中 $|rand\ n|$ 和 $|Rand\ n|$ 表示高斯分布随机数的正值，通常由 abs[$N(0, 1)$]产生。

通过公式（3-2）和（3-3）的计算，使得粒子种群向最优值 P_{gbest} 靠近，从而不难看出，PSO 优化粒子滤波的核心在于通过对所有粒子的位置更新，使得所有粒子都向高似然区域移动，当达到最优值阈值 σ 时，就可停止优化。

步骤 3　利用最新观测值和公式（3-4）对权重更新并进行归一化。

$$w_i^k = w_i^{k-1} p(y^k \mid x_i^k)$$
$$w_i^k = \frac{w_i^k}{\sum_i^N w_i^k} \tag{3-4}$$

步骤 4　系统状态输出。

$$\hat{x}_k = \sum_{i=1}^{N} \omega_k^i x_k^i \tag{3-5}$$

式中 $\hat{x}_k$ 表示 k 时的状态估计值。

从理论上分析，通过 imp-PSO 对 PF 进行优化，可以使粒子群在权重值更新前更加趋向于高似然区域，从而解决了粒子贫乏问题。优化过程也使远离真实状态的粒子趋向于真实状态进而出现概率较大的区域，从而使每个粒子的作用效果得到提高。也就是说，粒子滤波需要大量粒子才能进行精确状态预估的问题也被削弱了，特别是初始状态不确定的时候。但是，这也产生了新的问题，即粒子滤波本身的运算效率较低，再加上 imp-PSO 的优化，必定再次降低粒子滤波的实时性。另外，粒子群在权值更行前，大多数粒子更趋向于高似然区，这也必然导致粒子的多样性降低，而合理的粒子分布应该是在系统真实状态的高低似然区都有分布。针对这些问题，需要进行深入研究。

3.2　其他基于 PSO 优化 PF 方法

3.2.1　混沌粒子群优化改进粒子滤波

混沌粒子群优化改进粒子滤波（Chaos Particle Swarm Optimization Particle Filter，CPSO-PF）由王尔申[3]等提出，其基本思想是：利用混沌的随机性与便利性进行搜索[4, 5]，再将变量由混沌空间映射到解空间，从而对粒子进行混沌扰动，使粒子跳出局部极值区域，最终提高粒子样本的质量。

1. 混沌理论基础

Logistic 映射为典型的混沌系统，可表示为：

$$z_{i+1}=\mu z_i(1-z_i)\,,\quad i=0,1,\cdots;\mu\in(2,4] \tag{3-6}$$

其中 μ 表示控制参数。令 $\mu=4$，$0\leqslant z_0\leqslant 1$，以此产生混沌序列进行优化搜索。优化搜索的方法是用 Logistic 映射产生混沌序列，再将之映射到样本空间，使样本表现为混沌状态，以便于利用混沌变量进行搜索。

2. 混沌粒子群优化算法

为了改进 PSO，“混沌”被引入进来从而得到了混沌粒子群优化算法（Chaos Particle Swarm Optimization，CPSO）。其求最优解的函数表述如下：

$$\min f(x_1,x_2,\cdots,x_n) \tag{3-7}$$

混沌粒子群优化算法的详细步骤如下：

while (k < MAX_ITERATOR_TIMES){

for i = 1:N {

步骤 1 混沌化处理，利用公式（3-6）随机产生 n 组序列，记为 u。

步骤 2 将 u 中的各个分量进行扰动，扰动阈为$[a, b]$，扰动距离记为 Δx 。再将原分量与扰动距离结合。具体计算方法如下：

$$\Delta x=a+bu \tag{3-8}$$

$$x'=x+\Delta x \tag{3-9}$$

步骤 3 混沌初始化。对式（3-8）的计算结果和式（3-6）的结果进行比较，取得一组最优解。若 $f'<f$ ，则 $x'_k=x_k$ ，否则 x'_k 保持不变。

}

$k=k+1$，计算粒子 i 的适应度值 f，若 f 大于个体极值，则个体极值 $p_{best}=f_{curr}$（ f_{curr} 为当前适应度值），再通过个体极值寻找全局极值 g_{best}。

}

注：MAX_ITERATOR_TIMES 为最大迭代次数。

3. CPSO-PF[3]

首先，为了优化 PF 采样过程，将最新的观测值融入采样过程，定义适应度函数如下：

$$Y = \exp\left[-\frac{1}{2R}(z_{new} - z_{pred})^2\right] \tag{3-10}$$

其中 R 为量测噪声，z_{new} 为最新量测值，z_{pred} 为预测值。基于此，给出 CPSO-PF 的详细步骤：

步骤 1　样本初始化。令 $k=0$，粒子数为 N，粒子和粒子权值表示为 $\{x_{0:k}^i, w_k^i\}_{i=1}^N$，令每个粒子的初始权值为 $w_k^i = \frac{1}{N}$，$i=1,2,\cdots,N$。

步骤 2　使用状态模型方程计算重要性权值。

步骤 3　执行 CPSO。

（1）计算混沌粒子集合。使用采样函数，生成 N 个粒子样本，利用 Logistic 映射进行混沌搜索，并将搜索结果映射到解空间，从而得到新的混沌粒子集合 $\{x_k^i, 1/N\}_{i=1}^N$。

（2）计算最优解。利用公式（3-7）计算一组最优解并作为初始粒子集。

（3）更新极值。通过计算每个粒子的适应度值来修改各粒子的个体极值和全局极值。

（4）逼近真实值。通过更新粒子状态，使其逼近真实值。计算公式如下：

$$v_{id}(t+1) = wv_{id}(t) + c_1 r_{1d}[p_{id}(t) - x_{id}(t)] + c_2 r_{2d}[p_{gd}(t) - x_{id}(t)] \tag{3-11}$$

$$x_{id}(t+1) = x_{id}(t) + v_{id}(t+1) \tag{3-12}$$

式中 v_{id} 表示粒子速度，w 表示惯性因子，c_1 和 c_2 表示加速度，r_{1d} 和 r_{2d} 表示[0, 1]之间的随机数；p_{id} 表示最优粒子状态，p_{gd} 表示粒子种群中目标函数值最大的粒子状态；x_{id} 表示粒子的位置。

（5）判断优化是否完成。若完成，则结束，否则返回子步骤（3）。

步骤 4　系统状态预测。基于状态方程，预测下一时刻的状态值 x_{k+1}^i。

步骤 5　更新粒子权值。更新 k 时的粒子权值，计算公式如下：

$$w_k^i = w_{k-1}^i p(z_k \mid x_k^i) \tag{3-13}$$

步骤 6　对每个粒子的权值进行归一化处理。

$$w_k^i = \frac{w_k^i}{\sum_{i=1}^N w_k^i} \tag{3-14}$$

步骤 7　粒子重新采样。若有效粒子数 $N_{eff}=\dfrac{1}{\sum_{i=1}^{N}(w_k^i)^2}<N_{thr}$，则重新采样，得新粒子集 $\{x_k^{i'},1/N\}_{i=1}^{N}$，其中 N_{thr} 为重新采样阈值。

步骤 8　计算状态估值。

步骤 9　$k=k+1$，进入下一个时序。

从以上步骤的分析发现，在进行状态估值的过程中，依然进行了粒子重采样，以保证粒子权值不存在退化问题，但是，这样依然容易丧失粒子的多样性。

3.2.2　新型粒子群优化粒子滤波

陈志敏[6]等针对 PSO-PF 精度不高，容易陷入局部最优的问题，提出了一种新型粒子群优化粒子滤波（Novel Particle Swarm Optimization Particle Filter，NPSO-PF），以此应用于设备的故障诊断。其基本思路如下：

（1）为了改进 PSO，优化了粒子的更新方式。

（2）为了减少 PSO 的局部最优问题，引入优势速度和劣势速度，从而提高最优解的质量。

以上方法使得粒子的状态值只与粒子更新速度和周围的最优粒子相关，并且基于 PSO-PF 的粒子更新复杂度有所降低，进而提高了算法的实时性。另外，通过对粒子赋予初始速度，使得粒子的全局寻优能力增强。

NPSO-PF 的详细步骤如下：

步骤 1　当 $k=0$ 时，在重要性函数中进行采样粒子的初始化，以获得初始采样粒子集合 $\{x_{0:k}^i\}$，$i=1,2,\cdots,N$。重要性密度函数用下式表示：

$$x_k^i \sim q(x_k^i \mid x_{k-1}^i, z_k) = p(x_k^i \mid x_{k-1}^i) \tag{3-15}$$

适应度函数定义为

$$Y=\exp[-1/2R_k \times (z_{new}-z_{pred})]$$

式中 z_{new} 和 z_{pred} 含义同公式（3-10）。

步骤 2　计算粒子权值。

$$w_k^i = w_{k-1}^i p(z_k \mid x_{k-1}^i) = w_{k-1}^i \frac{p(z_k \mid x_k^i)p(x_k^i \mid x_{k-1}^i)}{q(x_k^i \mid x_{k-1}^i, z_k)} = w_{k-1}^i p(z_k \mid x_k^i) \tag{3-16}$$

步骤 3　利用公式（3-17），计算经过第 $m+1$ 次迭代后粒子的速度 $v_k^{i_{m+1}}$；

利用公式（3-18），计算粒子 $x_k^{i_m}$ 在速度 $v_k^{i_{m+1}}$ 下及在下一次迭代时的位置 $x_k^{i_{m+1}}$。

$$v_k^{i_{m+1}} = v_k^{i_m} + |rand(n)|(p_{best} - x_k^{i_m}) \tag{3-17}$$

$$x_k^{i_{m+1}} = x_k^{i_m} + v_k^{i_{m+1}} \tag{3-18}$$

步骤 4　计算粒子的适应度值 Y，并初始化粒子速度。

（1）若 $x_k^{i_{m+1}}$ 的适应度值 $Y(x_k^{i_{m+1}}) < Y(x_k^{i_m})$，那么 $x_k^{i_{m+1}}$ 为劣势速度，则初始化 $v_k^{i_{m+1}}$，令

$$v_k^{i_{m+1}} = |rand(n)| \cdot (x_k^p - x_k^q), \quad p \neq q \tag{3-19}$$

式中 x_k^p 与 x_k^q 表示 k 时任意两个不相同的粒子。通过劣势速度的初始化，能够保证算法的收敛性，并且粒子的多样性也能得到保证。

（2）若 $x_k^{i_{m+1}}$ 的适应度值 $Y(x_k^{i_{m+1}}) > Y(x_k^{i_m})$，则 $x_k^{i_{m+1}}$ 为优势速度，保留 $v_k^{i_{m+1}}$，然后，对 $v_k^{i_{m+1}}$ 进行小概率变异。具体方法如下：

令 t 表示第 m 次迭代时决策变量上界和下界的差值，设定变异概率为 p，方向上界为 g。通常 p 为 0.1，g 为 0.5，r_1, r_2, r_3, r_4 为[0, 1]之间的随机数。如果 $r_1 < p$，对 $v_k^{i_{m+1}}$ 进行变异操作，否则，不对 $v_k^{i_{m+1}}$ 进行变异操作。具体执行的操作步骤如下：

若 $r_2<g$，则 $v_k^{i_{m+1}} = -0.1 r_3 \cdot temp$，否则，$v_k^{i_{m+1}} = +0.1 r_3 \cdot temp$。然后利用公式（3-17）对 $x_k^{i_{m+1}}$ 进行修正。

步骤 5　若粒子的最优值趋近目标值 ε，表明大多数粒子已经分布在真值周围，则停止优化，否则返回步骤 3。

步骤 6　计算粒子权值，并归一化。

$$w_k^i = \frac{w_k^i}{\sum_{i=1}^{N} w_k^i} \tag{3-20}$$

步骤 7　状态输出。

$$\hat{x} = \sum_{i=1}^{N} w_k^i x_k^i \tag{3-21}$$

3.2.3　基于似然分布调整的粒子群优化粒子滤波

常规 PSO-PF 存在一些问题，例如，粒子在迭代寻优时会丢失预测分布

的部分信息；真实后验概率密度函数与重要性密度函数的偏差较大；若似然函数存在多峰，滤波精度就会下降。为了解决这些问题，高国栋[7]等提出了基于似然分布调整的粒子群优化粒子滤波新方法（Likelihood Adjustment Particle Swarm Optimization Particle Filter，LA-PSOPF）。

1. LA-PSOPF 的基本思想

以预测分布信息为基础，再将最新观测值引入重要性密度函数之中，利用 PSO 优化并调整似然分布，从而使似然分布和预测分布的重叠区增加，进而使滤波精度和算法稳定性得到提高。同时，基于局部 PSO 方法，也就是利用 PSO 只对离最大似然区域较远的粒子进行优化，以免权值较大的粒子重复计算，这样可在保证滤波精度的前提下，使运算量相应减少，进而提高算法的实时性。

2. LA-PSOPF 详细步骤

步骤 1　算法初始化。与标准 PSO-PF 相同。

步骤 2　获得预测分布粒子集合。在 k 时，通过概率密度独立采样 N 个粒子 $\{x_k^i \sim p(x_k \mid x_{k-1}^i)\}_{i=1}^N$，预测分布粒子集合为 $\{x_{k,0}^i\}_{i=1}^N$。

步骤 3　利用 PSO 进行优化，其过程如下：

（1）基于标准 PSOPF，计算每个粒子的适应度值，从而使带权粒子集合为 $\{(x_{k,0}^i, w_{k,0}^i)\}_{i=1}^N$。

（2）从粒子集合 $\{(x_{k,0}^i, w_{k,0}^i)\}_{i=1}^N$ 中找出权值小于阈值 $T_{threshold}$ 的粒子，则原粒子的子集为 $\{(x_{k,0}^j, w_{k,0}^j) \mid w_{k,0}^j < T_{threshold}\}_{j=1}^z, 0 < z \leqslant N$，那么，其补集就表示为 $\{(x_{k,0}^h, w_{k,0}^h)\}_{h-1}^{N=z}$。

（3）利用 PSO 使得每个粒子趋向于高似然区。在第 m 次迭代时，子集中粒子的最终适应度值为 $\{w_{k,m}^j\}_{j=1}^z$，从而使所有带权粒子集可以表示为 $\{(x_{k,0}^j, w_{k,m}^j)\}_{j=1}^z \cup \{(x_{k,0}^h, w_{k,0}^h)\}_{h=1}^{N-z} = \{(x_{k,0}^i, w_{k,0}^i)\}_{i=1}^N$。

步骤 4　利用公式（3-20）进行权值归一化操作。

步骤 5　基于 PSOPF，进行等权值重采样，可以取得等权值样本 $\{(x_k^i, w_k^{i**})\}_{i=1}^N$，$w_k^{i**} = 1/N$。

步骤 6　与标准 PSOPF 相同，由式（3-21）得到估计值。

由此不难发现，LA-PSOPF 只是花了粒子权值，就能使粒子权值向最大似然区逼近，进而使有效粒子数量得到相应提高。根据标准 PF，粒子权重的决定因素有两个：一个是预测分布，另一个是似然函数。因此，如果预测分布固定，似然分布情况由粒子权重分布体现，那么，若粒子权重分布改变，本质上似然分布也就被调整。另外，若 $T_{threshold}$ 过大，则利用 PSO 优化时粒子较多。虽然滤波精度较高，但是运算量明显较大，影响了算法实时性。若 $T_{threshold}$ 较小，虽然实时性较好，但是精度却难以保证。为了在精度和实时性之间获得平衡，假定 $T_{threshold}$ 表示粒子数量函数如下：

$$T_{threshold} = f(N) \tag{3-22}$$

式中 $f(\cdot)$ 与具体的系统动态空间模型有关。若 N 较小，可增大 $T_{threshold}$，从而使更多粒子加入 PSO，则滤波精度提高；若 N 较大，则在满足滤波精度的情况下，可将 $T_{threshold}$ 适当缩小，以减少运算量。

3.2.4　简化的群优化算法优化粒子滤波

PSO 在后期容易陷入局部最优[8]，且时间复杂度较高，算法实时性较低。2009 年，Yeh 提出了简化的群优化算法（Simplified Swarm Optimization, SSO）[9]。在此基础上，张义群[10]提出了 SSO-PF 。其基本思想是：利用 SSO，对初始粒子分布迭代重新采样，再通过三段式搜索，提高粒子分布的收敛速度[10]。

1. 简化的群优化算法（SSO）

SSO 与 PSO 相似，都是通过计算粒子的适应度值，使每个粒子局部最优与整个粒子集合全局最优[10]，同时加快收敛速度。SSO 的详细定义如下：

$$x_i^{t+1} = \begin{cases} p_{g_{best}}^t, (\rho[0,1] \in [0, C_g = c_g)) \\ p_i^t, (\rho[0,1] \in [c_g, C_g = C_g + c_p)) \\ x_i^t, (\rho[0,1] \in [c_g, C_g = C_p + c_w)) \\ x, (\rho[0,1] \in [c_w, 1 = c_g + c_p + c_w)) \end{cases} \tag{3-23}$$

式（3-23）中，$i = 1, 2, \cdots, N$，$t = 1, 2, \cdots, G$，N 和 G 分别为粒子总数和总迭代次数。p_i^t 表示第 i 个粒子迭代到当前次数时的局部最优值，$p_{g_{best}}^t$ 表示迭代到当前次数时，所有粒子的最优适应度值（权值）对应的全局最优解（$p_{g_{best}}^t$ 中的 g_{best} 为最优适应度值的索引）；$x \in [LB, UB]$ 之间的随机数（LB, UB 分别为粒子搜索的上界和下界）。x_i^t 为 k 时的状态值，x_i^{t+1} 表示 $k+1$ 时的状态值。ρ 为

[0, 1]之间的随机数，c_g，c_p 和 c_w 表示每个变量在下一时刻的状态更新为 $p_{g_{best}}^t$、p_i^t、x_k^i 和 x 中的一个时的对应选择概率，可固定也可变动。

由 SSO 的数学表示可知，SSO 不需要更新粒子速度，只需更新粒子在每个时刻的状态。同时，SSO 在一定概率条件下，留存粒子局部最优解 p_i^t 和全局最优解 $p_{g_{best}}^t$，并且能够在一定概率条件下增加部分粒子运动的随机性。这既可以解决粒子退化问题，又能保证粒子的多样性，同时也有利于粒子跳出局部最优解，从而避免算法过早陷入早熟，而且 SSO 的参数相较于 PSO 更容易设置。

2. SSO 改进的 PF（SSO-PF）

在 SSO-PF 中，适应度值为粒子权重，c_g，c_p 和 c_w 概率参数的设定在重采样迭代过程中分为三个阶段，从而利用三段式搜索可促进粒子分布的收敛速度。设总迭代次数为 G，三个迭代区间为 $\left[1+\frac{G}{4}\right]$，$\left[\frac{G}{4}+1,\frac{G}{2}\right]$ 和 $\left[\frac{G}{2}+1,G\right]$。$c_{g1}$、$c_{p1}$ 和 c_{w1} 对应阶段 1，c_{g2}、c_{p2} 和 c_{w2} 对应阶段 2；c_{g3}、c_{p3} 和 c_{w3} 对应阶段 3。

阶段 1　为了提高 SSO-PF 在初始阶段就能最大可能地找到最优解，需要提高随机运动的概率 c_{w1}。

阶段 2　为了提高 SSO-PF 将优良粒子传递给下一代的概率，需要降低随机运动概率 c_{w2}，保留全局最优解的选择概率 c_{g2} 也需提高。

阶段 3　设定合理的 c_{g3}、c_{p3} 和 c_{w3}，以决定 SSO-PF 能否在保留优良粒子的情况下，又能跳出局部最优。这个阶段占总迭代次数的一半。

以上三个阶段的概率参数之间的关系可如下表示：

$$c_{w1}\approx 0.5,\quad c_{w3}>c_{w2}>c_{w1},\quad c_{g3}>c_{g2}>c_{g1},\quad c_{p3}>c_{p2}>c_{p1},\quad c_{p3}\approx 2c_{g3}$$

综合以上内容，给出 SSO-PF 的详细步骤[10]。

步骤 1　初始化。$k=0$，由初始分布 $p(x_0)$采样得 N 个粒子的样本集合 $\{x_0^i\}_{i=1}^N$。

步骤 2　更新状态。利用状态方程计算 k 时的粒子状态集 $\{x_k^i\}_{i=1}^N$。

步骤 3　计算粒子权值。根据步骤 2 计算所得粒子状态并代入量测方程，再根据公式（3-24）计算各粒子权值，并进行归一化操作。

$$\omega_k^i \propto \omega_{k-1}^i \frac{p(y_k \mid x_k^i)}{q(x_k^i \mid x_{0:k-1}^i, y_{1:k})} \tag{3-24}$$

步骤 4　重新采样。首先开始 SSO 过程，令迭代次数 $t=1$，选择阶段 1 的概率参数。用 $pF=(pF_1,pF_2,\cdots,pF_n)$ 表示上次迭代时各粒子的适应度值，$F=(F_1,F_2,\cdots,F_n)$ 表示迭代至当前代时的粒子权值。

（1）以步骤 3 所得粒子集 $\{x_k^i\}_{i=1}^N$ 的状态值为 SSO 中每个粒子的初始局部最优解 $\{p_i^t\}_{i=1}^N$，同时，由 pF 找到最优适应度值的索引 g_{best}，全局最优解为 $p_{g_{best}}^i$。

（2）利用公式（3-23）更新所有粒子状态，再重新计算粒子权值并归一化。

（3）对粒子集的局部最优解 $\{p_i^t\}_{i=1}^N$ 和适应度值，再利用 pF 搜索最优适应度值的索引 g_{best}，并得出全局最优解 $p_{g_{best}}^t$。

$$p_i^t=\begin{cases}p_i^t,(F_i<pF_i)\\x_k^i,(\text{else})\end{cases},\ pF_i=\begin{cases}pF_i,(F_i<pF)\\F_i,(\text{else})\end{cases}\tag{3-25}$$

（4）若达到迭代终止条件（精度或最大迭代次数），就停止，并进入步骤 5；否则，令 $t=t+1$，根据 t 所在的迭代空间选择相应的概率参数，返回步骤 4 中的（2），再继续搜索。

步骤 5　输出估计状态。$\hat{x}=\sum_{i=1}^{N}\omega_k^i x_k^i$。

步骤 6　$k=k+1$，返回步骤 2。

3.2.5　高斯粒子群优化粒子滤波

汲清波[11]等设计了基于高斯粒子群优化的粒子滤波检测前跟踪算法。其基本思想如下：选择粒子的权值函数作为高斯粒子群优化算法的适应度函数，并将第 j 次迭代过程中权值最大的粒子作为全局极值 g_j，第 j 次迭代过程中第 i 个状态为存在的粒子状态，标定为 $p_{ji}(i=1,2,\cdots,n_{\max})$，$n_{\max}$ 为粒子数，利用以下速度和位置更新公式，使低权值粒子向适应度值高的粒子移动，以提高粒子的多样性。

$$v_{ji}=|\xi_1|\cdot(p_{ji}-x_{ji})+|\xi_2|(g_j-x_{ji})\tag{3-26}$$

$$x_{j+1,i}=x_{ji}+v_{ji}\tag{3-27}$$

式中 ξ_1 和 ξ_2 为高斯随机标量，j 为高斯粒子群算法的迭代次数，v_{ji} 表示第 j 次迭代时第 i 个粒子的速度更新量。p_{ji} 表示第 j 次迭代时第 i 个粒子的个体最优解，g_j 表示第 j 次迭代时的全局最优解。x_{ji} 和 $x_{j+1,i}$ 分别表示第 j 次和第 $j+1$ 次迭代后

的第 i 个粒子状态。高斯粒子群优化粒子滤波的详细步骤[11]如下：

步骤 1　初始化。由先验概率分布函数 $p(x_0)$产生粒子群集 $\{(x_k^i, \omega_k^i)\}_{i=1}^N$，$\omega_k^i = 1/N$。

步骤 2　序贯重要性采样（SIS），$k = 1, 2, \cdots, T$。

（1）粒子的抽取：

$$\{x_k^{(i)}\}_{i=1}^N \sim p(x_k^{(i)} \mid x_{k-1}^{(i)}) \tag{3-28}$$

（2）利用公式（3-29）计算每个粒子的权值：

$$\omega_k^{*(i)} \propto \omega_{k-1}^{*(i)} p(y_k \mid x_k^{(i)}) \tag{3-29}$$

（3）归一化粒子权值：

$$\omega_k^{(i)} = \frac{\omega_k^{*(i)}}{\sum_{i=1}^N \omega_k^{*(i)}} \tag{3-30}$$

步骤 3　重采样，并赋值权值大于阈值的粒子，用作下一次迭代。

步骤 4　利用高斯粒子群优化算法，对粒子进行优化。

（1）设迭代次数阈值为 n。

（2）将粒子权值函数作为优化时的适应度函数。

（3）设定个体局部极值 p_j 和全局极值 g_j。

（4）利用公式（3-26）和（3-27）对粒子进行更新，从而得到更新后的粒子群 $\{\hat{x}_k^i\}_{i=1}^N$。

步骤 5　根据当前权值最大的粒子对适应度函数值、个体局部极值和全局极值进行更新。

步骤 6　输出系统状态估计值。

$$\hat{x}_k = \frac{1}{N}\sum_{i=1}^N \hat{x}_k^i \tag{3-31}$$

步骤 7　$k = k + 1$，返回步骤 2。进行下一时刻系统状态估计。

3.2.6　粒子群优化和 M-H 抽样粒子滤波

蒋鹏[12]将粒子群优化算法（Particle Swarm Optimization，PSO）和 Metropolis-Hasting（M-H）抽样方法融入粒子滤波，提出了 PSO-MHPF。其

基本思想是：（1）状态变量的条件概率分布以递归的方式构建，利用随机样本对概率密度函数进行近似，进而获得系统状态的最小方差估计。（2）为了减少成员节点的负担，利用簇首节点对粒子进行初始化、分配粒子，以及目标状态的全局估计，同时减少单个成员节点的粒子数量。粒子分布的调整以及目标状态的估计计算，由成员节点完成。

PSO-MHPF 的详细步骤如下[12]：

步骤 1　初始化。根据先验分布函数 $p(x_0)$，抽样生成粒子集合 $\{(x_0^i,\omega_0^i)\}_{i=1}^N$，$\omega_0^i=1/N$。

步骤 2　预测。根据系统模型，对 k 时的每个粒子进行预测，得预测值。

$$\hat{x}_k^i = f(x_{k-1}^i, v_{k-1}^i) \tag{3-32}$$

式中 $f(\cdot)$ 为状态转移函数，x_{k-1}^i 表示第 i 个粒子在第 $k-1$ 时的迭代结果，v_{k-1}^i 表示过程噪声。

步骤 3　更新权值。根据 k 时的量测信息 z_k，利用公式（3-33）更新粒子权值，利用公式（3-34）做归一化处理：

$$\tilde{w}_k^i = w_{k-1}^i p(z_k \mid \hat{x}_k^i) \tag{3-33}$$

$$w_k^i = \frac{\tilde{w}_k^j}{\sum_{i=1}^{N_p} \tilde{w}_k^j} \tag{3-34}$$

在步骤 2 和步骤 3 中，通过对粒子和粒子权重的处理，取得 k 时的离散分布。那么，目标状态的后延分布可表示为：

$$\hat{p}(x_k \mid z_{1:k}) = \sum_{i=1}^{N_p} w_k^i \delta(x - \hat{x}_k^i) \tag{3-35}$$

式中 $\delta(\cdot)$ 表示狄拉克函数，那么系统的状态估值就表示为：

$$x_k = \sum_{i=1}^{N_p} w_k^i \hat{x}_k^i \tag{3-36}$$

步骤 4　重采样。当阈值大于抽样有效尺寸时，就进行重采样。再结合 M-H 抽样法实现采样过程。详细步骤如下：

（1）设定 $t=0$，$x_{k,0}^i = \hat{x}_k^i$，$V_{k,0}^i = 0$，$\xi_{k,0}^i = w_k^i$，t 表示迭代次数。

（2）在集合 $\{\xi_{k,0}^i \mid 1 \leqslant i \leqslant N\}$ 中找出最大权值，记作 $gB_{k,t}$，也就是 PSO 中

的全局最优值，粒子 i 的历史权重最优值为 $pB_{k,t}$。

（3）利用 PSO 更新粒子 $x_{k,t}^i$ 的演进速度和位置：

$$v_{k,t+1}^i = v_{k,t}^i + \varphi_1(pB_{k,t} - x_{k,t}^i) + \varphi_2(gB_{k,t} - x_{k,t}^i) \tag{3-37}$$

$$\hat{x}_{k,t+1}^i = x_{k,t}^i + v_{k,t+1}^i \Delta t \tag{3-38}$$

（4）利用公式（3-39）计算接收概率：

$$r = \frac{\hat{p}(x_{k,t+1}^i \mid z_{1:k})}{\hat{p}(x_{k,t}^l \mid z_{1:k})} \frac{Q(x_{k,t}^i \mid \hat{x}_{k,t+1}^i)}{Q(\hat{x}_{k,t+1}^i \mid x_{k,t}^i)} \tag{3-39}$$

（5）随机生成 $u \sim U(0,\ 1)$，若 $u \leqslant \min(\mathrm{r}, 1)$，则 $x_{k,t+1}^i = \hat{x}_{k,t+1}^i$，否则 $x_{k,t+1}^i = x_{k,t}^i$。

（6）利用公式（3-40）计算粒子权重：

$$\xi_{k,t+1}^i = p(z_k \mid x_{k,t+1}^i) \tag{3-40}$$

（7）若 $t<B+J$，则将 $\xi_{k,t+1}^i$ 与 $x_{t,t+1}^i$ 代入步骤（2）进行下一次迭代；若 $t=B+J$，则结束迭代。经过 $B+J$ 次迭代后，可得粒子 $x_k^i = x_{k,B+J}^i$，$i=1, 2, \cdots, N_p$。

对权值进行归一化处理，再返回步骤 2，进行下一次滤波运算。

3.2.7 动态领域自适应粒子群优化粒子滤波

动态领域自适应粒子群优化粒子滤波（DPSO-PF）由陈志敏[13]等提出。其背景是基于标准 PSO-PF 的不足，如 PSO-PF 在利用 PSO 的优化过程中容易陷入局部最优，且难以控制每个粒子对邻域内的粒子的影响力。因此，DPSO 的核心思想是：首先引入多样性因子概念，再提出邻域的扩展与限制策略，通过粒子的邻域参数自适应地动态控制邻域粒子，使 DPSO-PF 的收敛速度和寻优能力均有所提高，从而提高滤波器的性能。

1. 多样性因子

多样性因子是 DPSO-PF 粒子多样性的度量方法，具体计算方法如下：

$$D_t = -\sum_{i=1}^{M} p_i \log(p_i) \tag{3-41}$$

$$p_i = \frac{e_i}{M} \tag{3-42}$$

式中，e_i（$i = 1,2,\cdots,M$）表示 $Y_k^i=\{Y_k^1,Y_k^2,\cdots,Y_k^M\}$ 在每个小区间 Ω_i 中的粒子数，$Y = \exp[(-1/2R_k)(z_{new} - z_{pred})]$。令 $Y_{\min} = \min\{Y_k^1,Y_k^2,\cdots,Y_k^M\}$，$Y_{\max} = \max\{Y_k^1,Y_k^2,\cdots,Y_k^M\}$，$[Y_{\min}, Y_{\max}]$为观测区间，将$[Y_{\min}, Y_{\max}]$平均分为 M 个宽度相同的小区间 Ω_i，$i = 1,2,\cdots,M$。若每个区域 Ω_i 都有粒子落入，则 $e_i = 1$，D_t 最大，粒子多样性程度高；否则，若大部分粒子只落在某一个区间，则 D_t 较小，粒子分布的多样性就很差。

2. 扩展因子

扩展因子主要有两个目的：一是让适应度好的粒子有好的扩展概率，二是避免扩展较快使粒子早熟。为了达到以上两个目的，又能让邻域内粒子扩展适度，扩展因子的定义如下：

$$extend(i) = \frac{mark_i C_i}{\dfrac{1}{C_i} \sum\limits_{j \in neighbor(i)} mark_i C_i} \tag{3-43}$$

式中 $mark_i$ 表示粒子 i 的适应度值在 h 中的下标，h 是全部粒子的适应度值由小到大的排序。粒子 i 的邻域粒子数为 C_i，则粒子 i 的邻域粒子集合为 $neighbor(i)$。由式（3-43）可知，其分母表示粒子 i 的扩展状态。那么基本的粒子邻域扩展规则为：若 $extend(i) < 1$，那么粒子 i 的扩展概率较高；若 $extend(i) \geqslant 1$，则粒子 i 的邻域不需要扩展。综上，粒子 i 的适应度值和邻域粒子的状态共同决定 $extend(i)$。

3. 邻域粒子扩展方法

（1）利用公式（3-43）计算粒子 i 的扩展因子 $extend(i)$。

（2）生成随机数 $r(0 \leqslant r \leqslant 1)$。若 $r > extend(i)$，则从第 i 个粒子的非邻域粒子群中随机选择一个粒子作为新邻域粒子，并更新 p_{gbest}；若 $r \leqslant extend(i)$，则不扩展粒子 i 的邻域。

若 $extend(i) < 1$，那么其越小说明需要扩展邻域的概率越大，而其他粒子的邻域就不用扩展，从而让扩展方法更为合理。

4. 限制因子

其作用首先是表明第 i 个粒子中适应度值小于 i 的粒子的比例，然后根据限制因子来控制粒子在邻域中自适应地调整邻域粒子。具体表示如下：

$$removal(i) = \frac{lmark_i - 1}{S_i} \tag{3-44}$$

式中 $removal(i)$表示第 i 个粒子的限制因子；S_i 为粒子 i 邻域的粒子数量，按粒子的适应度值从小到大排序，得数组 g；$lmark_i$ 表示粒子 i 的适应度值在 g 中的序号。若 $lmark_i = S_i + 1$，表明第 i 个粒子的适应度值相较于其邻域的粒子都好。

5. 限制策略

DPSO-PF 通过限制策略可确保在粒子邻域的动态自适应调整时至少有两个粒子。基本思路表示为：若 $extend(i) \geqslant 1$，则第 i 个粒子的邻域不用扩展，那么对粒子的邻域中 $removal(i)$最大的粒子有所限制。限制策略的具体过程如下。

步骤 1　若粒子 i 的 $extend(i) \geqslant 1$，则执行步骤 2，否则粒子 i 的邻域不需要扩展。

步骤 2　计算粒子 i 的邻域粒子的限制因子 $removal(q)$，再选择最大 $removal(q)$对应的粒子 q。

步骤 3　若 S_i>2 && S_q>2，那么从粒子 i 的邻域内删除粒子 q，并对限制因子的值进行更新，否则邻域不变。

6. DPSO-PF 详细步骤

通过 1 至 5 的相关定义，DPSO-PF 的详细计算步骤如下：

步骤 1　$k = 0$，根据重要性密度函数进行重要性采样，得 N 个粒子 $\{x_0^i\}_{i=0}^N$。重要性密度函数表示为：

$$x_k^i \sim q(x_k^i \mid x_{k-1}^i, z_k) = p(x_k^i \mid x_{k-1}^i) \tag{3-45}$$

适应度函数表达式如下：

$$Y = \exp\left[-\frac{1}{2R_k}(z_{new} - z_{pred})\right] \tag{3-46}$$

式中 z_{new} 为最新观测值，z_{pred} 为预测值。

步骤 2　利用公式（3-47）计算粒子的权值。

$$w_k^i = w_{k-1}^i p(z_k \mid x_k^i) \tag{3-47}$$

式中 $p(z_k \mid x_k^i)$ 可由 x_k^i 代入观测方程得到。

步骤 3　利用公式（3-48）计算粒子 pb 和 pg。

$$pb_k^i = \begin{cases} pb_k^i, Y(x_g) < Y(pb_k^i) \\ x_g,\ \ Y(x_g) < Y(pb_k^i) \end{cases} \tag{3-48}$$

$$pg_k \in \{x_k^1, x_k^2, \cdots, x_k^N \mid Y(x)\} = \max\{Y(x_k^1), Y(x_k^2), \cdots, Y(x_k^N)\} \tag{3-49}$$

初始值 $pb_0^i = x_0^i$。

步骤 4　利用公式（3-50）计算 m 次迭代后粒子 $x_k^{i_m}$ 的速度 $v_k^{i_m}$。

$$v_k^{i_{m+1}} = |rand(n)| \times (pb_{k-1}^i - x_{k-1}^{i_m}) + |rand(n)| \times (pg_k - x_{k-1}^{i_m}) \tag{3-50}$$

利用公式（3-51）计算在粒子速度 $v_k^{i_{m+1}}$ 的作用下，粒子 $x_k^{i_m}$ 在下一次迭代后的位置 $x_k^{i_{m+1}}$：

$$x_{k+1}^{i_{m+1}} = x_k^{i_m} + v_k^{i_{m+1}} \tag{3-51}$$

步骤 5　利用公式（3-46）和相应系统模型的量测方程计算粒子的适应度值，再利用公式（3-48）和（3-49）更新粒子的 pb 和 pg，并将适应度值 $Y(pb)$记为 G_t。

步骤 6　利用公式（3-41）计算粒子的多样性因子 D_t。

步骤 7　对适应度值排序。按从小到大顺序对粒子群中的粒子适应度值排序，得数组 *mark*。

步骤 8　扩展或限制粒子邻域。粒子邻域的扩展和限制由 G_t（最优粒子值）和 D_t（多样性因子）共同决定。若 $D_t < D_{t-1}$ && $G_t = G_{t-1}$，则进入步骤 10，否则进入步骤 9。

步骤 9　基于邻域的扩展方法，对粒子的邻域粒子数量进行扩展。具体方法为：在第 i 个粒子的非邻域粒子中随机选择一个粒子作为新的邻域粒子，并更新 pb，再进入步骤 12。

步骤 10　根据粒子的适应度值，对粒子 i 和 i 的有利的所有粒子按从小到大顺序排序，得数组 $lmark_i$。

步骤 11　按邻域限制方法更新每个粒子的邻域结构，找出 $removal(q)$最大的粒子 q，从粒子 i 的邻域中删除粒子 q。

步骤 12　若达到设定的迭代次数或粒子最优值达到最优阈值 ε，则停止优化；否则，执行以下操作，并进入步骤 4：

$$e_t = e_{t-1}\text{，}\quad G_t = G_{t-1}$$

步骤 13 利用公式（3-52）计算粒子权值，并归一化：

$$w_k^i = \frac{w_k^i}{\sum_{i=1}^{N} w_k^i} \tag{3-52}$$

步骤 14 输出估计状态。

$$\hat{x} = \sum_{i=1}^{N} w_k^i x_k^i \tag{3-53}$$

3.2.8 新型全区域自适应粒子滤波

基于 PSO-PF 在滤波过程中存在的问题，如粒子信息来源范围小、容易陷入局部最优且实时性较低[14]等，文献[14]提出了新型收敛粒子群全区域自适应粒子滤波（LAPSO-PF）。

1. 改进原理

针对 PSO-PF 在数据处理过程中，粒子信息来源范围小，以致滤波精度和粒子多样性较差的问题，陈志敏[14]引入了方形向量空间[15]。该方形向量空间可向四周扩散，进行如下公式化表示：

$$\vec{D} = \frac{\max_{i=1}^{n}(x_{ij}) - \min_{i=1}^{n}(x_{ij})}{abs(\max_{i=1}^{n}(x_{ij}) + \min_{i=1}^{n}(x_{ij}))} \tag{3-54}$$

式中 $D_j = \begin{cases} D_j = D_{\min}, D_j > D_{\max} \\ D_j = D_{\max}, D_j < D_{\min} \\ D_j, \text{ else} \end{cases}$。

针对 PSO-PF 容易陷入局部最优和实时性较差的问题，陈志敏给出的解决方案为：首先引入惯性权重 δ，通过调整 δ，以解决粒子容易陷入局部最优的问题。具体计算公式如下：

$$\overline{v}(t+1) = D[\delta\overline{v}(t) + c_1\overline{R}_1(\overline{p}_{best} - \overline{x}(t)) + c_2\overline{R}_2(\overline{g}_{best} - \overline{x}(t))] \tag{3-55}$$

式中 δ 具有如下特点：（1）若 δ 取值较小，则对粒子滤波的收敛有利，若 δ 较大，则 LAPSO-PF 易跳出局部最优。（2）若经过 N 次迭代，全局最优解未发生变化，表明 LAPSO-PF 陷入了局部最优，那么通过改变惯性权重 δ，可使 LAPSO-PF 跳出局部最优，进而使该算法的全局搜索能力得到提升。对于 δ 的定义可表述为：若 LAPSO-PF 的解在 N 次迭代后未发生变化，并且 $\delta<\delta_{\max}$，则 $\delta=\delta+1$，否则 δ 保持不变。并且，修改粒子的搜索位置时，若粒子不在搜索空间，则对其进行限制。具体方法如下：

$$\overline{x}(\overline{x}>x_{\max})=x_{\max}-rand\ (x_{\max}-x_{\min}) \tag{3-56}$$

$$\overline{x}(\overline{x}>x_{\min})=x_{\min}+rand(x_{\max}-x_{\min}) \tag{3-57}$$

2. LAPSO-PF 的详细步骤

设 m 为当前迭代次数，x_e 表示个体极值，$pbest_t^{i_m}$ 表示 t 时经 m 次迭代后的第 i 个粒子的最优解，$gbest_t^{i_m}$ 表示 t 时经过 m 次迭代后的全局最优解，初始化 D_i，比较适应度值 Y，以更新最优解。LAPSO-PF 的详细步骤表述如下：

步骤 1　初始化。在初始 $k=0$ 时，从先验概率分布函数中采样 N 个粒子，构成初始粒子集合 $\{x_0^i\}_{i=1}^N$。重要性密度函数表述如下：

$$x_k^i \sim q(x_k^i \mid x_{k-1}^i, z_k)=p(x_k^i \mid x_{k-1}^i) \tag{3-58}$$

适应度函数为：

$$Y=\exp\left[-\frac{1}{2R_k}(z_{new}-z_{pred})\right] \tag{3-59}$$

步骤 2　计算粒子权值：

$$w_k^i=w_{k-1}^i p(z_k \mid x_{k-1}^i)=w_{k-1}^i\frac{p(z_k \mid x_k^i)}{q(x_k^i \mid x_{k-1}^i, z_k)}=w_{k-1}^i p(z_k \mid x_k^i) \tag{3-60}$$

步骤 3　如果 $(gbest_i^m-gbest_t^{m-1})<\varepsilon\ \&\&\ \delta<\delta_{\max}$，表明算法进入无效的循环运算，那么需要改变惯性权值 δ，$\delta=\delta+1$；否则 δ 保持不变。

步骤 4　取随机数 $r\in[0,1]$，若 $r<0.1$，则利用公式（3-55）对粒子位置进行更新；若 $r\geqslant 0.1$，则利用公式（3-61）更新粒子速度和位置。

$$v_k^i=|rand\ n|\times(p_{gbest}-x_{k-1}^i)+|Rand\ n|\times(p_{gbest}-x_{k-1}^i) \tag{3-61}$$

$$x_k^i=x_{k-1}^i+v_{k-1}^i \tag{3-62}$$

式（3-61）用来更新粒子速度，式（3-62）用来更新粒子位置。同时，对于不在搜索空间的粒子，利用公式（3-56）和（3-57）进行限定。

步骤 5 对粒子的个体最优和全局最优进行更新。

$$pbest_k^i = \begin{cases} pbest_k^i, Y(x_e) < Y(pbest_k^i) \\ x_e, Y(x_e) > Y(pbest_k^i) \end{cases} \tag{3-63}$$

$$pbest_k \in \{x_k^1, x_k^2, \cdots, x_k^N \mid Y(x)\} = \max\{Y(x_k^1), Y(x_k^2), \cdots, Y(x_k^N)\} \tag{3-64}$$

步骤 6 若粒子的最优值达到设定的阈值 ε，表明粒子已经接近真实的粒子值附近，此时可停止优化，否则进入步骤 3。

步骤 7 重新计算粒子的权值，并进行归一化操作。

$$w_k^i = \frac{w_k^i}{\sum_{i=1}^{N} w_k^i} \tag{3-65}$$

步骤 8 输出估计状态值。

$$\hat{x} = \sum_{i=1}^{N} w_k^i x_k^i \tag{3-66}$$

3.2.9 自适应的 PSO 优化粒子滤波

基于对视频目标跟踪时目标分布的多模、非线性非高斯特性，针对普通 PSO-PF 容易产生粒子枯竭、多样性下降问题，姚海涛[16]等提出了利用小生境技术生成多样性种群的方法。

在文献[16]中利用 RCS 策略[17]生成小生境，并利用 Adaboost 人脸分类器[18]定义适应度函数，如下所示：

$$f = \exp\left(-\frac{1}{R}\sqrt{(x_i - x_0)^2 + (y_i - y_0)^2} \, \| r_i - r_0 \|\right) \tag{3-67}$$

其中(x_i, y_i, r_i)为粒子 i 的当前位置和大小，(x_0, y_0, r_0)表示当前目标位置和大小，由 Adaboost 分类器得到，R 为常数。

1. 改进的自适应 PSO 步骤

步骤 1 种群初始化。利用先验概率采样得到初始样本集合，作为 PSO 的初始种群。再利用公式（3-67）计算适应度值，再根据适应度值将种群划分为 k 个子种群，P_{kbest} 表示每个子种群的最优个体。

步骤 2　利用公式（3-67）计算每个粒子的适应度值。

步骤 3　for $i = 1$ to k-1，for $j = j + 1$ to k。

步骤 4　用 d_{ij} 表示子种群 i 和 j 的最优解 P_{ibest} 和 P_{jbest} 之间的距离。若 $d_{ij} < R_{niche}$，R_{niche} 表示小生境半径，则对两个小生境最优个体的适应度值进行比较，小的保持不变，大的设为无穷大。

步骤 5　初始化适应度值无穷大的最优个体，并重新选择最优个体，在选择的最优个体所在的小生境内，再转入步骤 3，直到每个小生境都存在最优个体。

步骤 6　PSO 中利用公式（3-68）优化每个小生境种群。公式（3-68）表示如下：

$$\begin{cases} v_{id} = w \times v_{id} + c_1 \times rd \times (p_{id} - x_{id}) + c_2 \times rd \times (G - x_{id}) \\ x_{id} = x_{id} + v_{id} \end{cases} \tag{3-68}$$

式中，$P_i = (p_{i1}, p_{i2}, \cdots, p_{id})$ 表示个体极值；$G = (g_1, g_2, \cdots, g_d)$表示全局极值；$rd \in (0, 1)$随机数；$w$ 为惯性系数；c_1 和 c_2 表示学习因子。

步骤 7　若迭代次数达到阈值，则选择 N_s 个最优粒子，输出到下一步；若未达到迭代阈值，则返回步骤 2。

2. 自适应 PSO 粒子滤波（ADPSO-PF）

步骤 1　初始化。设置检测阈值 th，用 Adaboost 分类器检测当前帧，得到目标的初始位置和大小(x_0, y_0, r_0)，并设此为人脸初始模板。利用先验分布 $p(x_0)$构建初始样本 $S_0 = \{x_0^i, w_0^i\}_{i=1}^{N_s}$（$N_s$ 个粒子）。

步骤 2　重要性采样。

（1）粒子重采样。$x_t^i \sim q(x_t \mid x_{t-1}^i, z_t)$，其中 x_t^i 表示 t 时第 i 个粒子的状态，z_t 表示 t 时的观测值，$q(x_t \mid x_{t-1}^i, z_t)$ 表示重要性密度函数。

（2）根据公式（3-69）归一化权重。

$$\begin{cases} w_t^i = w_{t-1}^i \dfrac{p(z_t \mid x_t^i) p(x_t^i \mid x_{t-1}^i)}{q(x_t^i \mid x_{t-1}^i, z_t)} \\ \bar{w}_t^i = \dfrac{w_t^i}{\sum_{i=1}^{N_s} w_t^i} \end{cases} \tag{3-69}$$

步骤 3　计算有效样本容量[19]N_{eff}。若 $N_{eff} < th$，则有：

（1）利用 Adaboost 人脸分类器测定目标，获得目标位置与大小(x_0, y_0, r_0)，并对目标进行更新。

（2）算法 1。

步骤 4　输出估计状态。$E(x_t)=\sum_{i=1}^{N_s}\overline{w}_t^i x_t^i$ 。

步骤 5　重新采样。

步骤 6　进入下一时刻，继续跟踪，返回步骤 2。

3.2.10　云自适应粒子群优化粒子滤波

刘峰[20]等鉴于目标跟踪中的遮挡问题，提出云自适应 PSO（Cloud adaptive PSO-PF，CAPSO-PF）优化粒子滤波。

1. CAPSO-PF 的基本思想

首先，基于适应度值将粒子群划分为三个子群，再利用不同的惯性权重生成方法。对于较优的粒子群，其粒子群已经接近最优解，所以使用最小惯性权重；而对于次优粒子群的粒子，就使用最大惯性权重。对于其他普通粒子，则利用改进的云模型[21]的 X 条件云发生器，进行自适应调整：若粒子的适应度值更优，其惯性权重反而减小，其值在最小值与最大值之间；同时，基于云滴的随机性和稳定性特点，让惯性权值既有随机性，又能够快速寻优。

2. 云模型理论基础

云模型[21]可用来对确定性知识进行定性与定量的转换，从而为定性与定量相结合的事物提供处理手段。其主要作用在于对客观世界中事物或人类知识中的概念的模糊性和随机性的反应。

设 U 为精确表示的域，在 U 上存在定性概念 A，对于 U 中的任意元素 x，都有一个具有稳定倾向的随机数 $y=\mu_A(x)$ 存在，则称 x 为 A 的确定度，x 在论域 U 上的分布称为云模型，也可简称为云。其数字特征用期望 Ex 表示，熵用 En 表示，超熵用 H_e 表示。其中 Ex 最能表征论域空间定性概念 A 的特点，而 A 的不确定性用熵 En 表示。基于这两者，在表示定性概念云滴出现的随机性时，又能表示数域能被语言接受的范围，进而使模糊性与随机性的关联性得到揭示。超熵 H_e 用来表示熵的熵。

3. 优化 CAPSO

在标准的 PSO 中，惯性权重系数 w 让粒子能够惯性运动，进而扩展粒子搜索空间并搜索新的区域，这也说明 w 的值对算法性能有影响。若 w 较小，算法易陷入局部最优；若 w 较大，算法则具有很强的全局寻优能力。设粒子种群为 N，f_i 表示任意次迭代时粒子的适应度值，则粒子的适应度均值表示为 $f_{avg}=\frac{1}{N}\sum_{i=1}^{N}f_i$。用 f'_{avg} 表示大于均值 f_{avg} 的粒子适应度的均值，f''_{avg} 表示小于均值 f_{avg} 的粒子适应度的均值，f_{best} 表示最优粒子适应度值。基于以上内容，将粒子种群划分为三个子种群，惯性权重可分别利用不同的生成策略来生成。

（1）若 $f_i > f'_{avg}$，则粒子 i 为种群中较为优秀的粒子，且与全局最优解接近。因此，当 $w = w_{\min}$ 时，使用较小的惯性权值，并使其向全局最优解靠近。

（2）若 $f_i < f''_{avg}$，当 $w = w_{\max}$ 时，表明该粒子 i 为种群中较差的粒子。

（3）若 $f''_{avg} < f_i < f'_{avg}$，表明粒子 i 在种群中为一般粒子。因此，利用 X 条件云发生器，对惯性权重进行非线性的动态调整。具体计算方法如下：

$$\begin{cases} E_x = f'_{avg} \\ E_n = \dfrac{|f'_{avg} - f_{best}|}{s_1} \\ H_e = \dfrac{E_n}{s_2} \\ En' = normrnd(E_n, H_e) \\ w = w_{\max} - (w_{\max} - w_{\min}) \times \exp\left(-\dfrac{(f_i - E_x)^2}{2(E'_n)^2}\right) \end{cases} \tag{3-70}$$

随着迭代的进行，粒子适应度值会更优。由极限定理可得，$0< \exp(-((f_i - E_x)^2 / 2(E'_n)^2)) <1$，从而 $w \in [w_{\min}, w_{\max}]$。由 w 的计算方法可得，粒子的适应度值更优，w 的取值反而变小，进而较优粒子的权值较小。在云模型中，正太云的陡峭程度受 E_n 的影响[20]。在“$3E_n$”规则[22]中，99.74%的粒子落在 s_1 上，E_n 越大，能够覆盖的云的水平宽度也越大。基于算法的精度与速度，公式（3-70）中，$s_1 = 2.9$；离散程度由 H_e 决定。若 H_e 较小，云滴的随机性在一定程度上消失；若 H_e 较大，稳定性丧失。在文献[20]中，$s_2 = 10$，从而可对算法的稳定性进行控制。从理论上分析，算法在初始阶段，有较大的随机性，随着迭代的进行，算法的稳定性增加。为了保证粒子群因素和个体因素影响的平衡性，取学习因子 $c_1 = c_2 = 2$。

文献[20]所提出的 CAPSO 中，对粒子群体的早熟收敛程度和个体适应度值进行了综合考虑，并自适应地调整粒子的惯性权值，从而使粒子惯性权值的多样性得以保证，也使粒子种群的多样性得以保证，进而使算法不易陷入局部极值，且收敛速度和收敛性得以平衡。

4. CAPSO-PF

在 CAPSO 中，以 d（巴特查理亚距离）为适应度函数，CAPSO 中的粒子是粒子滤波中的粒子集。利用 CAPSO 可促使粒子向 d 较小的区域运动，直到粒子分布在高似然区附近。再利用公式（3-71）计算粒子集合的量测概率：

$$p(z_k \mid S_k^i) = \frac{1}{\sqrt{2\pi}\sigma} \exp\left(-\frac{1-\rho[p^i, q]}{2\sigma^2}\right) \tag{3-71}$$

若 d 较小，则粒子权值较大。由最小均方差准则，可得 k 时系统的状态估计：

$$\hat{S}_k = \sum_{i=1}^{N} w_k^i S_k^i = \sum_{i=1}^{N} w_{k-1}^i p(z_k \mid S_k^i) S_k^i \tag{3-72}$$

再代入公式（3-73），对 k 时刻的状态进行预测：

$$S_k = \begin{bmatrix} 1 & T & 0 & 0 & 0 & 0 \\ 0 & 1 & 0 & 0 & 0 & 0 \\ 0 & 0 & 1 & T & 0 & 0 \\ 0 & 0 & 0 & 1 & 0 & 0 \\ 0 & 0 & 0 & 0 & 1 & 0 \\ 0 & 0 & 0 & 0 & 0 & 1 \end{bmatrix} S_{k-1} + \begin{bmatrix} \frac{T^2}{2} & 0 & 0 & 0 & 0 & 0 \\ 0 & T & 0 & 0 & 0 & 0 \\ 0 & 0 & \frac{T^2}{2} & 0 & 0 & 0 \\ 0 & 0 & 0 & T & 0 & 0 \\ 0 & 0 & 0 & 0 & 1 & 0 \\ 0 & 0 & 0 & 0 & 0 & 1 \end{bmatrix} W_k \tag{3-73}$$

其中 T 表示采样周期，W_k 表示变量的高斯白噪声。

基于以上内容，算法的详细步骤如下[20]：

步骤 1 在目标区域$(x_0, y_0, H_{x_0}, H_{y_0})$和目标颜色直方图 $H_0 = \{q^{(u)}\}_{u=1}^{\tau}$（$\tau$ 表示直方图的间格数，$q^{(u)}$ 表示第 u 个格间的值）确定后，采样 N 个粒子 $\{S_k^i\}_{i=1}^N$，粒子权值 w_0^i 为 $1/N$。

步骤 2 在时刻 k，根据公式（3-73）对 $k-1$ 时刻的粒子集 $\{S_{k-1}^i\}_{i=1}^N$ 进行演化，再采样得当前时刻 k 时的粒子集 $\{S_k^i\}_{i=1}^N$。

步骤 3 对每个粒子 S_k^i 确定的图像区域颜色直方图 $H_i = \{p_i^{(u)}\}_{u=1}^{\tau}$，再利用巴特查理亚系数对粒子 S_k^i 的 H_i 与目标模型 H_0 之间的相似性进行计算。计算方法如下：

$$\rho[H_i, H_0] = \sum_{u=1}^{\tau} \sqrt{p_i^u q^u} \tag{3-74}$$

基于此，粒子 S_k^i 的量测概率表示如下：

$$p(z_k \mid S_k^i) = \frac{1}{\sqrt{2\pi}\sigma} \exp\left(-\frac{1-\rho[H_i, H_0]}{2\sigma^2}\right) \tag{3-75}$$

步骤 4　计算粒子权值 $w_k^i = w_{k-1}^i p(z_k \mid S_k^i)$。利用 CAPSO 的思想，计算所有粒子的适应度值。再利用粒子种群划分思想，利用不同的惯性权重生成方法，利用公式（3-76）对每个粒子的位置和速度进行更新：

$$\begin{cases} v_{k+1}^i = w \times v_k^i + c_1 r_1 \times (p_{pbest} - S_k^i) + c_2 r_2 \times (p_{gbest} - S_k^i) \\ S_{k+1}^i = S_k^i + v_{k+1}^i \end{cases} \tag{3-76}$$

式中 r_1 和 r_2 为 $(0,1)$ 之间的随机数，w 表示惯性系数，c_1 和 c_2 为学习因子。

步骤 5　对粒子权值进行归一化操作。计算方法为 $w_k^i = w_k^i / \sum_{i=1}^{N} w_k^i$。

步骤 6　利用最小均方差准则，输出目标状态 $\hat{S}_k = \sum_{i=1}^{N} w_k^i S_k^i$。

步骤 7　若 $N_{\text{eff}} < N_{\text{threshold}}$，则重新采样，得新的粒子集合 $\{S_k^{i*}\}_{i=1}^{N}$。

步骤 8　$k = k + 1$，返回步骤 2。

3.2.11　确定性核粒子群的粒子滤波

对于运动声阵列在有色噪声环境中的非线性滤波问题，刘亚雷[23]等提出了确定性核粒子群滤波。

1. 主要思想

在初始化阶段，首先对确定性核粒子集进行初始化，再利用粒子群的粒子权值信息对初始核粒子集进行融合。对于重要性密度函数，由于它是以 k 时的目标方位谱函数来确定重要性采样密度函数的，故需对确定性后延概率密度函数进行推导。在粒子群以及核粒子集的更新上，以方位-马尔可夫过度核函数对粒子群样本进行更新，再基于样本内各粒子的权值对核粒子集进行更新。

2. 确定性核粒子群的粒子滤波的详细步骤[23]

步骤 1 对确定性核粒子集进行初始化操作。

r_k 和 θ_k 表示系统在 k 时的量测值，量测误差分别为 σ_r 和 σ_θ ，i^+ 为粒子集个数，粒子集合的元素个数为 N，$r_1^{i^+}$ 和 $\theta_1^{i^+}$ 表示粒子集 i 在初始时刻的量测值，初始量测值为 $Z_1=(r_1,\theta_1)$，则初始粒子集表示如下：

$$A_i^{i^+}=\left\{A_1^{i^+}/A_1^{i^+}=\left(r_1^{i^+}-\frac{i\sigma_r}{N},\theta_1^{i^+}-\frac{i\sigma_\theta}{N}\right)\right\} \tag{3-77}$$

式中 $i=\pm1,\pm2,\cdots,\pm n$， $i^+=|i|$。初始化粒子群表示为

$$B_1=\{A_1^1,A_1^2,\cdots,A_1^{i^+}\} \tag{3-78}$$

在式（3-77）和（3-78）的基础上，设 $w_k(A_k^{i^+},j)\,(j=1,2,\cdots,N)$为第 k 时的粒子集 $A_k^{i^+}$ 中每个粒子的权值，那么，将 $w_k(A_k^{i^+},j)$ 初始化，并进行归一化操作后，表示如下：

$$w_1(A_1^{i^+},j)=\left\{\frac{a_1^j}{N},\frac{a_2^j}{N},j=1,2,\cdots,N\right\} \tag{3-79}$$

式中 $a_1^j=\sum\limits_{j=1}^{N}\left(\left(r_1^{i^+}-\frac{i\sigma_r}{j}\right)/r_1^{i^+}\right)$， $a_2^j=\sum\limits_{j=1}^{N}\left(\left(\theta_1^{i^+}-\frac{i\sigma_\theta}{j}\right)/\theta_1^{i^+}\right)$。再用粒子集中粒子权值的差别得出初始确定性核粒子集 A_1，那么

$$A_1=\left\{\frac{w_1^+(A_1^{i^+},j)}{w_1^+(A_1^{i^+},j)}=w_1(A_1^{i+},j)>\frac{1}{N+i^+}\right\} \tag{3-80}$$

基于公式（3-77）至（3-80），构成了三个主要初始成分，分别是初始粒子集、粒子群和初始确定性粒子集。

步骤 2 重要性密度函数以及后验概率密度函数的确定。

当前 k 时刻的方位信息 θ_{k+1} 的重要性密度函数为 $p(r_{k+1}\,|\,r_{1:k},\theta_{k+1}\,|\,Z_{k+1})$ ，以此作为计算当前时刻 k 时的确定性后验概率密度函数及样本集 $\{r_{k+1}^j,\theta_{k+1}^j,i^j\}_{j=1}^N$ ，其中 i^j 表示第 k 时的粒子序列。由贝叶斯估计理论得：

$$\begin{aligned}&p(r_{k+1}\,|\,r_{1:k},\theta_{k-1},Z_{k+1})\propto p(Z_{k+1}\,|\,r_{k+1},r_{1:k},\theta_{k+1})\times p(r_{k+1}\,|\,r_{1:k},\theta_{k+1}\,|\,Z_k)\\&=p(Z_{k+1}\,|\,r_{k+1},r_{1:k})p(r_{k+1}\,|\,r_{1:k},\theta_{k+1})p(\theta_{k+1}\,|\,Z_t)\\&=p(Z_{k+1}\,|\,r_{k+1},r_{1:k})p(r_{k+1}\,|\,r_{1:k},\theta_{k+1})p(\theta_{k+1}\,|\,\theta_k^i)w_1(A_k^{i^+},j)\end{aligned} \tag{3-81}$$

由此，可得确定性后验概率密度函数，如公式（3-82）所示：

$$q(r_{k+1} \mid r_{0:k}, \theta_{k+1}, Z_{k+1}) = p(Z_{k+1} \mid \mu_{k+1}^{i}(\theta_{k+1})) \times p(r_{k+1} \mid r_{1:k}, \theta_{k+1}) \times p(\theta_{k+1} \mid \theta_{k}^{i}) w_1(A_k^{i^+}, j) \tag{3-82}$$

式中 $w_1(A_k^{i^+}, j)$ 表示第 k 时的粒子集合 $A_k^{i^+}$ 的权值，μ_{k+1}^{i} 表示若 r_k^i 给定，r_{k+1} 的期望，具体表示为 $E(r_{k+1} / r_k^i)$。对 r_{k+1} 边缘化后得到式（3-83）：

$$q(r_{k+1} \mid r_{0:k}, \theta_{k+1}, Z_{k+1}) = p(Z_{t+1} \mid \mu_{t+1}^{i}(\theta_{t+1})) \times p(\theta_{t+1} \mid \theta_t^i) w_t^i \tag{3-83}$$

由此，公式（3-81）到（3-83）就构成了重要性密度函数及确定性后验概率密度函数。计算粒子的重要性权值。再进行重新采样，$k = k + 1$。则有：

$$\{r_{k+1}^j, \theta_{k+1}^j, i^j\}_{j=1}^{N} \sim q(r_{k+1} \mid r_{1:k}, \theta_{k+1}, Z_{k+1}) \tag{3-84}$$

粒子权重的计算如下：

$$w_{k+1}(A_{k+1}^{i^+}, j) = w_k(A_k^{i^+}, j) \times \frac{p(z_{k+1} \mid r_{k+1}^i) p(\theta_{k+1} \mid r_{k+1}^i) p(r_{k+1}^i \mid r_k^i)}{q(r_{k+1}^i \mid r_{1:k}^i, \theta_{1:k}, Z_{1:k})} \tag{3-85}$$

对权值进行归一化操作。

步骤 3　粒子集重新采样。根据重要性权值 $\tilde{w}_{k+1}$ 从粒子群 B_{k+1} 中重新采样，获得新的粒子群集合 $\bar{B}_{k+1}$，再重新计算每个粒子的权值。

步骤 4　更新核粒子集以及粒子群。

为避免重采样导致的粒子退化现象，在 $k + 1$ 时，利用方位-马尔可夫过度核函数 $T(A_{k+1}^{i^+} / \bar{A}_{k+1}^{i^+})$ 对粒子群的样本进行更新，同时，使用样本中每个粒子的权值信息对核粒子集进行更新，进而使粒子的多样性得到保证。核函数具有下列特征：

$$\int \bar{A}_{k+1}^{i^+} T(A_{k+1}^{i^+} / \bar{A}_{k+1}^{i^-}) p(\bar{A}_{k+1}^{i^+} \mid \bar{A}_{1:k}^{i^+}, r_{1:k}, \theta_{1:k}) \mathrm{d}\bar{A}_{k+1}^{i^+} = p(A_{k+1}^{i^+} \mid \bar{A}_{1:k}^{i^+}, r_{1:k}, \theta_{1:k}) \tag{3-86}$$

那么，粒子集 $A_{k+1}^{i^+}$ 就近似服从分布 $p(r_{k+1} \mid r_{1:k}, \theta_{k+1}, Z_{k+1})$。根据文献[24]进行以下定义：

$$w^*(X_{k+1}^{i^+}) = \frac{N(Z_{k+1}^{i^+} - h(X_{k+1}^{i^+}), R) N(X_{k+1}^{i^+} - F(X_k^{i^+}), Q)}{N(X_{k+1}^{i^-} - m_{k+1}^{i^+}, \sum_{k+1}^{i^+})} \tag{3-87}$$

式中

$$m_{k+1}^{i^+} = (\sum\nolimits_{k+1}^{i^+}) \{Q^{-1} F(X_k^{i^+}) + (h_k^{i^+})^{\mathrm{T}} R^{-1} [Z_{k+1}^{i^+} - h(X_{k+1}^{i^+}) + (h_k^{i^+})^{\mathrm{T}} F(X_k^{i^+})]\}$$

$$\sum\nolimits_{k+1}^{i^+} = [Q^{-1} + (h_k^{i^+})^{\mathrm{T}} R^{-1} (h_k^{i^+})]$$

那么，根据式（3-87）对粒子群核粒子集进行更新。

步骤5 输出系统的状态估计值和方差估计值。

$$\hat{X}(k+1)=\sum_{j=1}^{N}\tilde{w}_{k+1}(A_{k+1}^{i^{+}},j)\bar{X}(k+1) \tag{3-88}$$

$$p(k+1)=\sum_{j=1}^{N}\tilde{w}_{k+1}(A_{k+1}^{i^{+}},j)\times(\hat{X}(k+1)-\bar{X}(k+1))\times(\hat{X}(k+1)-\bar{X}(k+1))^{\mathrm{T}} \tag{3-89}$$

步骤6 若跟踪结束，则算法退出，否则返回步骤2。

3.3 萤火虫算法优化粒子滤波

在第2章的2.2节中，对萤火虫算法进行了详细阐述。文献[25-27]的作者，以及田梦楚[28,29]都基于对萤火虫算法的改进，对粒子滤波算法进行了优化。其着重解决的问题是粒子的权值退化和粒子丧失多样性问题。

3.3.1 萤火虫算法的改进

对于萤火虫算法（Firefly Algorithm，FA）的改进，下面以文献[29]为例，重点分析其改进的原因和思路。标准粒子滤波中，在重采样时对权值较小的粒子予以剔除，以避免粒子匮乏现象出现，然而，经多次迭代后，将丧失粒子的多样性。为此，田梦楚[29]提出了对萤火虫算法改进后再优化粒子滤波的思想。

结合萤火虫算法的运行机制，利用萤火虫算法的群体智能性对粒子滤波的样本进行优化。但是，萤火虫算法并不能直接应用于粒子滤波，主要表现在对算法性能和效率两方面的影响上。为此，需要改进萤火虫算法的内部需求机制。

（1）萤火虫算法位置更新公式的改进[29]，主要基于两方面的考虑：一是算法的运行效率，二是全局寻优能力。重新定义的位置更新公式如下：

$$x_k^i=x_k^i+\beta\times(gbest_k-x_k^i)+\alpha\times(rand-1/2) \tag{3-90}$$

式中 x_k^i 表示第 i 个粒子在第 k 时的状态值，β 表示粒子间的吸引度，α 表示步长因子，$rand\in[0,1]$，$gbest_k$ 表示在 k 时的全局最优解。其优势在于：粒子群中唯一的全局最优解、PF 中的第 i 个粒子只和 $gbest_k$ 进行对比即可，从而使高阶的交互运算与粒子间吸引度的计算得以避免，时间复杂度也从原来的 $O(N^2)$降为 $O(N)$，整个滤波算法的运行效率得到了保证。这对于实时性较卡尔曼滤波低的粒子滤波来说显得尤为重要。另外，通过全局最优值对粒子群的整体运动的指导，提高了改进萤火虫算法的全局寻优能力，同时，陷入局部极值的概率也得以降低。从理论上分析，通过改进的萤火虫算法优化粒子滤波后，可以使用较少的粒子数，达到较多粒子数时的标准 PF 精度。所以说，这种对智能优化算法的改进显得尤为必要。

（2）萤火虫算法中亮度更新公式的改进[29]。具体表示方法如下：

$$I = abs(z_{new} - z_{pred}(i)) \tag{3-91}$$

式（3-91）中，I 表示修正的荧光亮度，z_{new} 表示最新量测值，z_{pred} 为预测的量测值。根据式（3-91）可得出以下结论：通过量测值与每个粒子的预测量测值对比，可以避免各粒子与其他粒子在当前位置的荧光亮度的对比导致的运算开销。

在多维空间情况下，可以计算预测量测值和最新量测值在多维度空间的空间差值。下面以一个二维坐标为例。(x_p, y_p) 表示一个目标的预测坐标，(x_0, y_0) 表示最新量测坐标，那么，多维空间下的萤火虫亮度修正公式表示如下：

$$I = abs(x_p - x_0) + abs(y_p - y_0) \tag{3-92}$$

若是三维坐标信息，其亮度修正公式就表示为：

$$I = abs(x_p - x_0) + abs(y_p - y_0) + abs(z_p - z_0) \tag{3-93}$$

式（3-93）中，(x_p, y_p, z_p) 和 (x_0, y_0, z_0) 分别表示预测坐标值和最新量测坐标值。

3.3.2　FA-PF

关于 FA-PF（Firefly Algorithm Optimized Particle Filter，FA-PF），是在对 FA 的位置和亮度信息进行改进后，将改进的 FA 融入 PF 之中而得出的。其详细步骤[29]如下：

步骤 1　种群初始化。通过重要性密度函数采样，得到 N 个粒子的初始粒子集合 $\{x_0^i, i = 1, \cdots, N\}$。其中，重要性密度函数表示如下：

$$x_k^i \sim q(x_k^i \mid x_{k-1}^i, z_k) = p(x_k^i \mid x_{k-1}^i) \tag{3-94}$$

步骤 2　对萤火虫的吸引与移动行为进行模拟。

（1）计算吸引度。利用式（3-95）计算第 i 个粒子与 $gbest$（全局最优值）之间的吸引度。计算公式如下：

$$\beta=\beta_0\times \mathrm{e}^{-\gamma r_i^2} \tag{3-95}$$

其中 β_0 表示最大吸引度，γ 表示强吸收系数，r_i 表示第 i 个粒子与 k 时的全局最优值 $gbest_k$ 之间的距离。

（2）利用吸引度对粒子位置进行更新。具体公式如下：

$$x_k^i=x_k^i+\beta\times(gbest_k-x_k^i)+\alpha(rand-1/2) \tag{3-96}$$

步骤 3　对比荧光亮度值，并更新全局最优解 $gbest_k$。

$$gbest_k\in\{x_k^1,x_k^2,x_k^3,\cdots,x_k^N|I(x)\}=\max\{I(x_k^1),I(x_k^2),\cdots,I(x_k^N)\} \tag{3-97}$$

步骤 4　由荧光度计算公式可得：荧光度值和预测量测值与真实量测值之间的差值是反向变化的。文献[29]中，设定的迭代终止阈值为 0.01。若荧光度值>0.01，则算法停止；若荧光度值< 0.01，则迭代到最大迭代次数为止。若算法达到设定的阈值 ε，表明一部分粒子已分布于真值附近，或在最大迭代次数时优化停止；若算法未达到迭代阈值，则转入步骤 2。

步骤 5　权值的更新与补偿。在此，文献[29]的作者利用了 Shan[30]的思想。这主要是因为通过萤火虫迭代寻优后，每个粒子在状态空间的位置被改变，也就是此时的分布密度函数被改变，这就导致贝叶斯理论基础的丧失。对粒子权值补偿和更新的具体计算方法如下：

$$w_k^i=\frac{p(x_k=s_k^i\mid z_{1:k-1})}{q(s_k^i)}p(z_k\mid x_k=s_k^i) \tag{3-98}$$

式中 s_k^i 表示 k 时的第 i 个粒子，$q(\cdot)$ 为重要性函数。通过权值补偿，新的粒子群在理论上依然服从同一分布 $p(x_k\mid y_{1:k-1})$，也就符合了贝叶斯理论基础。

步骤 6　进行权值归一化操作。

$$w_k^i=\frac{w_k^i}{\sum_{i=1}^{N}w_k^i} \tag{3-99}$$

步骤 7　输入系统估计状态。

$$\hat{x}=\sum_{i=1}^{N}w_k^i x_k^i \tag{3-100}$$

以上过程可以在一定程度上提高粒子的多样性，进而使粒子样本的质量也有所提高。

3.3.3　混沌的萤火虫算法优化粒子滤波

朱超[31]在文献[29]的研究成果的基础上，利用混沌的随机性、遍历性等特点，对种群进行混沌序列初始化，从而使初始粒子以更加平均的状态趋向真实状态[32]。其基本思想是：混沌细搜索优秀的种群，而对于其他种群进行随机再生，从而在更大程度上提高了样本的多样性，权值退化程度也降低了，并提高了滤波精度。

1. 混沌优化概念

Kent 混沌映射在(0, 1)之间拥有更好的均匀性[31]。其数学表示如公式（3-101）所示：

$$x_{n+1}=\begin{cases}x_n/\beta,0\leqslant x_n\leqslant\beta\\(1-x_n)/(1-\beta),\beta<x_n<1\end{cases} \tag{3-101}$$

其基本思想是：先将需要优化的值映射到混沌空间，再通过公式（3-101）计算，得出混沌序列。再利用尺度变换，将混沌序列还原到解空间，对函数值进行重新计算。若产生更优解，则用新的最优解替换原解。通常，利用公式（3-102）动态收缩搜索区域，以提高搜索的效率。具体方法如下：

$$\begin{cases}x_{\min,j}=\max\{x_{\min,j},x_{g,j}-\rho(x_{\max,j}-x_{\min,j})\}\\x_{\max,j}=\min\{x_{\min,j},x_{g,j}+\rho(x_{\max,j}-x_{\min,j})\}\end{cases} \tag{3-102}$$

式中$[x_{\min}, x_{\max}, j]$表示第 j 维变量的搜索范围，$x_{g,j}$ 表示当前时刻的最优值，搜索因子用 ρ 表示。

$$\rho(t)=1-\frac{1}{1+\exp(0.04t+4)} \tag{3-103}$$

t 表示当前的搜索次数。

2. 优化策略

其基本思想是：首先，先利用 Kent 混沌初始化粒子群，再利用萤火虫算法的寻优机制，对优秀粒子混沌细搜索，并对较差粒子随机重生。然后，基于全局最优值对不同萤火虫之间的信息交换进行替换，得出以下萤火虫算法的改进方法。

（1）对萤火虫亮度公式进行修正：

$$I = abs\left(\frac{1}{z_{new} - z_{pred}(i)}\right) \tag{3-104}$$

式中 z_{new} 表示最新量测值，$z_{pred}(i)$表示预测的量测值；$abs()$表示绝对值，将其扩展到 D 维坐标，可计算坐标之间的欧式距离，具体计算方法如下：

$$I = abs\left(\frac{1}{\sqrt{\sum_{d=1}^{D}(x_{new,d} - x_{pred,d})}}\right) \tag{3-105}$$

（2）吸引度公式的修正：

$$\beta = \beta_0 \times \mathrm{e}^{-\gamma_i^2} \tag{3-106}$$

式中 r_i 表示全局最优值 $gbest_k$ 与第 i 个粒子之间的欧式距离。

（3）萤火虫位置更新公式的修正：

$$x_k^i = x_k^i + \beta \times (gbest_k - x_k^i) + \alpha \times (rand - 0.5) \tag{3-107}$$

3. 优化粒子滤波

文献[31]对混沌的萤火虫算法优化粒子滤波进行了详细阐述，具体表述如下：

步骤 1 混沌初始化粒子。生成随机数 $r \in (0, 1)$。根据 r 生成 $N-1$ 个混沌序列，将混沌序列变换到解空间，得初始粒子集合。

步骤 2 更新粒子位置。利用公式（3-106）计算第 i 个粒子与全局最优解的吸引度；利用公式（3-107）更新粒子位置。

步骤 3 将亮度排名为前 10% 的粒子作为优秀粒子，并进行混沌细搜索；将亮度为后 10% 的萤火虫作为劣质粒子，随机产生新的粒子。

步骤 4 计算新粒子的亮度值，再对全局最优值进行更新。

$$gbest_k \in \{x_k^1, x_k^2, \cdots, x_k^N\} = \max\{I(x_k^1), I(x_k^2), \cdots, I(x_k^N)\} \tag{3-108}$$

步骤 5 若达到迭代终止条件（阈值或者最大迭代次数），则 FA 迭代结束；否则，返回步骤 2。

步骤 6　与公式（3-98）相同，由粒子的寻优过程，可导致分布密度函数被改变，故需要对其权值进行补偿和更新。

步骤 7　权值归一化后输出系统估计状态。

$$\hat{w}_k^i = \frac{w_k^i}{\sum_{i=1}^{N} w_k^i}, \quad \hat{x}_k = \sum_{i=1}^{N} w_k^i x_k^i \tag{3-109}$$

式中 $\hat{w}_k^i$ 表示在 k 时，第 i 个粒子归一化后的权值；$\hat{x}_k$ 表示 k 时系统的状态估计值。

在本节中，重点阐述了文献[29]和[31]的两种基于萤火虫智能优化的粒子滤波算法。文献[29]中考虑了粒子寻优过程的时间复杂度，摈弃了粒子 j 和 i 之间的吸引度，而是代之以每个粒子与最优解的吸引。文献[31]的作者主要从文献[29]的研究基础出发，在 FA 中引入混沌思想。然而不论哪种思路，其核心之处在于粒子权值的补偿和修正，这主要是粒子的寻优过程导致粒子的分布密度函数发生了改变。为了保证优化后的粒子滤波不丧失贝叶斯理论基础，必须对其权值进行修正。

3.4　蝙蝠算法优化粒子滤波

针对 PF 中粒子贫化问题，陈志敏[33,34]等基于蝙蝠算法（Bat Algorithm，BA）的改进，对粒子滤波进行了优化，首先提出了基于蝙蝠算法优化的粒子滤波（Bat Algorithm Optimized Particle Filter，BA-PF）。为了进一步满足现代高频段精密跟踪的精度要求，陈志敏等又提出了自控蝙蝠算法优化粒子滤波（Adaptive Control Bat Algorithm Optimized Particle Filter，ACBA-PF）。

1. 改进原理

基于蝙蝠算法思想，其改进原理为：使所有粒子分布于解空间，然后对各粒子使用不同的脉冲频率去搜索最优解。初始阶段，对粒子以较低脉冲频度和较大音强全局搜索，对粒子的状态用全局搜索行为更新，进而得出新解。然后，利用平均音强的伴随机的指导进行局部搜索，如果新解的适应度值大于旧解的适应度值，表示已找到当前时刻最优解，则用新解替换旧解，并递增地增加脉冲频度，而脉冲音强减小。再和较优粒子比较，使得所有粒子都向搜索空间的最优位置运动，进而使整个粒子样本质量得到提升。该过程中，粒子的速度由脉冲频率决定，更新后位置的接收概率由脉冲频度和音强共同决定。在 BA-PF 中，先设定粒子目标函数计分班，在迭代时，将粒子目标函数值与计分班的函数值相比较并更新，进而得到全局最优值，再将各粒子与全局最优值交互信息，这样使全局最优值的指导价值得以体现。在整个 BA-PF 中涉及四个主要内容，分别是：目标函数、全局搜索公式、局部搜索公式和局部搜索能力的调整策略。下面分别予以阐述。

（1）目标函数。

为了体现每个量测值对算法内部信息交互的指导作用，定义目标函数如下：

$$I = \exp\left[-\frac{1}{2R_k}(z_{new} - z_{pred}(i))\right] \tag{3-110}$$

式中 z_{new} 表示最新量测值，z_{pred} 表示预测的量测值，R_k 表示量测噪声方差。

（2）全局搜索公式。

在蝙蝠算法中，每个蝙蝠个体的飞行行为受最优位置与搜索脉冲频率的指导。基于此，蝙蝠算法存在的主要问题是：最优个体与局部机制之间存在相互吸引，且不能有效摆脱这种硬影响，直接导致的问题就是群体的多样性较差，且缺乏进化能力。基于该问题，若将蝙蝠算法直接应用于 PF，会导致在优化过程中出现早熟问题，PF 的滤波精度也会受到影响。为此，文献[34]的作者对 BA 的全局搜索方式进行了改进，改进后的全局搜索公式如下：

$$f_i = f_{\min} + (f_{\max} - f_{\min}) \times \beta \tag{3-111}$$

$$v_i(k) = v_i(k) + (x_{best}(k) - x_i(k)) \times f_i \tag{3-112}$$

$$x_i'(k) = x_i(k) + v_i(k) \otimes L(\lambda) \tag{3-113}$$

在以上三式中，$\beta \in [0,1]$ 为随机数，$f_i \in [f_{\min}, f_{\max}]$ 表示第 i 个粒子的脉冲频率，$x_i'(k)$ 表示 k 时第 i 个粒子的待选位置，$v_i(k)$ 表示 k 时第 i 个粒子的速度。$x_{best}(k)$ 表示 k 时粒子群的全局最优解。$L(\lambda)$ 表示步长为 Lévy 分布的随机搜索向量。利用 Lévy 飞行的随机游走特性，能够有效地规避种群个体被局部极值吸引，进而使 PF 粒子分布得以优化。

（3）局部搜索公式。

改进局部搜索，是为了避免粒子过于集中分布，具体方式如下：

1 局部搜索方法	
if $rand < r_i$	
$x_i(k) = x_i^i(k)$	（3-114）
else if $rand > r_i$	
$x_i(k) = x_{best}(k) + \varepsilon A(k)$	（3-115）

其中 $rand$ 表示均匀分布的随机数，r_i 表示粒子脉冲频率，$\varepsilon \in [-1,1]$ 为随机数，$A(k)$表示所有粒子在 k 时的音强均值。在公式（3-114）和（3-115）中，粒子具有相同的寻优行为，更新后位置的概率由 r_i 决定，粒子的移动强度由 $A(k)$ 决定。

（4）局部搜索能力策略。

为了在 PF 中模拟蝙蝠算法中蝙蝠局部搜索时的自适应调整行为，在此改进算法中，对搜索能力的调整公式进行了优化。具体表述如下：

$$A_i(k) = \alpha A_i(k) \tag{3-116}$$

$$r_i(k) = r_i(0)[1 - \exp(-\gamma k)] \tag{3-117}$$

式中 $0< \alpha <1$，表示衰减系数；$\gamma >0$ 表示增强系数。另外，若 k 增加，则 $A_i(k)$ 减小，$r_i(k)$ 会趋近于 $r_i(0)$。

2. 算法详细步骤

BA-PF 的详细步骤[34]如下：

步骤 1　种群初始化。从重要性密度函数采样 N 个粒子，得初始粒子集合 $\{x_i(k)\}_{i=1}^N$，$k = 0$。重要性密度函数为 $x_i(k) \sim q(x_i(k) \mid x_i(k-1), z(k))$。

步骤 2　更新粒子的位置和速度。通过对蝙蝠搜索行为的模拟，利用公式（3-111）、（3-112）和公式（3-113）更新 PF 中粒子的位置和速度。

步骤 3　生成均匀分布的随机数 rand，若 $r_i >$ rand，则执行公式（3-114）；若 $r_i <$ rand，则执行公式（3-115）。

步骤 4　生成随机数 rand。若 rand $< A_i(k)$ && $I(x_i(k) > I(x_i'(k)))$，则粒子 i 的位置为 $x_i(k)$，否则为 $x_i'(k)$。

步骤 5　调整粒子的局部搜索能力。通过公式（3-116）和（3-117）对脉冲强度和脉冲频度进行更行。

步骤 6　对全局最优值进行更新。

$$x_{best}(k)\in\{x_1(k),x_2(k),\cdots,x_n(k)\,|\,I(x)\}=\max\{I(x_1(k)),I(x_2(k)),\cdots,I(x_n(k))\}\tag{3-118}$$

步骤 7　在达到迭代次数时，或者符合给定的精度阈值时就停止优化，否则转入步骤 2。

步骤 8　利用公式（3-119）计算重要性权值。

$$w_i(k)\approx w_i(k-1)p(z(k)\,|\,x_i(k))\tag{3-119}$$

步骤 9　权值归一化，输入系统状态预测值。

$$w_i(k)=w_i(k)/\sum_{i=1}^{N}w_i(k)\,,\quad \hat{x}(k)=\sum_{i=1}^{N}w_i(k)x_i(k)\tag{3-120}$$

式中 $w_i(k)$ 表示 k 时粒子 i 的权值，$\hat{x}(k)$ 表示 k 时系统的估计状态。

以上 9 步是 BA-PF 算法的详细步骤，通过改进的 BA 对 PF 进行优化，在提高 PF 的粒子多样性的同时，也提高了 PF 的滤波精度。而改进的 BA，通过引入 Lévy 飞行，使其容易跳出局部极值，避免了在优化过程中出现早熟现象。

3.5　鸡群算法优化粒子滤波

在鸡群优化粒子滤波方法中，将 CSO 融入 PF 中进行迭代寻优，使具有较高权值的粒子指导粒子种群通过全局和局部相结合的搜索方式逼近系统的真实后验概率分布。基于 CSO 优化 PF 的详细过程[36]如下。

3.5.1　两种算法的关联性分析

（1）初始化：都是基于群体思想且是随机的。

（2）评价表示：CSO 中具有最小适应度值的个体表示最优值点；PF 中具有最高权值的粒子表示系统最可能的状态。

（3）状态更新：CSO 通过雄鸡、雌鸡和小鸡的特定运动策略更新位置；PF 通过状态转移模型更新粒子位置，通过观测模型更新粒子权值。

（4）选择机制：CSO 中适应度值较差的小鸡和部分雌鸡通过搜索也可能

发现较好的位置；PF 为保证粒子的多样性，需保留部分权值低的粒子。

3.5.2 算法设计

为确保滤波精度，在鸡群个体寻优过程中结合最新观测值，适应度定义为：

$$f_i = -(2\pi W^k)^{-0.5} \mathrm{e}^{-(y^k - \hat{y}^k)^2 / 2W^k} \tag{3-121}$$

式中 y^k 和 $\hat{y}^k$ 分别表示最新观测值和预测观测值，W^k 表示观测噪声方差。

具体的算法运行流程如文献[36]的图 1 所示。

步骤 1　初始时刻，在状态空间中采样 N 个粒子作为初始粒子。

步骤 2　根据适应度值的排序结果建立具有等级秩序的鸡群，并指定伙伴和母子关系。

步骤 3　模拟鸡群的觅食行为，分别对雄鸡、雌鸡和小鸡的位置进行更新并计算适应度值。

步骤 4　根据预测观测值和真实观测值的差值来判断算法是否达到终止阈值，若达到预定阈值或最大迭代次数时停止优化。

步骤 5　根据迭代次数判断其是否满足结构更新条件，满足时对各个个体的适应度值进行排序，重新确立群体结构，转回步骤 3。

步骤 6　粒子权值归一化及状态输出。

3.6 混合蛙跳算法优化粒子滤波

3.6.1 混合蛙跳算法基本原理

混合蛙跳算法的实现机理是通过模拟青蛙群体在觅食过程中所体现出来的协同行为来完成对问题的求解。在一定区域内，若干只结构相同的青蛙组成一个种群，每只青蛙被定义为问题的一个解。整个种群又分为不同的子群（称为 Memeplex），每个子群都有自己的思想，执行局部搜索策略。在每一个 Memeplex 中，每只青蛙也都有自己的思想，同时还受其他青蛙思想的影响，并通过 Memetic 进化来调整位置。经过一定数量的进化后，不同子群体间的青蛙通过跳跃过程来传递信息。这种局部进化和跳跃过程不断相间进行，直到满足收敛的结束条件为止。

具体来讲，首先随机初始化一组解来组成初始种群。

然后，将所有青蛙按照其适应度值大小降序排列，并进行分群。将适应度值最高的青蛙用 P_g 表示，在每个子群体中，将该子群中最高适应度值的青蛙和最低适应度值的青蛙分别用 P_b 和 P_w 表示。在每一轮的进化中，都改善最差青蛙 P_w 的位置。具体的调整方法如下：

青蛙移动的距离为：

$$D_i = rand()*(P_b - P_w) \tag{3-122}$$

新的位置为：

$$P_w = P_w(\text{当前位置}) + D_i,\ (-D_{\max} \leqslant D_i \leqslant D_{\max}) \tag{3-123}$$

式中 $rand()$ 是 0 到 1 之间的一个随机数，$D_{\max}$ 是允许青蛙移动的最大距离。如果这个过程能够产生一个较好解，就用这个较好解（新位置的青蛙）取代原解（原来的青蛙）P_w；否则，用 P_g 代替 P_b，重复上述过程。如果上述方法仍不能生成更好的解，就随机生成一个新解来取代原来最差的青蛙 P_w。按照这种方法执行一定次数的进化。

最后，将所有青蛙重新进行排序和子群划分，继续进化、跳跃，重复上述过程直到收敛为止。

3.6.2 混合蛙跳算法优化粒子滤波（SFLA-PF）

混合蛙跳算法的最主要特点[25]是全局信息交换和局部深度搜索策略的平衡操作，这使得算法能够跳出局部极值，向着全局最优的方向进行。用混合蛙跳算法优化粒子滤波方法，有利于粒子朝着高似然区域移动。即把每一个不具备智能行为的粒子都看作觅食过程中的青蛙，在进化、跳跃的过程中将粒子赋予智能的行为，使其能够向分子群进化，并对最优解、最差解进行选择和淘汰，使粒子之间具有交互性，并可以进行信息传递，从而使进化过程在不断自我修正的基础上进行。

具体来讲为：

（1）分群机制。

执行分群操作，将 N 个粒子分为 m 群。将粒子按照适应度值降序排列，使第一个粒子进入第一个子群，第二个粒子进入第二个子群，一直分配下去，直到第 m 个粒子进入第 m 个子群。随后，使第 $m+1$ 个粒子又进入第一个子群，

第 $m+2$ 个粒子进入第二个子群，……，如此循环分配下去。

（2）选择机制。

记录全局最优个体 P_g。

记录每一个子群中的局部最优解 P_b 和局部最差解 P_w。

（3）信息交互机制。

根据最优解的信息来调整最差解的位置。调整之后，如果能够产生一个更好的解，就用新的解取代原来的解，否则，用 P_g 代替 P_b，执行操作 $f(P_w,P_g)$；若能产生一个更好的解，则取代原来的解，否则，随机生成一个新解取代原来的最差解 P_w。

（4）进化机制。

每个粒子执行状态转移，从而形成新的种群并不断地向目标靠近。

混合蛙跳算法优化的粒子滤波方法描述如下：

（5）初始化粒子群体。

设置粒子数目 N，从先验分布 $p(x_0)$ 中采集粒子：

$$X=\{(x_0^i,\ \omega_0^i)\mid i=1,2,\cdots,N\}，令\ \omega_0^i=\frac{1}{N}$$

（6）粒子状态转移——执行进化机制。

① 计算每一个粒子的适应度值，记录当前的全局最优个体 P_g；循环进行步骤②、③，其中步骤②为外层循环，步骤③为内层循环。

② 将粒子按照适应度值大小进行排序，执行分群操作，并记录每一个子群中的局部最优粒子 P_b 和局部最差粒子 P_w。

③ 对每一个粒子子群进行 L 次迭代。根据公式（3-122）和公式（3-123）调整最差粒子的位置。

④ 两层循环结束。

（7）适应度值更新。

① 系统测量。

② 根据预测得到的新状态所对应的观测量，计算每个粒子的适应度值：

$$\omega_k^i=\omega_{k-1}^i\frac{p(z_k\mid x_k^i)p(x_k^i\mid x_{k-1}^i)}{q(x_k^i\mid x_{k-1}^i,z_{1:k})} \tag{3-124}$$

按照青蛙的适应度值大小进行排序，记录每个子群中的最优粒子和最差粒子。

③ 适应度值标准化。

$$\tilde{\omega}_k^i = \frac{\omega_k^i}{\sum_{i=1}^{N} \omega_k^i} \tag{3-125}$$

（8）状态估计。根据公式(3-126)得到 k 时刻目标状态的后验概率估计：

$$x_k = \sum_{i=1}^{N} x_k^i \tilde{\omega}_k^i \tag{3-126}$$

混合蛙跳算法通过种群分类进行信息传递，并将全局信息交换与局部进化搜索策略相结合，使算法具有连续性的本质和较强的全局搜索能力，因此，用该算法可优化传统粒子滤波方法。通过局部优化有助于全局粒子向高似然区域移动，能够提高算法的效率。

3.7 布谷鸟算法优化粒子滤波

对粒子滤波的研究在一定程度上解决了粒子权值退化和粒子贫化问题，但增加了算法运算量，影响了算法实时性。融入新的智能优化算法，在解决粒子权值退化和粒子贫化时，对有效降低运算量有着重要的理论意义和应用价值。因此，我们提出了基于布谷鸟算法改进的粒子滤波（CS-PF），并实验仿真得出重要参数的取值范围。

3.7.1 布谷鸟算法优化粒子滤波(CS-PF)的基本原理

1. 改进粒子的目标函数

通过增加扰动项来进一步保证粒子的多样性。从公式（3-127）分析可知，第 i 个鸟窝在第 $t+1$ 代的鸟窝位置与第 t 代位置加上 Lévy 随机搜索路径，由于 Lévy 飞行是一个非高斯的随机过程，理论上讲，如果将其应用于粒子进化过程，短步长搜索则有利于粒子向高似然区移动，偶尔大步长搜索，可以避免粒子陷入局部最优，且能保证粒子向下迭代时的多样性。但是，仍然存在局部最优的可能性。因此，增加扰动项对公式（3-127）

$$x_i^{t+1} = x_i^t + \partial \oplus L(\lambda), \quad (i = 1, 2, \cdots, n) \tag{3-127}$$

进行优化，如公式（3-128）所示：

$$x_i^k = x_i^k + \partial \oplus L(\lambda) + \alpha \times (rand - 1/2) \tag{3-128}$$

式中 x_i^k 表示第 i 个粒子在 k 时刻的值，∂ 和 $L(\lambda)$ 同公式（3-127），$\alpha\in[0,1]$ 为步长因子，*rand* 为[0, 1]上均匀分布的随机数。

2. 粒子权值更新

将布谷鸟算法融入 PF 的核心思想是：将粒子滤波中的每个粒子都进行迭代寻优，使粒子向后验概率密度值高的区域移动，以提高估计结果的准确性。但是，各粒子在状态空间的位置也发生了改变，各粒子所表示的分布密度函数 $p(x_k|y_{1:k-1})$ 被改变，使得粒子滤波基于贝叶斯的理论基础丢失了。所以，在粒子更新时，对粒子权值进行更新。利用式（3-129）进行粒子位置更新时更新粒子权值。公式如下：

$$\omega_k^i=\frac{p(x_k^i\mid z_{1:k-1})}{q(x_k^i)}p(z_k\mid x_k^i) \tag{3-129}$$

式中 x_k^i 为 k 时第 i 个粒子，$q(\cdot)$ 为重要性函数。由此，在理论上，通过式（3-129）更新的粒子与更新之前服从统一分布，也就维持了贝叶斯理论基础。

3.7.2　CS-PF 步骤

基于对 CF 的改进，提出如下的 CS-PF 流程图（见图 3-1）。

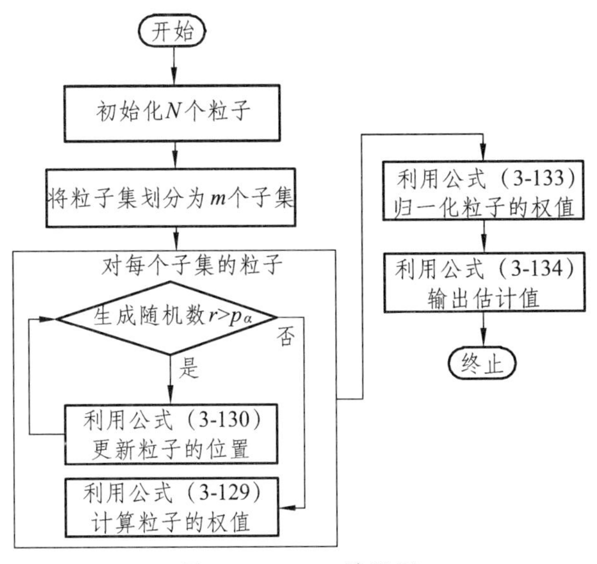

图 3-1　CS-PF 流程图

CS-PF 的详细过程如下。

步骤 1　初始化 N 个粒子：

$$x_k^i \sim q(x_k \mid x_{k-m:k-1}^i, z_k)$$

得粒子集合 $x_{0:k}^i = (x_{0:k-1}^i, x_k^i)$，$i = 1,2,\cdots,N$，$k = 0$。

步骤 2　为了让粒子尽量向真实区域移动，又要避免最终收敛，这里利用小规模多种群思想，将 k 时刻 N 个粒子平均划分为 m 个子集，每个子集粒子为：

$$x_k^m = \{x_k^j\}, 1 \leqslant j \leqslant \frac{N}{m}, m = \log_2 N$$

FOR-1：$m = 1, 2, \cdots, \log_2 N$

FOR-2：$j = 1, 2, \cdots, N/\log_2 N$

步骤 3　模拟布谷鸟鸟窝寻优。

（1）生成随机数 $r \in [0, 1]$，若 $r > p_\alpha$，执行步骤 2，否则，执行步骤 3。

（2）根据公式（3-128），对第 m 个子集在第 k 时刻第 j 个粒子的位置用更新公式重新表示，如公式（3-130）所示：

$$\begin{cases} x_{k,m}^j = x_{k,m}^j + \partial \oplus L(\lambda) + \alpha(rand - 1/2) \\ 1 \leqslant j \leqslant \dfrac{N}{m}, m = \log N \end{cases} \tag{3-130}$$

式中参数 ∂（通常 $\partial = 1$）和运算符 $\oplus$ 与公式（3-127）相同；$L(\lambda)$ 为 Lévy 随机搜索路径，且 $L \sim u = s^{-\lambda}$（$1 < \lambda \leqslant 3$）；s 为 Lévy 飞行随机步长，为了便于计算，通常使用公式（3-131）计算 Lévy 随机数：

$$L\acute{e}vy(\beta) = \frac{u}{|v|^{\frac{1}{\beta}}} \tag{3-131}$$

式中 u, v 为服从正态分布的随机数，$u \sim N(0, \sigma_u^2)$，$v \sim N(0, \sigma_v^2)$，$0 < \beta < 2$。通常，$\beta = 1.5$，σ_u、σ_v 的取值如下：

$$\begin{cases} \sigma_u = \left\{ \dfrac{\Gamma(1+\beta) \times \sin(\pi \times \beta / 2)}{\Gamma\{[(1+\beta)/2] \times \beta \times 2^{(1+\beta)/2}\}} \right\}^{1/\beta} \\ \sigma_v = 1 \end{cases} \tag{3-132}$$

式中 Γ 为伽马函数。返回步骤（1）。

（3）为了保持粒子位置更新前后分布的一致性，利用公式（3-129）计算粒子权值 ω_k^j。

FOR-2 end

FOR-1 end

步骤 4　归一化粒子权值。

$$\tilde{\omega}_k^i = \frac{\omega_k^i}{\sum_i \omega_k^i}, i = 1, 2, \cdots, N \tag{3-133}$$

步骤 5　输出状态。

$$\hat{x} = \sum_{i=1}^{N} \tilde{\omega}_k^i x_k^i, i = 1, 2, \cdots, N \tag{3-134}$$

由于布谷鸟算法具有全局最优特点，因此，为了让粒子群整体向真实值附近移动，且避免最终收敛，我们设置随机数 r 是否小于阈值 p_α 作为迭代的终止条件。通过粒子位置迭代更新，并不是让所有粒子都集中于高似然区，只是为了让粒子集中在高似然区合理分布，否则就会降低粒子的多样性。但是，p_α 的取值必须合适，如果迭代次数过多，会增加算法的时间复杂度，CS-PF 的实时性能会受到很大影响；如果迭代次数过少，粒子集会发散，不能合理集中于高似然区，也就不能提高滤波精度。因此，下一节的主要内容之一就是通过实验仿真的方法确定阈值 p_α 的取值范围。

3.7.3 实验仿真

通过实验仿真的方法，利用以上实验环境和提出的 CS-PF 进行以下三项实验，以确定重要参数 p_α 的取值范围，并验证算法的有效性。

（1）确定参数 p_α。在 CS-PF 中，是否更新粒子位置和算法运算量，主要取决于是否满足 $r > p_\alpha$，其中 r 为随机数，$r \in [0, 1]$，$p_\alpha \in [0, 1]$。从理论上分析，p_α 越小，通过式（3-128）使粒子位置更新算法更新的粒子越多，且较多粒子分布于高似然区，从而使滤波精度得到提高，但也较大地增加了算法运算量；p_α 越大，被更新位置的粒子越少，也就只有较少的粒子分布于高似然区，粒子保持了多样性，但滤波精度降低，算法运算量也小，实时性较高。因此，需通过实验仿真的方法，在滤波精度和算法实时性之间找到 p_α 的合适的取值范围。

（2）检验在高斯、非高斯噪声下 CS-PF 的性能。分别对量测噪声符合高斯分布、均匀分布、伽马分布、瑞利分布的噪声序列对 CS-PF 算法重复 25 次实验，以便对本节算法的运算性能进行分析，并计算结果的均方根误差均值。计算公式如下：

$$avg(RMSE) = \frac{1}{25}\sqrt{\frac{1}{K}\sum_{k=1}^{N}(x_k^r - x')^2} \tag{3-135}$$

式中 K 为滤波次数，x_k^r 为第 k 时真值，x' 为第 k 时估计值。

（3）CS-PF 与其他算法对比分析。对本节算法与解决非线性问题的经典算法，如文献[29]的基于萤火虫算法智能优化的粒子滤波（FA-PF）、文献[37]的基于自适应差分进化的粒子滤波(ADE-PF)、文献[38]的 imp-WOPF 和标准 PF，在相同的过程方差和量测方差下进行滤波效果对比分析。

以上三项仿真实验基于以下过程状态方程和观测方程：

$$x = \frac{1}{3}x + 15\times\frac{x}{(1+x^2)} + 6\times\sin(1.3\times(k-1)) + sqrt(Q)\times rand \tag{3-136}$$

$$y = \frac{x^2}{30} + sqrt(R)\times rand \tag{3-137}$$

式（3-136）为状态方程，式（3-137）为观测方程，式中 Q 为制造过程噪声方差，R 为量测噪声方差，$rand$ 为高斯分布的随机数。由于此系统为强非线性系统，且似然函数为双封状[3]，一般滤波方法很难对其进行有效处理。参考现有文献，式（3-130）中，参数$\partial = 1$，步长因子$\alpha = 0.1$；式（3-9）中$\beta = 1.5$。

3.7.4 实验结论

（1）参数 p_α 的取值范围。初始状态 $x = 1$，过程噪声 Q 和量测噪声 R 的方差均为 5，模拟时序 $k = 1, 2, \cdots, 600$，粒子数 $N = 100$。为了取得合适的 p_α 值，取 $p_\alpha = 0.05 + 0.05i$，$(i = 0, 1, 2, \cdots, 11)$，并记录下 p_α 等于不同值时，被更新的粒子平均数和粒子的运动趋势。结果如下：

① $p_\alpha = 0.05$。即粒子在向下迭代时，理论上，r 为均匀分布的随机数，p_α 越小，被更新的粒子越多，算法运算量越大，通过多次迭代，多数粒子将

会向高似然区域移动，故不能保证粒子的多样性。算法滤波效果如图 3-2 所示，$k = 232$ 时的粒子分布情况如图 3-3 所示。

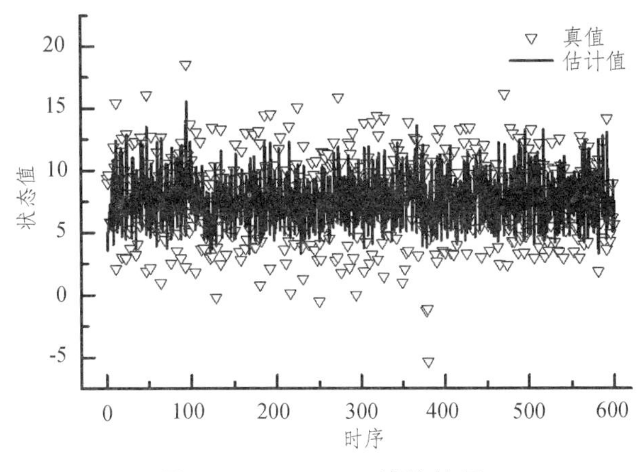

图 3-2　$p_{\alpha} = 0.05$ 滤波效果

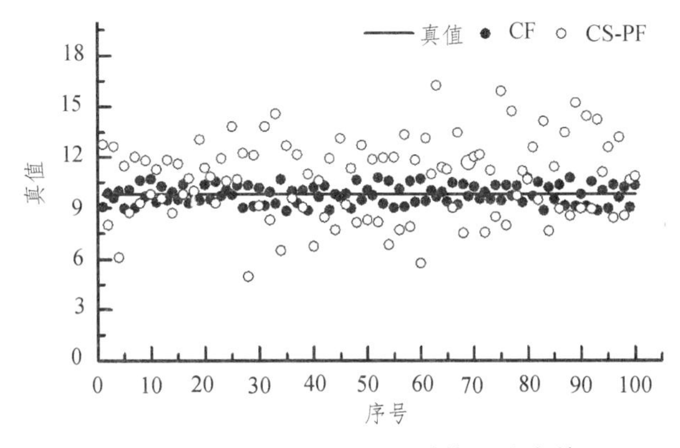

图 3-3　$p_{\alpha} = 0.05$，$k = 232$ 时粒子分布情况

在图 3-2 中，平均每个粒子位置更新 19.02 次，RMSE = 2.12。图 3-3 中，滤波进入后续阶段，PF 的粒子大多集中于少数状态值，从而失去了粒子多样性，不利于滤波的状态估计。而 CS-PF 在高似然区和低似然区都有一定数量的粒子分布，可以在一定程度上保证粒子的多样性。但是，在当前状态下，算法运算量较高。

② $p_{\alpha} = 0.10$。平均每个粒子位置更新 9.23 次，RMSE = 2.29，算法滤波效果如图 3-4 所示；在 $k = 232$ 时，粒子分布情况如图 3-5 所示。

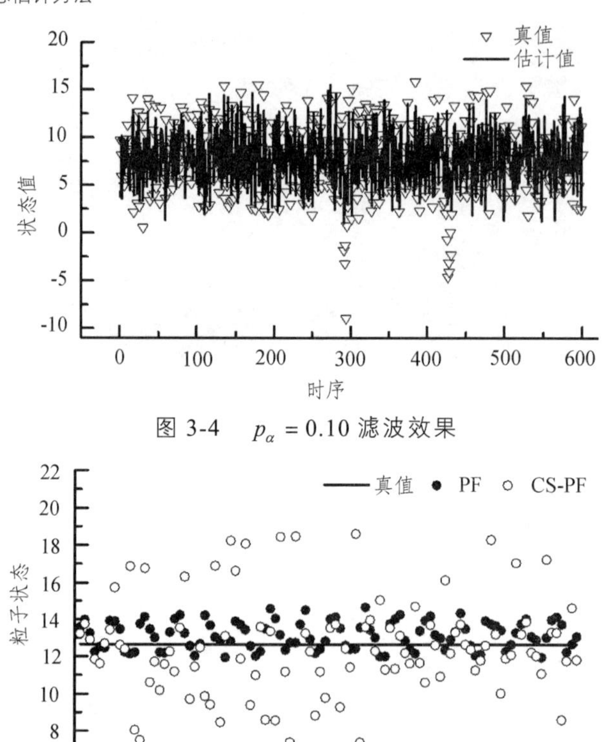

图 3-4　$p_\alpha = 0.10$ 滤波效果

图 3-5　$p_\alpha = 0.10$，$k = 232$ 时粒子分布情况

③ $p_\alpha = 0.15$。平均每个粒子位置更新 6.04 次，RMSE = 1.67，算法滤波效果如图 3-6 所示；在 $k = 232$ 时，粒子分布情况如图 3-7 所示。

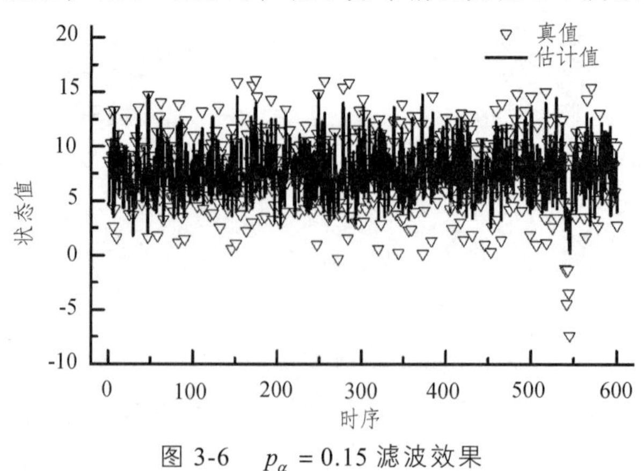

图 3-6　$p_\alpha = 0.15$ 滤波效果

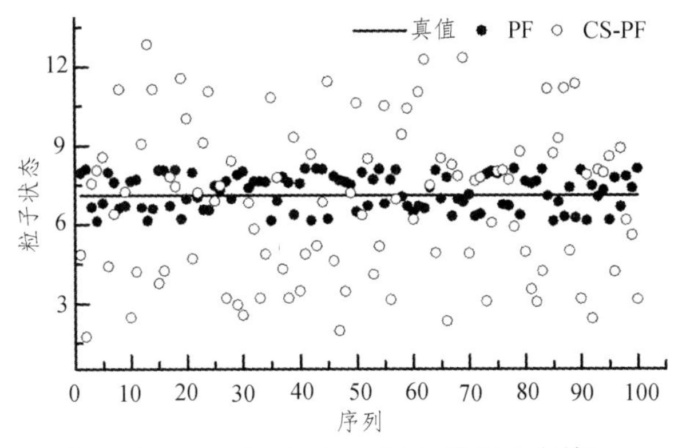

图 3-7　$p_\alpha=0.15$，$k=232$ 时粒子分布情况

从以上三项实验可以初步进行以下推测：在 p_α 逐渐增大时，CS-PF 的滤波精度略有变化，RMSE 逐渐增大，但变化较小，而分布于高似然区的粒子数在逐渐减少，低似然区的粒子数在增加；从实验环节可以说明，p_α 的增大有利于促进粒子的多样性，而其减小对算法滤波精度的降低有限，却较大地增加了算法运算量。因此，参数 p_α 的取值是影响算法精度和算法运算量的重要因素，同时，也极大地影响了粒子的多样性。

为了进一步充分说明 p_α 对算法性能和粒子多样性的影响，以及选取 p_α 的合适的取值范围，采用同样的方法重复以上实验直到 $p_\alpha=0.60$，经统计得出表 3-1 所示的结论。

表 3-1　p_α 取值、粒子位置更新情况与 RMSE 均值

序号	p_α	位置更新 1 次以上	位置更新 2 次以上	位置更新 3 次以上	位置更新 4 次以上	平均更新粒子次数	高似然区平均粒子数	RMSE 均值
1	0.05	92	88	81	79	20.66	21.59	2.12
2	0.10	91	81	74	67	8.98	23.40	2.29
3	0.15	85	69	59	54	6.04	18.62	1.67
4	0.20	84	57	44	30	3.71	13.96	1.77
5	0.25	72	53	40	28	2.68	11.68	2.01
6	0.30	69	50	31	23	2.29	8.25	2.07
7	0.35	70	46	28	19	2.14	7.71	2.16
8	0.40	51	30	17	11	1.25	5.46	2.21
9	0.45	52	29	14	7	1.06	3.54	2.48
10	0.50	53	23	13	5	1.02	3.27	2.59
11	0.55	40	15	6	3	0.65	1.52	2.62
12	0.60	34	12	3	1	0.51	0.95	2.63
均值	0.325	66.08	46.08	34.17	27.25	4.25	10.00	2.22

从以上实验可以得出以下结论：算法运算量、滤波精度都和 p_α 有一定的相关性。若 $p_\alpha<0.2$，平均 21.59 个粒子在高似然区分布，平均每个粒子更新达 20.66 次，但同时也丧失了粒子多样性，且算法运算量大增，若粒子数较大，就极大地影响了算法实时性；反之，若 $p_\alpha>0.5$，绝大多数粒子位置都没有更新，平均更新次数在 0.65 左右，也就是每个粒子更新不到一次，分布于高似然区的粒子数就相对少很多，不能有效提高算法滤波精度，但算法运算量较低。因此，结合表 3-1 中高似然区平均粒子数的均值为 10，综合考虑，既要保证足够多的粒子分布于高似然区，以保证滤波精度，又能以较低的运算量保证算法实时性，所以最为合适的为 $p_\alpha \in [0.20，0.35]$。

（2）利用 Matlab R2012a 的 gamrnd 函数、rand 函数、raylrnd 函数和 randn 函数，生成伽马分布、均匀分布、瑞利分布和高斯分布的量测噪声序列。取 $p_\alpha=0.25$，设初始值为 $x=1$，噪声序列服从均值为 0，过程噪声方差 $Q=5$，量测噪声方差 $R=5$，粒子数为 $N=100$，滤波时序 $k=600$，分析噪声在高斯分布、均匀分布、伽马分布、瑞利分布下，对算法的性能影响。针对不同噪声分布分别做 25 次独立实验，计算不同噪声分布下的 RMSE 均值，结果如表 3-2 所示。

表 3-2　CS-PF 在不同分布下的 RMSE 均值

序号	分布	RMSE 均值
1	高斯分布	2.1722
2	均匀分布	2.1963
3	伽马分布	2.2491
4	瑞利分布	2.2687

从表 3-2 可以得出以下结论：过程噪声与量测噪声不变，高斯分布、均匀分布、伽马分布和瑞力分布的均方根误差分别为 2.1722、2.1963、2.2491 和 2.2687，说明 CS-PF 针对强非线性系统，在固定的过程方差和量测方差、高斯分布和非高斯分布的量测噪声下滤波效果几乎一致。

（3）取 $p_\alpha=0.25$，设初始值为 $x=1$，噪声序列服从均值为 0，过程噪声方差 $Q=5$，量测噪声方差 $R=5$，粒子数为 $N=100$，滤波时序 $k=600$，噪声分布为高斯分布，对文献[29]的基于萤火虫算法智能优化的粒子滤波（PA-PF）、文献[37]的 ADE-PF 和文献[38]的 imp-WOPF 对比研究。针对每种算法进行了 25 次滤波，并计算每种算法滤波的均方根误差均值，计算方法和式（3-135）相同，并统计分析每种滤波各自的运行时间均值。

程序运行环境：处理器，Intel(R) Core(TM) i5-4200U CPU @ 1.60GHz 2.30GHz；内存，4.00G；操作系统，64 位 Windows 7。实验结果如表 3-3 所示。

表 3-3　不同算法 RMSE 均值与运算量对比

序号	分布	RMSE 均值	运行时间均值/s
1	CS-PF	2.1735	0.2076
2	标准 PF	2.6439	0.1850
3	FA-PF	2.2695	0.2247
4	ADE-PF	2.2275	0.2352
5	imp-WOPF	2.0192	0.2367

在表 3-3 中，本节算法 CS-PF 的 RMSE = 2.1735，滤波精度低于文献[38]的 imp-WOPF，却优于标准 PF，以及 FA-PF 和 ADE-PF，但运行时间高于标准 PF，而少于其他几种滤波。主要是因为 CS-PF 中融入了基于布谷鸟的粒子寻优过程，但是，该过程的运算量却低于萤火虫算法、自适应差分进化的粒子滤波和权值改进算法。

综合上述实验结果，得出以下结论：

（1）将布谷鸟算法的路径寻优思想融入粒子滤波代替粒子重采样，能够解决粒子权值退化问题，并保持粒子多样性。

（2）相比标准粒子滤波，在运算效率降低 12%的情况下，通过合理的粒子更新阈值 $p_\alpha = 0.25$，能够提高滤波精度 18%。

3.7.5　实际应用

为了进一步验证算法的可靠性，在纺织实际生产环境中对 CS-PF 进行验证。计算机软硬件环境为一台 Dell 服务器（处理器为 2 个 Intel（R）Xeon（R）CPU E5-2407 2.40GHz，Windows Server 2008（64 位）操作系统，32GB 内存，8TB 硬盘容量，通信带宽：1Gb/s），对织布车间 300 台织布机的原始数据进行实时在线监测。实际应用表明：在针对非平稳、非线性的织造过程数据时，具有很好的适用性，结果误差小于 3%，误差范围小于生产环境 5%的要求。结果表明：本节算法能够有效处理织机声非线性织造过程的非平稳数据，有效保证织造过程中采集坯布的质量和产量数据的准确性，从而很好地满足了生产管理的需要，生产管理、统计分析数据的准确性也大大得到提高。

将基于布谷鸟路径寻优思想融入粒子滤波，可解决粒子滤波中的权值退化和粒子贫化问题。实验结果表明：CS-PF 在利用布谷鸟寻优思想代替粒子重采样后，能够保持粒子的多样性和滤波精度。与其他改进的粒子滤波相比，CS-PF 具有以下优点：（1）粒子位置的迭代更新采用 Lévy 飞行模式，通过阈值控制迭代次数，能够保持粒子的多样性，克服陷入局部最优，使得部分粒子分布于高似然区，部分粒子分布于低似然区。（2）CS-PF 调节参数，易于编程实现，容易应用于实际工程问题。（3）在运算效率降低较少的情况下，运算精度有了较大提高。未来主要的研究应着眼于，结合现有研究基础，在实际工程问题中自适应地控制粒子位置更新阈值及粒子数的自适应选择，进一步降低运行时间，提高算法的实时性。

3.8 烟花算法优化粒子滤波

3.8.1 研究背景

萤火虫算法和蝙蝠算法均有其局限性：蝙蝠算法的寻优能力主要依靠蝙蝠个体之间的相互作用和影响，但个体本身缺乏变异机制，一旦受到某个局部极值约束后自身很难摆脱；而且在进化过程中，种群中的超级蝙蝠可能会吸引其他个体迅速向其周围聚集，使得种群多样性大幅下降，这必然会在一定程度上影响粒子的多样性。萤火虫算法虽然考虑到了个体间的相互影响，但是个体向最优值趋近的过程中，可能会出现萤火虫移动距离大于个体与最优值间距的情况，导致个体更新自己位置时跳过了最优值，进而使最优值发现率降低，影响算法的收敛速度。

综上，鉴于萤火虫算法和蝙蝠算法的局限性，结合烟花算法（Fireworks Algorithm，FWA）[39,40]的优势，对其进行改进，以便更好地对粒子滤波进行优化，这有着重要的理论和工程意义。

3.8.2 粒子分布多样性度量

在文献[28, 29]和文献[34]中，均体现了群体智能启发式算法对粒子多样性的促进作用，但是，各文献并未对算法中粒子多样性的程度进行度量，因此，这里提出在不同时刻粒子群多样性的定义。

定义 1 设粒子滤波过程中，在 k 时粒子集合为 $I=\{x_k^1,x_k^2,\cdots,x_k^N\}$，粒子

集合 I 的中心粒子为 x_k^c，各粒子 x_k^i 到中心粒子 x_k^c 的距离为 $d_{k,c}^i$，则粒子多样性指标表示如下：

$$\rho=\frac{\sum_{i=1}^{N}d_{k,c}^i}{N}=\frac{\sum_{i=1}^{N}\sqrt{(x_k^i-x_k^c)^2+(i-c)^2}}{N} \tag{3-138}$$

在（3-138）式中，$x_k^c=\sum_{i=1}^{N}x_k^i\Big/N$，$c=N\!\Big/\!2$，若 ρ 越大，多样性越好；若 ρ 越小，粒子多样性越差。

以上粒子滤波中粒子多样性度量的定义是后续研究工作的基础。

3.8.3　标准 FWA

标准烟花算法[40]由谭营教授等人于 2010 年提出，算法过程如下：

步骤 1　随机初始化 N 个烟花种群 $\{X_i\}_{i=1}^N$。

步骤 2　计算烟花 X_i 的爆炸半径 R_i、产生的火花数 S_i，计算公式如下：

$$R_i=\hat{R}\times\frac{f(X_i)-f_{\min}+\xi}{\sum_{i=1}^{N}(f(X_i)-f_{\min})+\xi} \tag{3-139}$$

$$S_i=m\times\frac{f_{\max}-f(X_i)+\xi}{\sum_{i=1}^{N}(f_{\max}-f(X_i))+\xi} \tag{3-140}$$

步骤 3　产生爆炸火花。计算烟花 X_i 生成的第 $j(1\leqslant j\leqslant S_i)$ 个火花的第 k 维坐标公式如下：

$$x_j^k=X_j^k+R_i\times\mathrm{rand}(-1,1) \tag{3-141}$$

步骤 4　变异算子，以增加种群多样性：

$$x_j^k=x_j^k\times Gauss(1,1) \tag{3-142}$$

步骤 5　映射规则。修正火花坐标，公式如下：

$$x_j^k=x_{j,\min}^k+|\,x_j^k\,|\bmod(x_{j,\max}^k-x_{j,\min}^k) \tag{3-143}$$

3.8.4 改进烟花算法优化粒子滤波（FWA-PF）

基于萤火虫算法和蝙蝠算法的局限性，考虑粒子群个体之间的相互作用与影响、个体本身的变异机制，以及算法在迭代过程中出现的粒子个体跳出最优值、出现震荡、降低滤波精度等问题，我们先对烟花算法进行改进，再对粒子滤波进行优化。

1. 标准 FWA 不能直接优化 PF 的原因

标准的烟花算法不能直接用于优化粒子滤波，主要体现在如下两个方面：

（1）火花变异操作。标准 FWA 的火花变异，采用的是均值和方差均为 1 的高斯变异，如式（3-142）所示。它虽然能够在一定程度上促进爆炸火花的随机性，但若直接应用 FWA，会使促进粒子多样性的程度较低，对 PF 的滤波精度的提高也就极其有限。而对于 PF 针对的非线性、非高斯问题，需要粒子具有较好的多样性，即在状态值的高、低似然区均分布合理，那么，单一的高斯变异也就不能最大限度地满足实际系统。

（2）火花选择策略。在文献[40]中标准 FWA 的烟花选择策略需要计算当前个体到候选集合其他个体之间的距离。若候选集合的待选火花数为 N，有 K 个候选集合，那么，选择策略的时间复杂度就为 $O(N^2)$，这样的时间复杂度若直接用于优化 PF，必然在一定程度上降低 PF 的实时性。

2. 改进烟花算法（imp-FWA）

对烟花算法进行改进，具体过程如下：

步骤 1 随机初始化 N 个烟花种群 $\{X_i\}_{i=1}^{N}$。

步骤 2 利用公式（3-139）（3-140）对每个烟花分别计算 R_i 和 S_i。其中 $\hat{R}$ 为常数，控制爆炸半径，$f_{\min}=\min(f(X_i))$ 为当前火花集合中适应度最小值；m 为常数；$f_{\max}=\max(f(X_i))$ 为适应度最大值，$f(X_i)$ 为烟花 X_i 的适应度值，ξ 表示计算机中的极小正常数。

为了防止 S_i 过多或过少，对 S_i 进行修正，具体方法如下：

$$S_i=\begin{cases} rou(am),\ S_i<am \\ rou(bm),\ S_i>bm, 0<a<b<1 \\ rou(S_i),\ \text{其他} \end{cases} \tag{3-144}$$

式中 $rou(\cdot)$ 为取整函数，a, b 为给定常数。

步骤 3　利用公式（3-141）产生 X_i 的第 j 个、第 k 维坐标 x_j^k，同标准 FWA 算法的步骤 3。

步骤 4　混合高斯变异火花。为了增加种群多样性，通过变异算子产生新的火花，标准 FWA 中采用高斯函数生成高斯随机数；但是，在 PF 中，由于系统状态非线性、噪声数据非高斯，以致利用高斯函数产生的变异算子不能很好地适应粒子滤波，因此，将标准 FWA 的高斯函数，进一步改进为混合高斯变异算子，可提高生成更优良烟花的概率。

设烟花 X_i 按照预设参数产生 M 个火花 $\{x_j^k\}_{j=1}^M, k=1,2,\cdots,z$ 表示火花 x_j 的第 k 维坐标，则混合高斯分布下 x_j^k 的坐标如下：

$$x_j^k = x_j^k \times f(T) \tag{3-145}$$

$$f(T) = c\sum_{i=1}^{N}\beta_i \frac{1}{\sqrt{2\pi}\sigma_i}\mathrm{e}^{-0.5((T-\mu_i)/\sigma_i)^2}, \quad \sum_{1}^{N}\beta_i = 1 \tag{3-146}$$

式中，$f(T)$ 为概率密度函数，c 为阶段分布系数，N 为设定的高斯分布个数，β_i，μ_i 和 σ_i 分别为混合分布中第 i 个分布的比例系数、均值和标准差。$T(T_{\min} \leqslant T \leqslant T_{\max})$ 为设定的烟花随机爆炸半径，其分布函数表示如下：

$$F(T) = \begin{cases} 0, & T<T_{\min} \\ c(F(x)-F(T_{\min})), & T_{\min} \leqslant T \leqslant T_{\max} \\ 1, & T>T_{\max} \end{cases} \tag{3-147}$$

根据分布函数的性质得 $F(T_{\max})=1$，$c(F(T_{\max})-F(T_{\min}))=1$，从而得截断参数 $c=1/(F(T_{\max})-F(T_{\min}))$，将其转换为标准正态分布函数，如公式（3-148）所示：

$$\frac{1}{c} = \sum_{i=1}^{N}\beta_i\left[\varPhi\left(\frac{T_{\max}-\mu_i}{\sigma_i}\right)-\varPhi\left(\frac{T_{\min}-\mu_i}{\sigma_i}\right)\right] \tag{3-148}$$

式中 $\varPhi(\cdot)$ 为标准正态分布函数。

步骤 5　利用公式（3-143）修正火花坐标。同标准 FWA 步骤 5 的映射规则。

步骤 6　选择策略。标准烟花算法采用精英选择策略将适应度值最好的烟花留作下一次迭代，具体计算方法详见文献[40]；其较复杂的计算过程不适用于粒子滤波，否则必然降低算法的实时性。因此，对选择方法进行简化，具体过程如下：

（1）第 g 代爆炸烟花为 $\{X_{i,g}\}_{i=1}^{N}$，烟花 $X_{i,g}$ 的第 $g+1$ 代火花集合为 $\{x_{j,g+1}^{k}\}_{j=1}^{S_i}$，$k=1,2,\cdots,z$ 表示第 k 维坐标，则第 $g+1$ 代的候选火花集合为 $C=\{x_{l,c}\,|\,1\leqslant l\leqslant S_i\}$。基于文献[41]中的 CR 公式、改进自适应交叉因子 CR 的计算方法，对每个 $x_{j,g+1}^{k}$ 执行如下操作：

$$x_{l,c}=x_{j,g+1}^{k}\text{，if } rand(0,\ 1)<CR_i \text{ or } l=j_{rand} \tag{3-149}$$

$$CR_i=(CR_{\max}-CR_{\min})\left(\frac{T}{T+S_i}\right)^2+CR_{\min} \tag{3-150}$$

式中 j_{rand} 为$[1,\ 2,\ \cdots,\ S_i]$之间的随机整数，T 为迭代次数；CR_i 为交叉概率，是一条开口向上的抛物线。在种群向下变异的初始阶段，CR 值较小，且增速较慢，有利于烟花算法的全局搜索能力和多样性；随着迭代的进行，CR 不断增大，有利于烟花算法快速收敛，提高局部搜索能力，进而有利于 PF 算法的粒子在系统状态的高、低似然区合理分布。

（2）对于候选火花集合 $C=\{x_{l,c}\,|\,1\leqslant l\leqslant S_i\}$，采用如下方式，用 $u_{i,g+1}$ 取代 $X_{i,g}$ 向下迭代：

$$u_{i,g+1}=\begin{cases} rndF(C)\text{ , if } rand(0,1)\geqslant p_\alpha \\ X_{i,g}\text{, else}\end{cases} \tag{3-151}$$

式中 p_α 为随机选取的火花向下传递的概率，$rndF(\cdot)$ 表示从集合 C 中随机选取一个 $x_{l,c}$。

基于改进的选择策略能够在一定程度上将大权值粒子直接用于下一次迭代，也考虑了父代的遗传信息传递给子代，且选择策略的时间复杂度从标准 FWA 算法的 $O(N^2)$降为 $O(N)$，从而不影响优化后粒子滤波的实时性。

3. 改进烟花算法的收敛性分析

从 imp-FWA 的整个过程来看，主要分为三个步骤：一是爆炸产生火花，二是烟花混合高斯变异，三是选择下一代种群。因此，为了分析 imp-FWA 的收敛性，需要按这三个步骤依次进行。首先，引入以下定义及性质。

定义 1　对于方阵 $\boldsymbol{A}\in R^{n\times n}$，

（1）若 $1\leqslant\forall i,j\leqslant n$，$a_{ij}\geqslant 0$，则称 $\boldsymbol{A}$ 为非负的($\boldsymbol{A}\geqslant\boldsymbol{O}$)。

（2）若 $1\leqslant\forall i,j\leqslant n$，$a_{ij}>0$，则称 $\boldsymbol{A}$ 为全正的($\boldsymbol{A}>\boldsymbol{O}$)。

（3）若存在一个整数 $m\geqslant 1$，使 $\boldsymbol{A}^m>\boldsymbol{O}$，则称 $\boldsymbol{A}$ 为本原的。

（4）若 $\boldsymbol{A}$ 非负，且在相同的行、列初等变换后得到如下形式：

$$\begin{bmatrix} \boldsymbol{C} & \boldsymbol{O} \\ \boldsymbol{R} & \boldsymbol{T} \end{bmatrix}$$

且 $\boldsymbol{C}$、$\boldsymbol{T}$ 是方阵，则称 $\boldsymbol{A}$ 是可约的。

（5）若 $\boldsymbol{A}$ 非负且 $\sum_{j=1}^{n} a_{ij} = 1$，$1 \leqslant i \leqslant n$，则称 $\boldsymbol{A}$ 为随机的。

（6）若 $\boldsymbol{A}$ 为随机阵，且同一列中元素全相同，则称 $\boldsymbol{A}$ 是稳定的。

（7）若 $\boldsymbol{A}$ 为随机阵，且每列中至少一个正数，则称 $\boldsymbol{A}$ 是列容的。

引理 1[21]　如果矩阵 $\boldsymbol{Y}$ 是本原的随机阵，那么 $\boldsymbol{Y}^k$ 收敛到一个全正稳定的随机阵：

$$\boldsymbol{Y}^{\infty} = \lim_{k \to \infty} \boldsymbol{Y}^k = (1,1,\cdots,1)^{\mathrm{T}} (y_1, y_2, \cdots, y_n)$$

式中 $(y_1, y_2, \cdots, y_n)^{\mathrm{T}}$ 唯一满足：

$$(y_1, y_2, \cdots, y_n)\boldsymbol{Y} = (y_1, y_2, \cdots, y_n)$$

式中 $\sum_{i=1}^{n} y_i = 1$ 且 $y_j = \lim_{k \to \infty} y_{ij}^k \geqslant 0$。这表明 $(y_1, y_2, \cdots, y_n)^{\mathrm{T}}$ 是矩阵 $\boldsymbol{Y}^{\mathrm{T}}$ 的特征值为 1 且各分量是正数的特征向量，且 $\sum_{i=1}^{n} y_i = 1$。

为了研究 imp-FWA 的马氏链表示，设所有烟花的坐标空间为 S，烟花位置为 X，$X \in S$，马氏链状态空间为 G，则状态空间维数 $d = |G| = |S|^N$。

设 imp-FWA 每次迭代对应的随机变量为：$R(t) = \{X_i(t) | 1 \leqslant i \leqslant n, 1 \leqslant t < \infty\}$，它表示烟花的位置集合，每次迭代都基于上一步的位置信息，但与原状态没有关系，因此，imp-FWA 是马尔可夫过程。为了简单起见，根据 imp-FWA 的三个主要步骤，对 imp-FWA 的收敛性进行分步证明。

（1）爆炸产生的火花。将爆炸火花的爆炸算子的概率矩阵表示为 $\boldsymbol{F} = (f_{ij})_{L \times L}$，其中 f_{ij} 表示爆炸后状态由 i 变为 j，根据全概率公式得 $\sum_{j=1}^{L} f_{ij} = 1$，$\boldsymbol{F}$ 为随机阵。

（2）烟花混合高斯变异。imp-FWA 利用混合高斯变异，使得其在每一次迭代时，每个烟花都具有一定概率向当前最优位置移动，为此，引入参数 $\rho > 0$，表示个体向当前最优位置移动的概率。因此，一个群体的状态由 i 到 j 的概率就定义为 $\boldsymbol{M} = (m_{i,j})_{L \times L}$。那么，如果两个群体状态 i 和 j 有相等的烟花数 Z_{ij}，

则 $m_{ij}=\rho^{N-Z_{ij}}(1\text{-}\rho)^{Z_{ij}}>0$，其中 N 为烟花种群数，从而 $\boldsymbol{M}$ 为全正矩阵。

（3）选择下一代种群。通过选择算子，使得烟花状态发生改变。设 s_{ij} 表示状态 i 变为状态 j，则选择运算对应的概率矩阵为一随机矩阵，表示为 $\boldsymbol{S}=(s_{ij})_{L\times L}$。根据全概率公式得 $\sum_{j=1}^{L}s_{ij}=1$。

定理 1　通过混合高斯变异改进的 imp-FWA 能够以概率 1 全局收敛到最优解。

证明　将 imp-FWA 的每一步进化过程的马氏链转移概率矩阵表示为 $\boldsymbol{P}=\boldsymbol{FMS}$。

设 $\boldsymbol{U}=\boldsymbol{FM}$，$\boldsymbol{V}=\boldsymbol{US}$，$\boldsymbol{F}$ 是随机矩阵，那么 $\boldsymbol{F}$ 的各行中至少存在一个大于零的元素，所以：

$$u_{ij}=\sum_{k=1}^{n}f_{ik}m_{kj}=1,\quad 1\leqslant i,j\leqslant n$$

从而 $\boldsymbol{U}>\boldsymbol{O}$。而 $\boldsymbol{S}$ 亦为随机阵，同理可得：

$$v_{ij}=\sum_{k=1}^{n}u_{ik}s_{kj}>0,\quad 0\leqslant i,j\leqslant n$$

这时由于 $\sum_{j=1}^{n}\left(\sum_{k=1}^{n}u_{ik}s_{kj}\right)=\sum_{k=1}^{n}u_{ik}\left(\sum_{j=1}^{n}s_{kj}\right)$，而 $\boldsymbol{S}$ 是随机矩阵，所以：

$$\sum_{k=1}^{n}u_{ik}\left(\sum_{j=1}^{n}s_{kj}\right)=\sum_{k=1}^{n}u_{ik}$$

同理可得：

$$\sum_{k=1}^{n}v_{ik}=1$$

从而可以得出 $\boldsymbol{FMS}>\boldsymbol{O}$，且 $\boldsymbol{FMS}$ 为随机阵。

由定义 1 可知 $\boldsymbol{P}$ 为本原矩阵，再利用引理 1 可知，最优爆炸火花的位置不在马氏链极限分布中的概率为 0，且包括最优位置的火花的极限分布之和为 1。因此，定理 1 得证。

4. 改进的 FWA 优化 PF（FWA-PF）

基于 3.3 节改进的烟花算法和标准 PF（详见文献[42]），提出 FWA-PF。其核心思想是：利用 imp-FWA 对标准粒子滤波中的每一个粒子进行迭代爆炸寻优，取代 PF 的重采样，使粒子向目标状态后验概率值高的方向移动，且保持良好的多样性，以提高状态估计的准确性。但是，经过烟花算法的处理后，各粒子在状态空间的分布被改变，其分布密度函数也不能用 $p(x_k \mid y_{1,k-1})$ 表示，从而丧失了贝叶斯滤波理论基础。因此，还需改进粒子权值的表示方法。根据文献[30]的思想，改进后的粒子权值表示如下：

$$\omega_k^i = \frac{p(xk = s_k^i \mid z_{1:k-1})}{q(s_k^i)} p(z_k \mid x_k = s_k^i) \tag{3-152}$$

式中 s_k^i 表示 k 时刻的粒子 i，$q(\,.\,)$为重要性函数。

基于改进烟花算法，优化后的粒子滤波过程如图 3-8 所示。

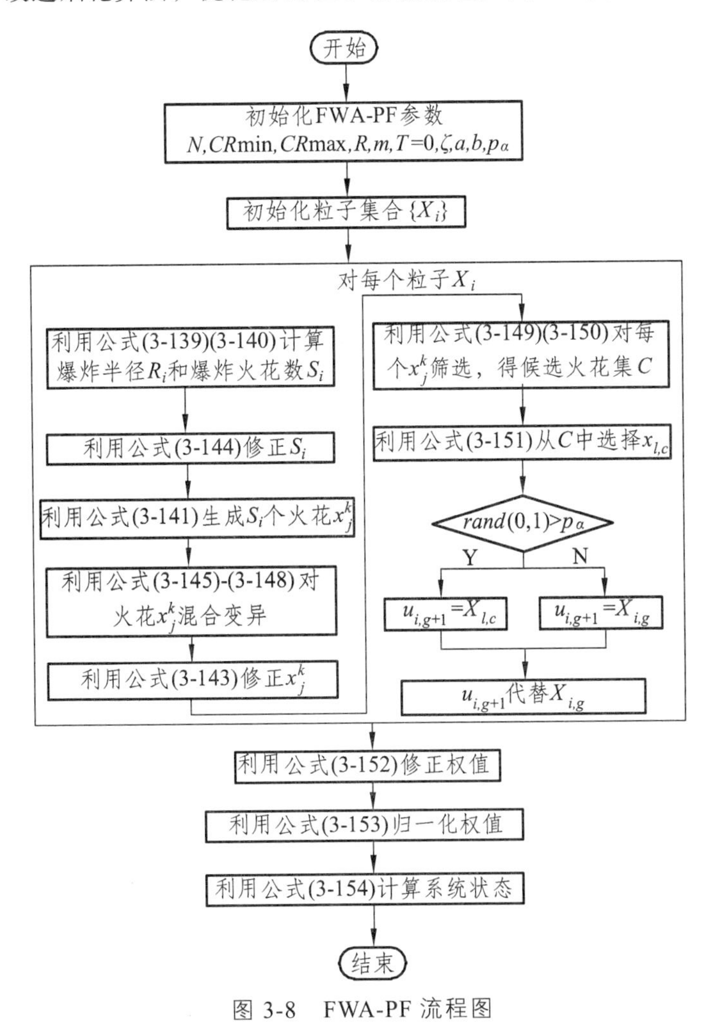

图 3-8　FWA-PF 流程图

FWA-PF 的详细实施过程如下：

步骤 1　初始化 FWA 参数：交叉因子 $CR_{\min}$，$CR_{\max}$，烟花爆炸半径控制参数 $\hat{R}$，火花数控制参数 m，迭代次数初值 $T=0$，计算机中能够表示的最小正值 ξ，爆炸火花数修正参数 a、b，火花被选概率 p_{α}。

步骤 2　初始化粒子集合 $\{X_i\}_{i=1}^{N}$，并初始化粒子权值 ω^i，以权值代替公式(3-139)、(3-140)中的适应度值。

步骤 3　对每个粒子 X_i 进行烟花爆炸变异。

For-1：$i = 1, 2, \cdots, N$

（1）利用公式（3-139）计算 X_i 的爆炸半径 R_i。

（2）利用公式（3-140）计算 X_i 爆炸产生的火花数 S_i。

（3）利用公式（3-144）修正 S_i。

（4）利用公式（3-141）生成 S_i 个火花，初始化 $x_{j,\max}^{k}=0$，$x_{j,\min}^{k}=0$。

For-2：$j = 1, 2, \cdots, S_i$

① 利用公式（3-141）计算 $x_j^k = X_j^k + R_i \times \text{rand}(-1,1)$。

② 利用公式（3-145～3-148）对 x_j^k 混合变异。

③ 找到变异火花 $x_{j,\max}^{k}$ 和 $x_{j,\min}^{k}$。

if $(x_j^k > x_{j,\max}^{k})$

$x_{j,\max}^{k} = x_j^k$

else

$x_{j,\min}^{k} = x_j^k$

end For−2

（5）利用映射规则修正粒子 X_i 的火花 x_j^k。

For-3：$j = 1, 2, \cdots, S_i$

if (x_j^k 超出坐标范围)

利用公式（3-143）修正 x_j^k

end For-3

（6）根据规则筛选向下迭代的火花，利用公式（3-149，3-150）计算。

（6.1）生成火花候选集 C。

For-4：$j = 1, 2, \cdots, S_i$

① 利用公式（3-150）计算 CR_i。

② 利用公式（3-149）产生候选火花集合 C。

if (rand(0，1) < CR_i || $j{=}{=}j_{rand}$){

$x_{l,c} = x_{j,g+1}^{k}$;

C.push($x_{l,c}$);

}

end For-4

（6.2）取 $u_{i,g+1}$ 取代 $X_{i,g}$ 向下迭代。

if (rand(0,1) > p_{α})

$u_{i,g+1} = rndF(\ C\ )$;

else

$u_{i,g+1} = X_{i,g}$

（7）$u_{i,g+1}$ 代替 $X_{i,\ g}$。

end For-1

步骤 4　利用公式（3-152）修正粒子权值。

步骤 5　将权值归一化，计算方法如下：

$$\omega_k^i = \frac{\omega_k^i}{\sum_{i=1}^{N} \omega_k^i} \tag{3-153}$$

步骤 6　系统状态输出。

$$\hat{X} = \sum_{i=1}^{N} \omega_k^i X_k^i \tag{3-154}$$

式（3-153）和（3-154）中，ω_k^i 表示 k 时第 i 个粒子的权值。

5. FWA-PF 时间复杂度

从 FWA-PF 的详细过程来分析，影响算法效率的因素主要有两个：一是粒子数 N；二是每个粒子爆炸所产生的火花数 S_i。但是 S_i 的取值具有随机性，由公式（3-140）计算、由公式（3-144）修正得出。若公式（3-144）中的控制常数 b 无限接近 1，则 $S_i \doteq m$，那么 FWA-PF 算法在最坏情况下的时间复杂度为 $O(3m \times N)$。而在实际应用时，公式（3-140）中的 $f_{\max}$ 和 $f(X_i)$ 为归一化的粒子权值，则：

$$\frac{f_{\max} - f(X_i) + \xi}{\sum_{i=1}^{N} (f_{\max} - f(X_i)) + \xi} \tag{3-155}$$

式（3-155）的值向 0 靠近。那么，若 a 取值较大，则 $S_i < am$，S_i 的取值大多为 $rou(am)$，FWA-PF 的时间复杂度就为 $O(3rou(am)\times N)$，其中 0< a<b<1。因此，在大多数情况下，FWA-PF 具有较低的时间复杂度。

3.8.5 FWA-PF 收敛性分析

为了分析 FWA-PF 的收敛性，在此，首先对 FWA-PF 过程以及后续分析过程中用到的部分符号进行说明。

（1）状态过程。FWA-PF 依然遵循标准 PF 的基本特性，即状态过程 X 为一阶 Markov 过程，将初始分布和状态转移概率分布分别表述为 $p(dx_0)$ 和 $K(dx_t \mid x_{t-1})$，则动态系统的表述如下：

$$G(x_t \in \boldsymbol{A} \mid x_{t-1}) = \int_{x_t \in A} K(dx_t \mid x_{t-1})\text{，} \quad \forall \boldsymbol{A} \in \boldsymbol{B}(\mathbf{R}^{n_k}) \qquad (3\text{-}156)$$

式中 $\boldsymbol{B}(\mathbf{R}^{n_k})$ 为 $\mathbf{R}^{n_k}$ 空间上的 Borel σ 代数。

（2）量测过程。由文献[42]中的量测方程可知：量测过程 Y 对状态过程条件依赖，那么，t 时的量测 y_t 就条件依赖 x_t，用 $p(dy_t \mid x_t)$ 表示其条件概率分布，且满足下式：

$$p(y_t \in B \mid x_t) = \int_{y_t \in B} p(dy_t \mid x_t)\text{，} \quad \forall \boldsymbol{B} \in \boldsymbol{B}(\mathbf{R}^{n_x}) \qquad (3\text{-}157)$$

假设 $p(dy_t \mid x_t)$ 概率密度存在，表示为 $p(y_t \mid x_t)$[23]，则

$$p(dy_t \mid x_t) = p(y_t \mid x_t)dy_t\text{，且 } p(y_t \mid x_{0:t}) = p(y_t \mid x_t) \qquad (3\text{-}158)$$

（3）FWA-PF 中新粒子的迭代生成。其实质是利用爆炸算子、混合高斯变异和选择算子共同作用的结果，也就是每次迭代的粒子按照如下分布

$$\pi^N_{0:t|t-1}(dx_{0:t}) = G_h(dx_t \mid x_{t-1}, y_{1:t})\pi^{*N}_{0:t-1|t-1}(dx_{0:t-1}) \qquad (3\text{-}159)$$

进行的分步生成策略，其中 $G_h(dx_t \mid x_{t-1}, y_{1:t})$ 为烟花爆炸混合高斯分布函数，假设存在其概率密度，则用 $G_h(x_t \mid x_{t-1}, y_{1:t})$ 表示。

以下是分析过程中用到的符号及说明。$\|F\|$ 表示有界函数的最大值，$\lceil \varepsilon \rceil$ 表示大于等于 ε 的最小整数。$X_{k:t}$ 称为扩展状态，表示 k 时到 t 时的状态轨迹，$X_{k:t}=\{X_k, X_{k+1}, \cdots, X_t\}$，小写字母 $x_{k:t}=\{x_k, x_{k+1}, \cdots, x_t\}$ 或 $z_{k:t}=\{z_k, z_{k+1}, \cdots, z_t\}$ 表示其实现。$Y_{k:t}$ 为 k 时到 t 时的量测轨迹，其实现为 $y_{k:t}=\{y_k, y_{k+1}, \cdots, y_t\}$，$\pi_{0:t|m}(dx_{0:t})$ 表示量测为 $y_{1:m}$ 时，$x_{0:t}$ 的后验概率分布 $p(dx_{0:t} \mid y_{1:m})$，$\pi_{0:t|m}(dx_{0:t}) = p(X_{0:t} \in$

$dx_{0:t} \mid Y_{1:m} = y_{1:m})$； $(\upsilon,\tau)=\int \tau\upsilon$ 表示函数 υ 和 τ 内积。

$$K(dx_{0:k} \mid x_{0:k-1}) = P(X_{0:k} \in dx_{0:k} \mid X_{0:k-1} = x_{0:k-1}) \tag{3-160}$$

表示状态过程 X 由 0 到 k 时的转移概率分布。又因为 X 为一阶 Markov 过程[24]，则：

$$K(dx_{0:k} \mid x_{0:k-1})=K(dx_k \mid x_{k-1})\delta(dx_{0:k-1}) \tag{3-161}$$

式中 δ 为 Dirac-Delta 函数。

1. 定义与假设

定义 3　$\mathbf{R}^{(t+1)nx}$ 上的函数 $h(x_{0:t})$，若 $(\pi_{0:t|t}(dx_{0:t}),|h(x_{0:t})|^p)<\infty, p\geqslant 1$ 成立，则 $h(x_{0:t})$ 属于 $L_{t,p}$ 空间。由测度论[25]定义 $L_{t,p}$ 空间的模如下：

$$\| h(x_{0:t}) \|_{t,p}=\left(\int_{\mathbf{R}^{(t+1)nx}} | h(x_{0:t}) |^p \ \pi_{0:t|t}(dx_{0:t})\right)^{1/p} \tag{3-162}$$

假设 1　若量测轨迹 $y_{1:t}$ 已知，且 $t>0$ 时，$(\pi_{0:t|t-1}(dx_{0:t}), p(y_t \mid x_{0:t}))>0$ 成立。

假设 2　假设 FWA-PF 中的任意参数 $\mu_{j,t}$（$1\leqslant j\leqslant n$，n 为参数个数），在 $t>0$ 时满足条件，即 $(\pi_{0:t|t-1}(dx_{0:t}), p(y_t \mid x_{0:t}))\geqslant \mu_{j,t}>0$。在实际应用时，虽然难以提前找到符合条件的 $\mu_{i,t}$，但是，若假设 1 成立，那么总能找到 $\{\mu_{i,t} \mid 1\leqslant i\leqslant n，t>0\}$ 满足假设 2。

假设 3　$t>0$ 时，$\left\|\dfrac{p(y_t \mid x_t)K(x_t \mid x_{t-1})}{G_h(x_t \mid x_{t-1}, y_{1:t})}\right\|=\|\rho\|<\infty$，$\|p(y_t \mid x_t)\|=\|p\|<\infty$，其中 $\|\rho\|$ 为

$$\rho(x_{0:t}, y_{1:t})=\frac{K(x_t \mid x_{t-1})}{G_h(dx_t \mid x_{t-1}, y_{1:t})}p(y_t \mid x_{0:t}) \tag{3-163}$$

的模。

引理 2　假设 1 和假设 3 同时满足，若 $h(x_{0:t})\in L_{t,p}$，那么

$$K(dx_{0:t} \mid x_{0:t-1}, p(y_t \mid x_{0:t})h(x_{0:t}))\in L_{t-1,p}$$

$$(K(dx_{0:t} \mid x_{0:t-1}), p(y_t \mid x_{0:t}) \mid h(x_{0:t}) |^p)^{1/p}\in L_{t-1,p}$$

引理 3　若函数 $h(x_{0:t})$ 有界，那么 $h(x_{0:t})\in L_{t,p}$。

2. FWA-PF 收敛性证明

基于 3.7.1 的三个假设，得出结论如下：

引理 4 若假设 1、假设 2 和假设 3 都满足，那么对于 $\forall h(x_0) \in L_{t,4}$，均有与 N 无关的一组数 $q_{0|0}^*(h(x_0))$ 和 $\eta_{0|0}^*(h(x_0))$，使得以下两式成立：

$$E[((\pi_{0:0|0}^{*N}(dx_0), h(x_0)) - (f_w(dx_0), h(x_0)))^4] \leqslant \frac{q_{0|0}^*(h(x_0))}{N^2}$$

$$E[(\pi_{0:0|0}^{*N}(dx_0), h(x_0)^4)] \leqslant \eta_{0|0}^*(h(x_0))$$

其中 $f_w(\cdot)$ 表示获得 N 个初始烟花样本的分布函数，$f_w(dx_0) = \pi_{0:0|0}^{*N}(dx_{0:0})$。

引理 5 当假设 1、假设 2 和假设 3 都满足：若 $\forall H(x_{0:t-1}) \in L_{t-1,4}$，均有与 N 无关的一组数 $b_{t-1|t-1}^*(H(x_{0:t-1}))$ 和 $\eta_{t-1|t-1}^*(H(x_{0:t-1}))$，使得以下两式成立：

$$E[(\pi_{0:t-1|t-1}^{*N}(dx_{0:t-1}), H(x_{0:t-1})) - (\pi_{0:t-1|t-1}(dx_{0:t-1}), H(x_{0,t-1}))^4] \leqslant \frac{q_{t-1|t-1}^*(H(x_{0:t-1}))}{N^2} \tag{3-164}$$

$$E[(\pi_{0:t-1|t-1}^{*N}(dx_{0:t-1}), H(x_{0:t-1}))^4] \leqslant \eta_{t-1|t-1}^*(H(x_{0:t-1})) \tag{3-165}$$

那么，对于 $\forall h(x_{0:t}) \in L_{t,4}$，就有一组与 N 无关的数 $q_{t|t-1}(h(x_{0:t}))$ 和 $\eta_{t|t-1}(h(x_{0:t}))$，使得以下两式成立：

$$\begin{aligned} &E[((\pi_{0:t|t-1}^{N}(dx_{0:t}), \rho(x_{0:t}, y_{1:t})h(x_{0:t-1})) - (\pi_{0:t|t-1}(dx_{0:t}), p(y_t \mid x_{0:t})h(x_{0,t})))^4] \\ &\leqslant \frac{q_{t|t-1}(h(x_{0:t}))}{N^2} \end{aligned} \tag{3-166}$$

$$E[(\pi_{0:t|t-1}(dx_{0:t}), \rho(x_{0:t}, y_{1:t})h(x_{0:t-1})^4)] \leqslant \eta_{t|t-1}(h(x_{0:t})) \tag{3-167}$$

引理 6 假设 1、假设 2 和假设 3 都满足时，若 $\forall H(x_{0:t}) \in L_{t,4}$，均存在数 $q_{t|t-1}(H(x_{0:t}))$ 和 $\eta_{t|t-1}(H(x_{0:t}))$（与 N 无关），使式（3-166）和（3-167）成立，那么对于 $\forall h(x_{0:t}) \in L_{t,4}$，均存在与 N 无关的一组数 $q_{t|t-1}^{**}(h(x_{0:t}))$ 和 $\eta_{t|t-1}^{**}(h(x_{0:t}))$，使得以下两式成立：

$$\begin{aligned} &E[((\pi_{0:t|t-1}^{**N}(dx_{0:t}), \rho(x_{0:t}, y_{1:t})h(x_{0:t})) - (\pi_{0:t|t-1}(dx_{0:t}), p(y_t \mid x_{0:t})h(x_{0:t})))^4] \\ &\leqslant q_{t|t-1}^{**}(h(x_{0:t}))/N^2 \end{aligned} \tag{3-168}$$

$$E[(\pi_{0:t|t-1}^{**N})(dx_{0:t}), \rho(x_{0:t}, y_{1:t})h(x_{0:t})^4)] \leqslant \eta_{t|t-1}^{**}(h(x_{0:t})) \tag{3-169}$$

引理 7 若假设 1、假设 2 和假设 3 都满足，且对于 $\forall H(x_{0:t}) \in L_{t,4}$，均存在与 N 无关的一组数 $q_{t|t-1}^{**}(H(x_{0:t}))$ 和 $\eta_{t|t-1}^{**}(H(x_{0:t}))$，使式（3-168）和（3-169）成

立，那么，就有数 σ_t（σ_t 与 N 无关），使得 $\left(\sum_{i=1}^{N}\rho(x_{0:t|t-1}^{**(i)},y_{1:t})/N\right)\geqslant\mu_{j,t}$（$1\leqslant j\leqslant n$）不成立的概率为 $P\left[\frac{1}{N}\sum_{i=1}^{N}\rho(x_{0:t|t-1}^{**(i)},y_{1:t})<\mu_{j,t}\right]\leqslant\frac{\sigma_t}{N^2}$，并且当 $N>\lceil\sigma_t^{0.5}\rceil+1$ 时，

$$P\left[\frac{1}{N}\sum_{i=1}^{N}\rho(x_{0:t|t-1}^{**(i)},y_{1:t})<\mu_{j,t}\right]\leqslant\frac{\sigma_t}{\left(\lceil\sigma_t^{0.5}\rceil+1\right)^2}<1$$

引理 8　假设 1、假设 2 和假设 3 都满足，且对于 $\forall H(x_{0:t})\in L_{t,4}$，均存在与 N 无关的一组数 $q_{t|t-1}^{**}(H(x_{0:t}))$ 和 $\eta_{t|t-1}^{**}(H(x_{0:t}))$，使式（3-168）和（3-169）成立，且当 $N\geqslant\lceil\sqrt{\sigma_t}\rceil+1$ 时，对于 $\forall h(x_{0:t})\in L_{t,4}$，均存在一组与 N 无关的数 $q_{t|t-1}^{*}(h(x_{0:t}))$ 和 $\eta_{t|t-1}^{*}(h(x_{0:t})$，使得以下两式成立：

$$E[((\pi_{0:t|t-1}^{*N}(dx_{0:t}),\rho(y_t,x_{0:t})h(x_{0:t}))-(\pi_{0:t|t-1}(dx_{0:t-1}),p(y_t\mid x_{0:t})h(x_{0:t})))^4]\leqslant\frac{q_{t|t-1}^{*}(h(x_{0:t}))}{N^2}\tag{3-170}$$

$$E[(\pi_{0:t|t}^{*N}(dx_{0:t}),\rho(y_t,x_{0:t})h(x_{0:t})^4)]\leqslant\eta_{t|t-1}^{**}(h(x_{0:t}))\tag{3-171}$$

引理 9　假设 1、假设 2 和假设 3 都满足，若 $\forall(H(x_{0:t}))\in L_{t,4}$，均存在一组与 N 无关的数 $q_{t|t-1}^{*}(H(x_{0:t}))$ 和 $\eta_{t|t-1}^{*}(H(x_{0:t}))$，使式（3-170）和（3-171）成立，那么对于 $\forall h(x_{0:t})\in L_{t,p}$，均存在与 N 无关的一组数 $q_{t|t}^{*}(h(x_{0:t}))$ 和 $\eta_{t|t}^{*}(h(x_{0:t}))$，使得以下两式成立：

$$E[((\pi_{0:t|t}^{*N}(dx_{0:t}),h(x_{0:t}))-(\pi_{0:t|t}(dx_{0:t-1}),h(x_{0:t})))^4]\leqslant q_{t|t}^{*}(h(x_{0:t}))/N^2\tag{3-172}$$

$$E[(\pi_{0:t|t}^{*N}(dx_{0:t}),h(x_{0:t})^4)]\leqslant\eta_{t|t}^{*}(h(x_{0:t}))\tag{3-173}$$

引理 10　假设 1、假设 2 和假设 3 都满足，若 $\forall H(x_{0:t})\in L_{t,4}$，均存在与 N 无关的一组数 $q_{t|t-1}^{*}(H(x_{0:t}))$ 和 $\eta_{t|t-1}^{*}(H(x_{0:t}))$，使式（3-172）和（3-173）成立，则对于 $\forall h(x_{0:t})\in L_{t,4}$，均存在一组与 N 无关的数 $q_{t|t}(h(x_{0:t}))$ 和 $\eta_{t|t}(h(x_{0:t}))$，使得以下两式成立：

$$E[((\pi_{0:t|t}(dx_{0:t}),h(x_{0:t}))-(\pi_{0:t|t}(dx_{0:t-1}),h(x_{0:t})))^4]\leqslant q_{t|t}(h(x_{0:t}))/N^2\tag{3-174}$$

$$E[(\pi_{0:t|t}(dx_{0:t}),h(x_{0:t})^4)]\leqslant\eta_{t|t}(h(x_{0:t}))\tag{3-175}$$

假设 4 对于 FWA-PF，假设其迭代次数有限。

基于引理 4 至引理 10，可得：若假设 1、假设 2、假设 3 和假设 4 都满足，则对于 $\forall h(x_{0:t}) \in L_{t,4}$，$e_{FWA-PF}^{N}[h(x_{0:t})] \rightarrow e_{opt}[h(x_{0:t})].a.s.$ 成立。则

$$e_{FWA-PF}^{N}[h(x_{0:t})] = \frac{1}{N}\sum_{i=1}^{N} h(x_{0:t|t}^{(i)}) = (\pi_{0:t|t}^{N}(dx_{0:t}), h(x_{0:t}))$$

表示在经验分布 $\pi_{0:t|t}^{N}(dx_{0:t})$ 下，$h(x_{0:t})$ 的均值作为 FWA-PF 的估计值；$e_{opt}[h(x_{0:t})].a.s.$ 表示其最优估计值。

3. FWA-PF 运行机制

FWA-PF 的基本思想是：利用 FWA 的烟花爆炸产生的火花，进行混合高斯变异，再通过选择策略选择新的火花用作下一次迭代，以取代标准 PF 的粒子重采样过程，实现粒子的多样性。其运行机制如图 3-9 所示。

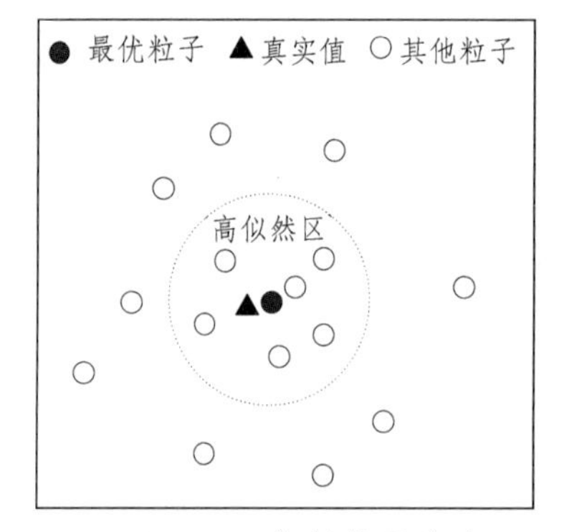

a FWA-PF 初始粒子分布

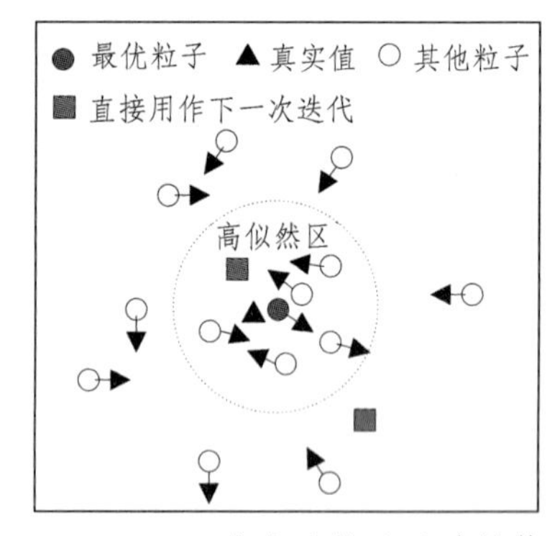

b FWA-PF 优化后粒子运动趋势

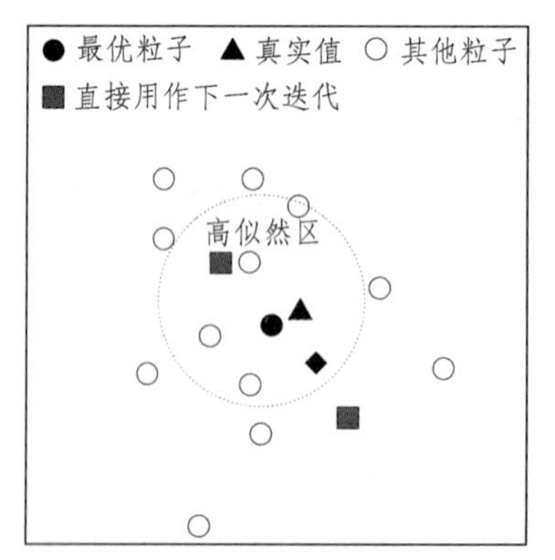

c FWA-PF 优化后粒子分布

图 3-9 FWA-PF 粒子优化机制

在文献[34]中描述了标准 PF 在经过多次重采样后的粒子分布情况，即很多粒子都集中于高似然区，这就丧失了粒子的多样性。因此，在图 3-9 中，重点表述了 FWA-PF 中粒子的初始分布、优化后的运动趋势和优化后的分布情况。以下是对图 3-9 的进一步说明。

（1）图 3-9a 是 FWA-PF 的粒子初始分布，粒子在高低似然区均有分布。

（2）图 3-9b 是 FWA-PF 中各粒子经爆炸、混合高斯变异，以及选择以后，除两个方形的粒子在一定概率下直接用作下一代，位置不变外，其他粒子均向各自的方向移动。爆炸的随机性保证了粒子的多样性。又由于使用了式（3-143）的火花坐标修正方法，因此，各粒子的分布并不会超过火花爆炸边界。

（3）图 3-9c 是 FWA-PF 中各粒子在图 3-9b 所示的趋势运动后的位置。由于其他粒子的运动，原来空心的最优粒子离真实值较远，实心粒子成为最优粒子，而方形粒子位置保持不变，三角形粒子为上一次迭代时最优粒子的新位置。

3.8.6　实验仿真

基于改进烟花算法 imp-FWA，设计了 FWA-PF，下面重点从四个方面说明该算法的可行性。

（1）改进烟花算法 imp-FWA 的 BenchMark 测试。主要通过进化算法的 6 个 BenchMark 标准函数（Sphere、Quadric、Ackley、Rosenbrock、Griewangk、Rastrigin）测试 imp-FWA 的收敛性和性能。

（2）FWA-PF 的粒子多样性评价。由于 FWA-PF 是基于改进的烟花算法设计的，其性能受到初始参数的影响：烟花爆炸半径控制参数 $\hat{R}$，火花数控制参数 m，火花数修正参数 a、b。若变异的火花数较少，则可保留较多父代的信息，但降低了种群的多样性，以致寻优效果不好；若变异的火花数较多，则可增加种群多样性，但最优烟花对变异个体产生的贡献少，导致算法的收敛速度缓慢，以致实时性较低。因此，根据定义 1，先对两个重要参数对粒子多样性的影响进行分析。

（3）分析参数取值对 FWA-PF 性能的影响。主要分析 $\hat{R}$、m 两个参数的不同取值对 FWA-PF 性能的影响。由于仿真实验具有随机性，对不同参数取值进行 50 次实验，再通过 RMSE 均值对比说明。RMSE 均值计算公式如下：

$$avg(RMSE)=\frac{1}{M}\sum_{i=1}^{M}\sqrt{\frac{1}{k}\sum_{j=1}^{k}(\hat{x}_j-x_j)^2} \tag{3-176}$$

其中 $M=50$ 为实验仿真次数，k 为滤波次数，$\hat{x}_j$ 为状态估计值，x_j 为量测值。

（4）FWA-PF 与 ADE-PF[37]、FA-PF[29]和 BA-PF[34]在性能和效率方面的对比分析。

实验环境、状态方程和量测方程如下：

（1）实验仿真环境。CPU：Intel(R) Core(TM) i5-4200U @160GHz 2.30GHz；内存：4GB，Windows7 64 位操作系统，500G 硬盘，Matlab R2012a。

（2）状态方程和量测方程：

$$x=\frac{1}{2}x+20\frac{x}{1+x^2}+8(\cos(1.5(k-1))^2)+sqrt(Q)\times rand\ n \tag{3-177}$$

$$y=\frac{x^2}{20}+sqrt(R)\times rand\ n \tag{3-178}$$

其中 $Q=10$ 为系统过程噪声方差，$R=10$ 为量测噪声方差，$rand\ n$ 为(0, 1)之间的随机数，粒子数 $N=200$，修正参数 $a=0.2$，$b=0.8$，即烟花爆炸产生的火花数在区间[20, 80]，公式（3-146）中的参数 $N=3$。

1. imp-FWA 的 BenchMark 测试

对于进化搜索算法，通常利用 BenchMark 标准函数测试其性能，这里主要利用 6 个常用 BenchMark 函数测试 imp-FWA 的性能，并与标准 FWA 做对比。用于测试的 6 个 BenchMark 函数如表 3-4 所示。

表 3-4　6 个 BenchMark 测试函数

函数	名称	维数	搜索空间	最小值/最优位置
f_1	Sphere	30	[−30, 30]	0/(0, ⋯, 0)
f_2	Quadric	30	[−100, 100]	0/(0, ⋯, 0)
f_3	Ackley	30	[−30, 30]	0/(0, ..., 0)
f_4	Rosenbrock	30	[−2.408, 2.408]	0/(1, ⋯, 1)
f_5	Griewangk	30	[−600, 600]	0/(0, ⋯, 0)
f_6	Rastrigin	30	[−5.12, 5.12]	0/(0, ⋯, 0)

对表 3-4 中的函数做一补充说明。第一个球形函数 $f_1=\sum_{i=1}^{n}x_i^2$ 为连续单模函数，用来分析算法执行性能。函数 f_2 如下：$f_2=\sum_{i=1}^{D}\left(\sum_{j=1}^{i}x_j\right)^2$ 是 f_1 的变形，增加了函数各维间的相互作用。$f_3=-a\mathrm{e}^{-b\sqrt{\frac{1}{n}\sum_{i=1}^{n}x_i^2}}-\mathrm{e}^{\frac{1}{n}\sum_{i=1}^{n}\cos(cx_i)}+a+\mathrm{e}$，通常 $a=20$，$b=0.2$，$c=2\pi$，该函数的特征为由余弦波调制形成的一个个孔或峰，曲面起伏不平，搜索复杂。$f_4=\sum_{i=1}^{n-1}[100\cdot(x_{i+1}-x_i^2)+(1-x_i)^2]$，Rosenbrock 通常用于评价优化算法执行效率，其全局最优点位于一个平滑、狭长的抛物线形山谷。Griewangk 函数：$f_5=1+\sum_{i=1}^{n}x_i^2/4000-\prod_{i=1}^{n}\cos(x_i/\sqrt{i})$。Rastrigin 函数为 $f_6=nA+\sum_{i=1}^{n}[x_i^2-A\cos(2\pi x_i)]$，通常 $A=10$。为了测试 imp-FWA 的性能，利用 imp-FWA 和标准 FWA 对以上 6 个 BenchMark 函数的寻优过程进行对比分析。最大迭代次数为 1000，结果如图 3-10 所示。

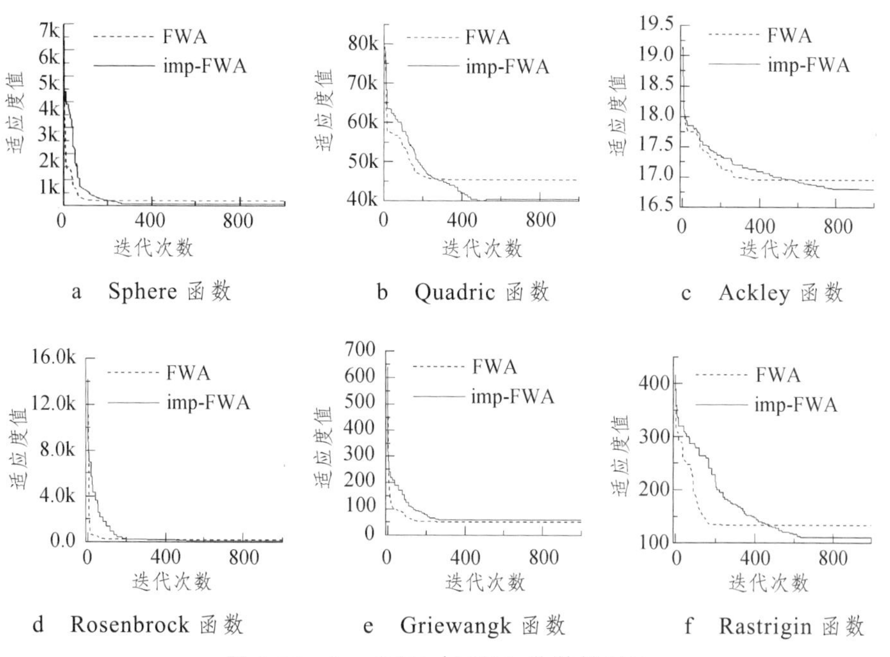

图 3-10　imp-FWA 与 FWA 收敛性对比

由图 3-10 的 6 个 BenchMark 测试函数的对比得出以下结论：imp-FWA 的收敛速度较 FWA 慢。但是，由图 b、图 c 和图 f 可知，在 Ackley、Quadric 和 Rastrigin 函数上，即使到搜索后期，imp-FWA 也要优于 FWA，这得益于改进的选择策略。而其他图的结果在搜索后期，FWA 和 imp-FWA 具有相似的收敛效果。尤其在图 d 中，由于 Rosenbrock 函数的信息较少，其搜索方向不明，故 imp-FWA 和 FWA 都具有相对稳定的阶段。综上，imp-FWA 可以取得较好的收敛性，且由于选择策略的简化，使其整个搜索效率得到提高，能够用来优化粒子滤波。

2. 简化的火花选择策略对 PF 精度的影响

标准 FWA 的选择策略是将适应度值最好的火花传递给下一代，其目的在于使得迭代过程中火花种群能够快速地向最优值靠近，而改进烟花算法的目的在于解决 PF 中粒子权值退化和粒子在迭代过程中丧失多样性的问题。因此，在改进火花选择策略时，重点是为了保证 PF 中粒子的多样性，所以火花的选择具有一定概率下的随机性，同时，在一定概率下将父代的优良火花可以直接传递给下一代。如式（3-149）、（3-150）和（3-151）所示。所以，与标准 FWA 相比，imp-FWA 只是在一定概率下将适应度值最好的火花传递给下一代，这导致了一部分适应度值好的火花的丢失，在寻优过程的前期收敛性低于标准 FWA，但全局收敛性却略好于 FWA，符合 BenchMark 测试结果。若优化 PF，可采用增加粒子多样性的方法来提高滤波精度。另外，FWA-PF 可通过混合高斯变异算子来增加火花的多样性。

以下为实验仿真的方式，对比 imp-FWA 优化 PF（记为 PF-1）和标准 FWA 优化 PF（记为 PF-2）的滤波效果，如图 3-11 所示。

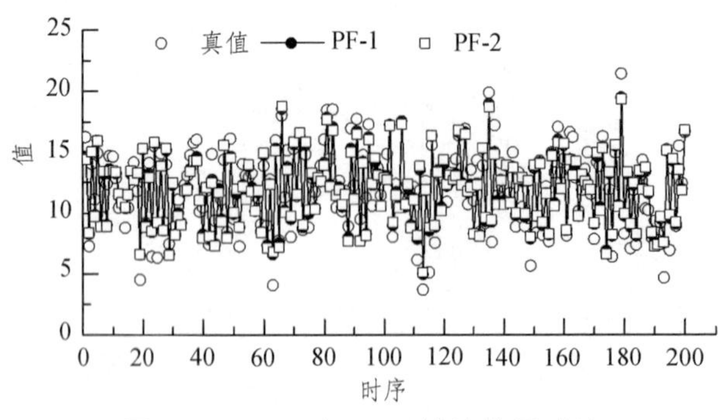

图 3-11　PF-1 与 PF-2 滤波效果对比

在图 3-11 中不难发现，PF-1 在离散点上更接近真实值。imp-FWA 和标准 FWA 优化 PF，在不同粒子数和相同方差下（过程方差和量测方差 $Q = R = 20$）进行 50 次独立测试的滤波性能运行时间对比，如表 3-5 所示。

表 3-5　imp-FWA 和 FWA 优化 PF 性能对比

粒子数	RMSE 均值		运行时间均值(s)	
	PF-1	PF-2	PF-1	PF-2
$N = 60$	2.2337	2.3458	0.0786	0.0829
$N = 80$	2.2019	2.2457	0.0861	0.0933
$N = 100$	2.0128	2.1031	0.0958	0.1064
$N = 120$	1.8155	1.9127	0.1081	0.1137
$N = 140$	1.7021	1.7233	0.1182	0.1355

从表 3-5 的结果分析可知，在相同的粒子数、过程方差和量测方差下，imp-FWA 优化后的 PF 的精度略高于标准 FWA 优化的 PF,且运行效率也高。综合上述实验结果，得出以下结论：火花选择策略的简化，虽然在一定程度上降低了 FWA 的收敛速度，但是，应用于粒子滤波的优化时，却能保证粒子的多样性，以及父代优良粒子在一定概率下直接传给下一代。相比将标准 FWA 直接用来优化 PF，imp-FWA 优化 PF 更能提高 PF 的性能和运行效率。

3. FWA-PF 粒子多样性指标

设烟花爆炸半径控制参数 $\hat{R} = 5$，烟花爆炸火花数控制参数 $m = 100$，$CR_{\max} = 0.8$，$CR_{\min} = 0.2$，坐标取值范围为：[5, 25]。在时序 $k = 100$ 时，粒子的分布情况如图 3-12 所示。

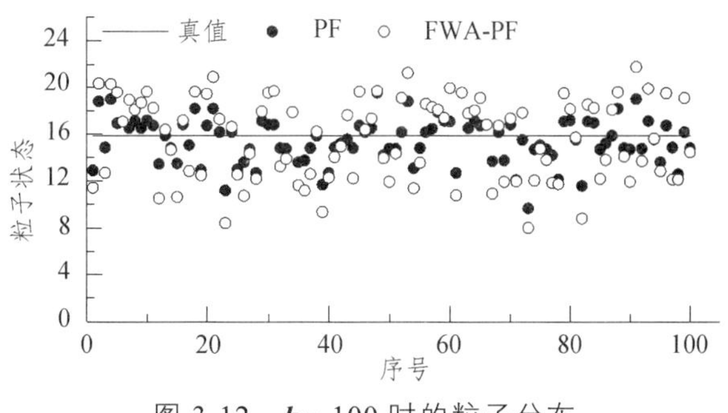

图 3-12　$k = 100$ 时的粒子分布

在图 3-12 中，k 时的真值为 15.8589。从粒子的分布来看，PF 的粒子大多集中于高似然区，而 FWA-PF 的分布在高低似然区均有分布，从而 FWA-PF 比 PF 的粒子多样性更好。由公式（3-138）可知，PF 的粒子多样性指标 $\rho = 25.1453$，而 FWA-PF 的粒子多样性指标 $\rho = 25.4006$，这也说明了粒子多样性对滤波精度的促进作用。理论上，烟花爆炸半径的增大，增加了爆炸产生火花的搜寻范围，即爆炸产生的火花数目的增加，有利于增加粒子的多样性。同时，鉴于实验的随机性，对两个主要参数 $\hat{R}$ 和 m 在不同取值时，重复进行 50 次实验，计算粒子多样性指标 ρ 的均值，分析烟花半径和爆炸火花数对粒子多样性指标的影响。具体实验结果如图 3-13 所示。

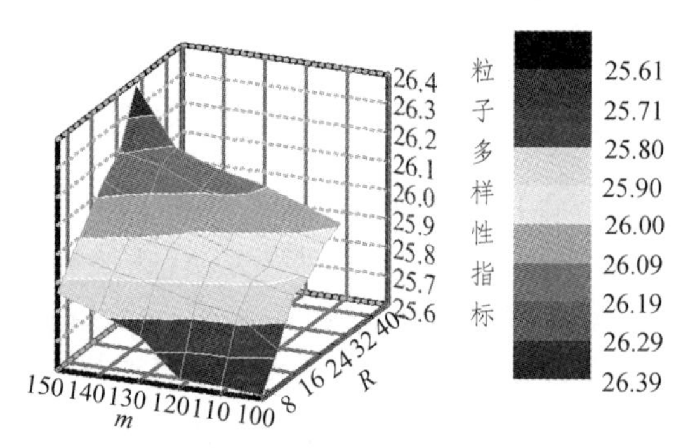

图 3-13　参数 $\hat{R}$, m 与粒子多样性指标关系

由图 3-13 的实验结果得出：不论是增加参数 $\hat{R}$，还是增加参数 m，都能引起粒子多样性指标的增加，或者参数 $\hat{R}$ 和 m 同时增加，也能增加粒子多样性指标。这充分说明了烟花爆炸半径和爆炸火花数与粒子多样性指标存在正相关性。

4. 主要参数取值对 FWA-PF 性能的影响

从理论上分析，粒子的多样性指标越大，粒子的分布就越合理，也越能提高滤波精度。如在 4.1 节中，FWA-PF 的估计值为 15.5530，标准 PF 的估计值为 15.4708，而真值为 15.8589，所以说，FWA-PF 的滤波值更接近真值，滤波精度更高。同样基于实验存在的随机性，利用公式（3-157）计算各参数下 FWA-PF 的 RMSE 均值。

（1）参数 $\hat{R} = 5$，$m = 110$ 时，FWA-PF 与标准 PF 的滤波效果对比如图 3-14 所示。

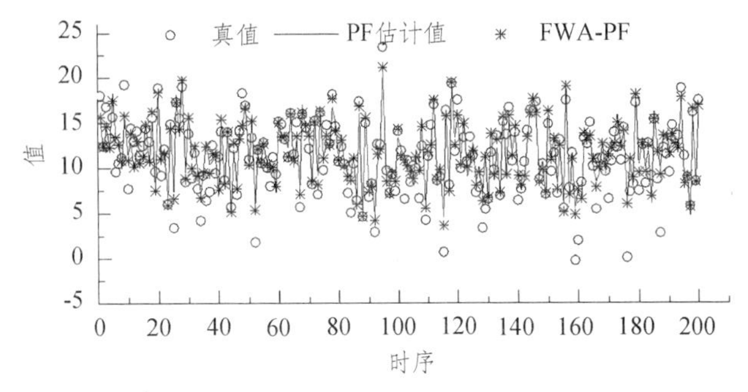

图 3-14　$\hat{R}=5$、$m=110$ 时 PF 与 FWA-PF 滤波效果对比

由图 3-14 的对比结果可以看出，FWA-PF 比标准 PF 的估计值更接近真值，但是并不明显；FWA-PF 的均方根误差 RMSE = 1.8263，标准 PF 的均方根误差为 RMSE = 2.1777。从而说明，在烟花爆炸半径参数不变的情况下，增加火花爆炸数，能够提高粒子滤波的滤波精度，这一结论与图 3-4 所示的实验结论相吻合，即火花爆炸数的增大能够增加粒子多样性指标，而粒子多样性指标越大，滤波精度越高。

（2）参数 $\hat{R}=5$，$m=120$ 时，基于参数 $\hat{R}=5$，$m=110$ 的真值，FWA-PF 与标准 PF 的滤波效果对比如图 3-15 所示。

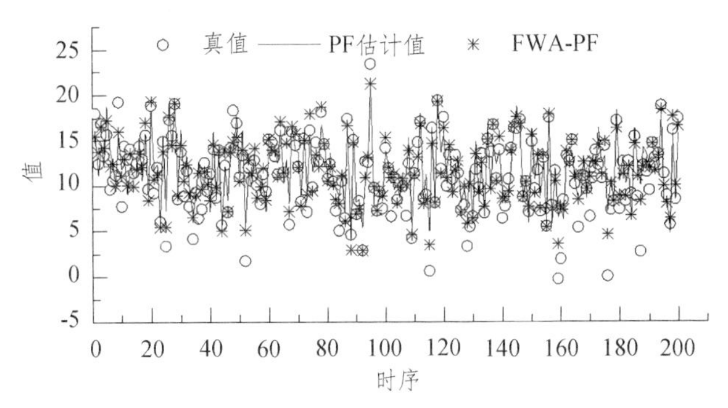

图 3-15　$\hat{R}=5$、$m=120$ 时，FWA-PF 与 PF 滤波效果对比

图 3-15 中，通过增加火花数，FWA-PF 的估计值比参数 $m=110$ 时更接近真值，原因与图 3-14 的实验相同。标准 PF 的 RMSE 为 2.2458，FWA-PF 的 RMSE 为 1.6298。

由于实验仿真过程中存在随机性，针对每个火花数控制参数 m 进行 50 次独立实验，并求得 RMSE 均值，分析火花数控制参数 m 对 FWA-PF 滤波精度的影响，如表 3-6 所示。

表 3-6　$\hat{R}=5$ 时，m 对 FWA-PF 滤波精度影响

序号	火花爆炸数 m	RMSE 均值
1	100	1.9288
2	110	1.8779
3	120	1.7504
4	130	1.7256
5	140	1.7061

由表 3-6 可知，在烟花爆炸半径不变的情况下，增加火花爆炸数能够提高 FWA-PF 的滤波精度，这和图 3-14 所示的结果一致，即火花爆炸数的增加能够提高粒子的多样性，而粒子多样性指标的增加又促进了滤波精度的提高。

其他参数不变，分析烟花爆炸半径 R 的增加对 FWA-PF 精度的影响。

（3）参数 $m=100$，$\hat{R}=10$ 时，实验结果如图 3-16 所示。

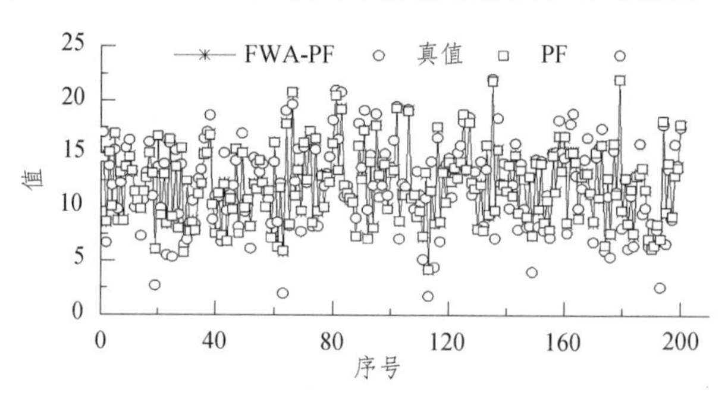

图 3-16　$m=100$，$\hat{R}=10$ 时滤波效果对比图

（4）参数 $m=100$，$\hat{R}=15$ 时，实验结果如图 3-17 所示。

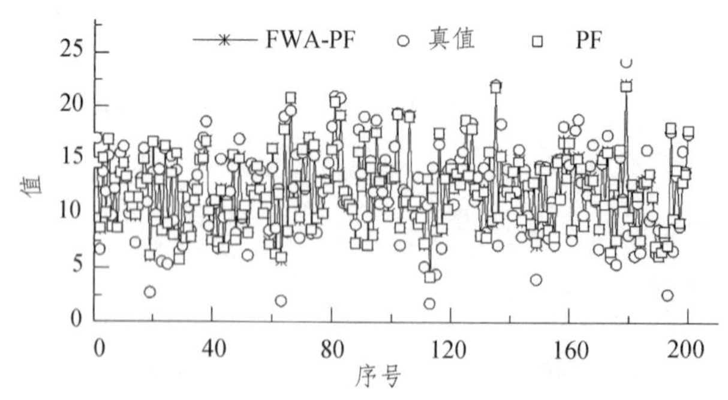

图 3-17　$m=100$，$\hat{R}=15$ 时滤波效果对比图

对于 FWA-PF，在图 3-16 和图 3-17 的仿真效果上，并未能很好地体现爆炸半径参数对滤波精度的影响，但是从均方根误差 RMSE 来分析，RMSE(R = 10) = 1.8670，RMSE(R = 15) = 1.8529。即增大烟花爆炸半径时，FWA-PF 的滤波精度有所提高，均高于标准粒子滤波的滤波精度。在图 3-16 和图 3-17 中，RMSE(PF) = 1.9460。

鉴于实验仿真时结果的随机性，针对不同的爆炸半径各进行 50 次仿真实验，得出实验结果，如表 3-7 所示。

表 3-7　$m = 100$ 时，$\hat{R}$ 对 FWA-PF 滤波精度影响

序号	火花爆炸半径 $\hat{R}$	RMSE 均值
1	10	1.9203
2	15	1.8968
3	20	1.7752
4	25	1.7428
5	30	1.7267

在表 3-7 中，随着火花爆炸半径的增加，RMSE 逐渐减小，说明滤波精度增加，即火花爆炸半径的增加能够提高 FWA-PF 的滤波精度。

5. FWA-PF 与其他算法的对比

为了进一步说明 FWA-PF 的有效性，利用相同的真实数据，将 FWA-PF（$m = 120$，$\hat{R} = 20$）与 ADE-PF[3]、FA-PF[14]和 BA-PF[16]做以下对比。

（1）粒子数 $N = 100$，$K = 100$，$Q = 10$，$R = 10$ 时，以上四种滤波的滤波效果对比如图 3-18 所示。

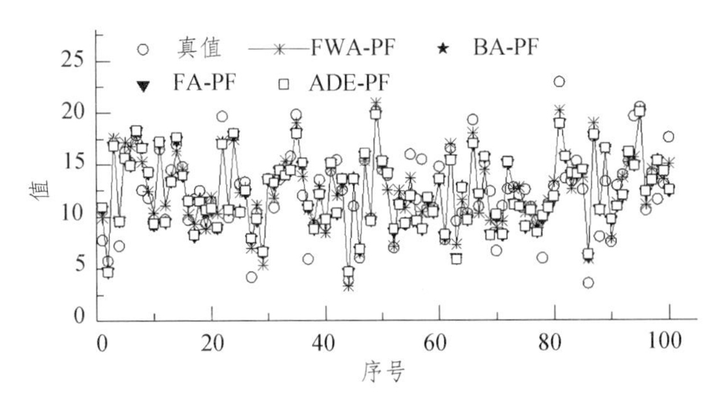

图 3-18　4 种滤波的滤波效果对比图

由图 3-18 可以看到，四种滤波的 REMS 均值分别为：RMSE(FWA-PF) = 1.6507，RMSE(BA-PF) = 2.1801，RMSE(FA-PF) = 2.1901，RMSE(ADE-PF) = 2.2190。从 RMSE 均值可得出以下结论：FWA-PF 的滤波精度优于其他三种滤波。

（2）不同粒子数算法性能与效率对比。通过不同粒子数时各进行 50 次实验，对比这四种滤波的性能和效率。$K = 200$ 时，实验结果如表 3-8 所示。

表 3-8　实验仿真结果

参数	RMSE 均值				算法运行时间均值（s）			
	FWA-PF	BA-PF	FA-PF	ADE-PF	FWA-PF	BA-PF	FA-PF	ADE-PF
$N=60, Q=20, R=20$	2.3822	2.5337	2.5744	2.5962	0.0785	0.0714	0.0793	0.0859
$N=80, Q=20, R=20$	2.2523	2.3144	2.4657	2.4906	0.0855	0.0793	0.0875	0.0912
$N=100, Q=20, R=20$	2.1112	2.1964	2.3142	2.3357	0.0962	0.0842	0.0928	0.0997
$N=120, Q=20, R=20$	2.0514	2.1307	2.2684	2.2715	0.1075	0.0935	0.0957	0.1125
$N=140, Q=20, R=20$	1.8533	2.0987	2.1873	2.2036	0.1198	0.1048	0.1176	0.1267

由表 3-8 可以看到，FWA-PF 在相同参数条件下，滤波精度均高于其他三种算法；而在算法运行效率上，略低于 BA-PF，与 FA-PF 基本相当，但优于 ADE-PF。以上实验充分说明了改进的 FWA 优化粒子滤波的可行性。

6. FWA-PF 的实施方法

根据实验结论，FWA-PF 中的粒子多样性和滤波精度均受火花爆炸数和爆炸半径的影响，即粒子多样性和滤波精度与烟花爆炸半径和火花爆炸数都成正相关关系。但是，火花爆炸数的增加必然引起算法时间复杂度的增加，并降低 FWA-PF 的实时性。因此，在解决实际问题时，取得合适的参数就显得尤为重要。而对于 FWA-PF，对其性能的要求，主要体现在两个方面：一是滤波精度，二是运行效率。因此，下面结合这两个因素给出 FWA-PF 中爆炸半径 R 和火花爆炸数 S 的设置过程。

步骤 1　在特定的软硬件环境下（操作系统，处理器性能、内存和硬盘容量），给定基本的粒子数、状态过程方差和量测过程方差，设定合理的滤波精度阈值 p（常以 RMSE 均值表示）和运行时间阈值 e。

步骤 2　设置初始火花爆炸半径 R 和爆炸数 S。

步骤 3　运行程序。经过多次采样（一般不少于 50 次），计算均方根误差均值 $RMSE_{avg}$ 和运行时间均值 t_{avg}。在具体调整参数时又分为以下四种情况：

case 1　若 $RMSE_{avg} \leqslant p$，且 $t_{avg} \leqslant e$，说明系统达到了滤波精度和实时性要求，不需要再进行调整。进入步骤 4，结束调整。

case 2　若 $RMSE_{avg} > p$，但 $t_{avg} \leqslant e$，说明实时性满足要求，而精度不足。在这种情况下，优先考虑以步长 l 增加烟花爆炸半径，其次以步长 s 增加爆炸粒子数，再其次两者同时增加，重复步骤 3。

case 3　若 $RMSE_{avg} \leqslant p$，但 $t_{avg} > e$，说明滤波精度达到要求，而运行效率不足。对于这种情况，优先考虑以步长 s 减少爆炸粒子数，重复步骤 3。

case 4　若 $RMSE_{avg} > p$，但 $t_{avg} > e$，说明滤波精度和运行效率均未达到要求，那么就优先考虑以步长 l 增加烟花爆炸半径，并以步长 s 减少火花爆炸数，重复步骤 3。

步骤 4　结束调整，设定参数火花爆炸半径 R 和火花爆炸数 S。

通过以上四个步骤，实现 FWA-PF 的两个重要参数的设定。针对粒子滤波中的粒子退化和丧失多样性问题，将烟花算法（Fireworks Algorithm，FWA）的火花变异算法改为混合变异算法，以此提高 FWA 在粒子滤波中对不同分布的适应性，从而保证了粒子的多样性。通过实验仿真的方法，从滤波的精度和程序运行效率两个方面，验证了利用改进的 FWA 优化标准粒子滤波的可行性。然而，FWA 的性能受制于两个主要参数：烟花爆炸半径和爆炸火花数，而这两个参数影响到粒子的多样性和滤波性能。因此，针对实际应用时的状态方程和量测方程，如何自适应地选择最合适的 FWA 参数是下一步研究的主要内容。

3.9　小　结

这一章重点阐述了基于群体智能优化算法对粒子滤波的优化，如基于粒子群（PSO）及其改进算法、萤火虫算法以及鸡群算法等。在此基础上，作者分析了较新的萤火虫算法和蝙蝠算法对 PF 优化的缺陷，提出了对布谷鸟算法进行改进的 CS-PF，并且对烟花算法的子代选择进行了简化，进而对标准 PF 进行了优化，并重点分析了 FWA-PF 的收敛性和滤波效果，从而为非线性系统的状态估计问题提出了新的思路。

参考文献

[1] 方正，佟国峰，徐心和. 粒子群优化粒子滤波方法[J]. 控制与决策，2007，22(03)：273-277.

[2] 方正，佟国峰，徐心和. 基于粒子群优化的粒子滤波定位方法[J]. 控制理论与应用，2008(03)：533-537.

[3] 王尔申，庞涛，曲萍萍，蓝晓宇. 基于混沌的改进粒子群优化粒子滤波算法[J]. 北京航空航天大学学报，2016，42(05)：885-890.

[4] LORENZEN. The essence of chaos[M].Seattle：University of Washington Press，1993：3-7.

[5] WAKANO J Y，HAUER T C. Pattern formation and chaos in spatial ecological public goods games[J]. Journal of TheoreticalBiology，2011，268(1)：30-38.

[6] 陈志敏，薄煜明，吴盘龙，等. 基于新型粒子群优化粒子滤波的故障诊断方法[J]. 计算机应用，2012，32(02)：432-435 + 439.

[7] 高国栋，林明，许兰. 基于似然分布调整的粒子群优化粒子滤波新方法[J]. 计算机应用，2017，37(04)：980-985.

[8] 陈志敏，薄煜明，吴盘龙，等. 收敛粒子群全区域自适应粒子滤波算法及其应用[J]. 南京理工大学学报(自然科学版)，2012，36(05)：861-868.

[9] YEH W C. A two-stage discrete particle swarm optimization for the problem of multiple multi-level redundancy allocation in series systems[J]. Expert Systems with Application，2009，36(05)：9192-9120.

[10] 张义群，林培杰，程树英. 一种新型的简化群优化粒子滤波算法[J]. 福州大学学报(自然科学版)，2017，45(01)：102-107.

[11] 汲清波，耿丽群，任超. 高斯粒子群优化粒子滤波检测前跟踪算法[J]. 计算机工程与应用，2014，50(17)：205-209 + 229.

[12] 蒋鹏，宋华华，林广. 基于粒子群优化和 M-H 抽样粒子滤波的传感器网络目标跟踪方法[J]. 通信学报，2013，34(11)：8-17.

[13] 陈志敏，薄煜明，吴盘龙，等. 基于自适应粒子群优化的新型粒子滤波在目标跟踪中的应用[J]. 控制与决策，2013，28(02)：193-200.

[14] 陈志敏，薄煜明，吴盘龙，等. 收敛粒子群全区域自适应粒子滤波算法及其应用[J]. 南京理工大学学报，2012，36(05)：861-868.

[15] Li Xiang, Liu Yu, Su Baoku. An evolutionary particle filter based EM algorithm and its application [J].Journal of Harbin Institute of Technology，2010，17(1)：70-74.

[16] 姚海涛，朱福喜，陈海强. 一种自适应的 PSO 粒子滤波人脸视频跟踪方法[J]. 武汉大学学报(信息科学版)，2012，37(04)：492-495.

[17] Lee C G, Cho D H, Jung H K. Niche genetic algorithm with restricted competition selection for Multimodal Function Optimization[J]. IEEE Trans on Magnetics，1999，35(3)：1122-1125.

[18] Yang M H，Kriegman D J. Detecting faces in images：A survey [J]. IEEE Transactions on Pattern Analysis and Machine Intelligence，2011，24(1)：34-58.

[19] Arulampalam M S，Maskell S. A tutorial on particle filters for online nonlinear/non-Gaussian Bayesian Tracking [J]. IEEE Transaction on Signal Processing，2002，50(02)：174-188.

[20] 刘峰，宣士斌，刘香品. 基于云自适应粒子群优化粒子滤波的视频目标跟踪[J]. 数据采集与处理，2015，30(02)：452-463.

[21] Li D Y, Meng H, Shi X M. Membership clouds and membership cloud generators[J]. Computer Research and Development，1995，32(06)：5-20.

[22] 刘常昱，李德毅，潘莉莉. 基于云模型的不确定性知识表示[J]. 计算机工程与应用，2004，40(02)：32-35.

[23] 刘亚雷，顾晓辉. 确定性核粒子群的粒子滤波跟踪算法及其 CRLB 推导[J]. 控制与决策，2012，27(05)：741-746.

[24] 权太范. 目标跟踪新理论与技术[M]. 北京：国防工业出版社，2009：228-234.

[25] 曹洁，荆银银，王进花. 基于改进的萤火虫算法优化粒子滤波方法[J]. 兰州理工大学学报，2018，44(04)：84-89.

[26] 朱超，刘以安，薛松. 基于混沌的萤火虫改进粒子滤波算法研究[J]. 传感器与微系统，2017，36(09)：106-109.

[27] 杜太行，李静秋，江春冬. 改进萤火虫算法优化粒子滤波的信号源定位[J]. 中国测试，2017，43(11)：96-101.

[28] 田梦楚，薄煜明，吴盘龙，等. 基于萤火虫优化粒子滤波的新型机动目标跟踪算法[J]. 控制与决策，2017，32(10)：1758-1766.

[29] 田梦楚，薄煜明，陈志敏，等. 萤火虫算法智能优化粒子滤波[J]. 自动化学报，2016，42(01)：89-97.

[30] Shan C F，Tan T N，Wei Y C. Real-time hand tracking usinga mean shift embedded particle Filter. Pattern Recognition，2007，40(7)：1958-1970.

[31] 朱超，刘以安，薛松. 基于混沌的萤火虫改进粒子滤波算法研究[J]. 传感器与微系统，2017，36(09)：106-109.

[32] 王旋. 静电纺聚偏氟乙烯纳米纤维膜压电性能研究[D]. 上海：东华大学，2015.

[33] 陈志敏，吴盘龙，薄煜明，等. 基于自控蝙蝠算法智能优化粒子滤波的机动目标跟踪方法[J]. 电子学报，2018，46(04)：886-894.

[34] 陈志敏，田梦楚，吴盘龙，等. 基于蝙蝠算法的粒子滤波法研究[J]. 物理学报，2017，66(05)：47-56.

[35] 滕飞，薛磊，李修和. 基于KLD的蝙蝠算法优化自适应粒子滤波[J/OL]. 控制与决策：1-7[2018-09-28]. https://doi.org/10.13195/j.kzyjc.2017.1135.

[36] 张建春，康凤举，梁洪涛，徐皓. 基于鸡群优化的粒子滤波算法研究[J]. 系统仿真学报，2017，29(02)：295-300 + 308.

[37] 王志远，程兰，谢刚. 一种改进粒子滤波算法及其在多径估计中的应用[J]. 计算机工程，2017，43(06)：289-295.

[38] 杜正聪，辛强，邓寻. 基于权值优化的粒子滤波算法研究[J]. 重庆师范大学学报（自然科学版），2015，32(3)：124-129.

[39] 李浩，柏鹏，张辉，等. 反向烟花算法及其应用研究[J]. 西安交通大学学报，2015，49(11)：82-88.

[40] 谭营，郑少秋. 烟花算法研究进展[J]. 智能系统学报，2014，9(5)：515-528.

[41] 邓泽喜，刘晓冀. 差分进化算法的交叉概率因子递增策略研究[J]. 计算机工程与应用，2008，44(27) ：33-36

[42] 王法胜，鲁明羽，赵清杰，等. 粒子滤波算法[J]. 计算机学报，2014，37(8)：1679-1694.

第 4 章　扩展卡尔曼滤波

关于非线性系统状态的估计问题，另一个很有代表性的算法为扩展卡尔曼滤波（Extended Kalman Filter，EKF）[1]。但是，EKF 需要准确的过程方程和系统噪声为高斯白噪声，然而，实际应用中很难达到这样的要求。因此，在 EKF 的基础上，很多学者结合实际的应用场景，或者对 EKF 本身进行改进，提出了相应的改进方法；或者与其他方法结合。其主要目的都是提高滤波精度。主要思想有：体现在对 EKF 的改进，如基于多新息理论（Multi Innovation Theory，MI）[2]、核偏最小二乘法（Kernel Partial Least Square，KPLS）[3]，以及对多核偏最小二乘法等进行改进之后，再对 EKF 进行优化等。

4.1　扩展卡尔曼滤波

扩展卡尔曼滤波（EKF）的状态方程和量测方程表示如下：

$$\begin{cases} x_k = f(x_{k-1}, u_k, w_k) \\ z_k = h(x_k, v_k) \end{cases} \tag{4-1}$$

式中 x_k 为系统状态矩阵；z_k 为量测矩阵；u_k 为系统输入量；$f(\cdot)$ 为非线性映射函数，它利用上一时刻 k-1 时的估计状态计算当前时刻 k 时的预测状态；$h(\cdot)$ 通过预测的状态计算预测的测量值；w_k 和 v_k 分别为系统状态噪声矩阵和量测噪声矩阵。w_k 和 v_k 相互独立，均值和协方差如下：

$$\begin{aligned} &E[w_k] = q,\ \operatorname{cov}[w_k, w_j] = Q_k \delta(k-j) \\ &E[v_k] = r,\ \operatorname{cov}[v_k, v_j] = R_k \delta(k-j) \end{aligned} \tag{4-2}$$

式中 $\delta(k-j)$ 为 Kronecker 函数。

EKF 如下所示[1]：

预测方程：

$$\hat{x}_{k|k-1} = f(x_{k-1}, u_k, 0) \tag{4-3}$$

$$P_{k|k-1} = F_k P_{k-1|k-1} F_k^{\mathrm{T}} + Q_k \tag{4-4}$$

更新方程：

$$\tilde{y}_k = z_k - h(\hat{x}_{k|k-1}, 0) \tag{4-5}$$

$$S_k = H_k P_{k|k-1} H_k^{\mathrm{T}} + R_k \tag{4-6}$$

$$K_k = P_{k|k-1} H_k^{\mathrm{T}} S_k^{-1} \tag{4-7}$$

$$x_{k|k} = x_{k|k-1} + K_k \tilde{y}_k \tag{4-8}$$

$$P_{k|k} = (I - K_k H_k) P_{k|k-1} \tag{4-9}$$

式中 $F_k = \frac{\partial f}{\partial x}|_{\hat{x}_{k-1|k-1}, u_k}$；$H_k = \frac{\partial h}{\partial x}|_{\hat{x}_{k|k-1}}$；$P_{k|k-1}$ 是 $\hat{x}_{k|k-1}$ 对应的协方差矩阵；$P_{k|k}$ 为 $\hat{x}_{k|k}$ 对应的协方差矩阵，K_k 为 K 时的卡尔曼增益。

4.2 改进的自适应卡尔曼滤波

在文献[4]的自适应扩展卡尔曼滤波（Adaptive Extended Kalman Filter，AEKF）中，新息 C_k 定义为：

$$C_k = Z_k - H_k \hat{X}_{k|k-1} \tag{4-10}$$

新息的相关矩阵 $\bar{C}_k$ 定义为：

$$\bar{C}_k = E[C_k C_k^{\mathrm{T}}] = H_k P_{k|k-1} H_k^{\mathrm{T}} + R_k \tag{4-11}$$

在环境噪声发生改变、量测噪声的统计特征不明显时，用新息的相关矩阵表示新的量测值。若 R_k 变小，则 $\bar{C}_k$ 也减小；若 R_k 增大，$\bar{C}_k$ 也增大。那么在 AEKF 算法中，就应用该关系。

在 AUKF（自适应的无极卡尔曼滤波）中，新息 C_k 定义为：

$$C_k = y_k - \hat{y}_{\bar{k}} \tag{4-12}$$

新息的相关矩阵 $\bar{C}_k$ 定义为：

$$\bar{C}_k = E[C_k C_k^{\mathrm{T}}] = P_{y,\ k} \tag{4-13}$$

那么，估计矩阵 $\bar{C}_k$ 的定义为：

$$\hat{C}_k = \frac{1}{M}\sum_{i=k-M+1}^{k} C_i C_i^{\mathrm{T}} \tag{4-14}$$

其中 M 表示自适应窗口的大小。

测量残余价值量 d 的定义为：由新息 C_k 与相关矩阵 $\bar{C}_k$ 的逆矩阵得出 d。具体计算公式如下：

$$d = C_k^{\mathrm{T}} \bar{C}_k^{-1} C_k \tag{4-15}$$

通常，用 d 的取值来控制自适应窗口 M 的大小。具体规则如下：

$$\begin{cases} M = 1, \quad d \geqslant \mu_{\max} \\ M = k, \quad d \leqslant \mu_{\min} \\ M = k \times \eta^{d-\mu_{\min}}, \quad \mu_{\min} < d < \mu_{\max} \end{cases} \tag{4-16}$$

式（4-16）中，$\mu_{\min}$ 和 $\mu_{\max}$ 表示判读阈值。通常，$\mu_{\min} = 0$，$\mu_{\max} = 1$；η 表示 M 的收敛速率，令 η 为小于 1 的任意有理小数。

在 AEKF 中，自适应窗口大小的最大值为 k，最小值为 1。若 $d > 1$，则环境噪声统计特征不明显，状态的估计值难以正确得到，新息矩阵应取最小，$M = 1$，$\bar{C}_k$ 最小；若 $d < 0$，环境噪声具有明显的统计特性，状态的估计值可以通过测量值正确得到，若新息矩阵 $M = k$，$\bar{C}_k$ 也最大；若 $0 < d < 1$，这个序列 $M = k \times \eta^{d-\mu_{\min}}$ 取适当值，进而 $\hat{C}_k$ 也就取适当值。

因此，若将此算法与 RLS 的遗忘因子 λ 相联系，那么，自适应因子 b_k 可调节增益矩阵 K_k，具体方法如下：

$$K_k = (1/b_k) P_{k/k-1} H_k / \bar{C}_k \tag{4-17}$$

$$K_k = (1/b_k) P_{xy,y} P_{y,k}^{-1} \tag{4-18}$$

由相关矩阵 $\bar{C}_k$ 以及自适应窗口 M 确定的估计相关矩阵 $\hat{C}_k$ 的迹，来调节 b_k 对滤波的影响。定义如下：

$$b_k = \max\left(1, \frac{trace(\hat{C}_k)}{trace(\bar{C}_k)}\right) \tag{4-19}$$

该算法的自适应因子 b_k 的作用如下：b_k 的变化对噪声大小产生影响。若 b_k 改变，则噪声的大小也发生改变，导致测量噪声的统计特征 R_k 的变化对增益 K_k 的影响达到最低，进而估计值就能最佳。同时，能够及时且敏感地反映当前时刻量测的动力学模型的误差情况。

基于以上内容，下面阐述 EKF 的自适应过程。首先，对窗口长度进行调整，再对自适应因子进行调节。该方法的优点是：具有比较高的判定效率，收敛速度快，对于实时滤波非常适合。在量测噪声的统计特性不明确时，可以有效地避免滤波的发散，并可以得到平稳、精确的估计值。但是，其缺点主要表现为：若实时滤波环境下量测噪声的改变对滤波增益有着较大的影响，若要降低该影响，却要降低滤波精度或者收敛速率。也就是对系统的状态估计值有着误差较大或滤波的实时性降低。AEKF 的分析结构如图 4-1 所示[4]。

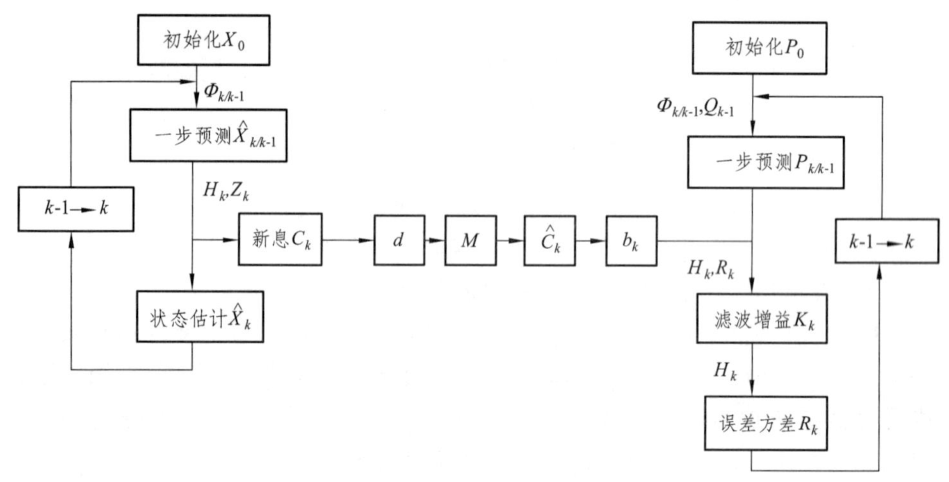

图 4-1　AEKF 分析结构图

4.3　基于多新息理论优化的 EKF（MI-EKF）

4.3.1　多新息理论

丁峰[5,6]将标量新息进一步扩展为新息向量，将向量新息扩展到新息矩阵，从而包括了迭代过程中的多步新息，进而提出了多新息辨识理论与方法。利用多新息方法，能够改善参数估计精度或状态估计精度。因此，基于多新息理论改进优化粒子滤波，以提高其状态估计精度在理论上具有可行性。解决该问题的难点在于两个方面：一是如何利用多新息理论改进粒子滤波状态估计模型；二是粒子滤波算法时间复杂度已经相对较高，再融入多新息理论，在相同粒子数的前提下，理论上能够提高算法性能，但必定增加 MI-PF 的时间复杂度。因此，在算法性能和效率之间就是个矛盾的问题，此时，需要找到一个合适的新息数，以便在算法性能和效率之间找到一个平衡点。

通常，对于参数修正，一般都是基于辨识算法，而一般的辨识算法都是基于单新息的，即只使用单步的新息修正参数。对于如下标量系统：

$$y(k)=\varphi^{\mathrm{T}}(k)\theta+v(k) \tag{4-20}$$

式中 $\varphi^{\mathrm{T}}(k)=[-y(k-1)\cdots-y(k-n)\ u(k-1)\cdots\ u(k-n)]\in R^{2n}$， $y(k)$ 为系统输出，$u(k)$ 为系统输入，$\varphi^{\mathrm{T}}(k)$ 为系统输入与输出数据向量，θ 为需要辨识的参数向量，$v(k)$ 为零均值的系统随机噪声。参数向量 θ 由公式（4-21）所示的随机梯度辨识算法确定：

$$\hat{\theta}(k)=\hat{\theta}(k-1)+L(k)\rho(k) \tag{4-21}$$

式中 $\rho(k)$ 为单新息，或称为标量新息，用来表示 k 时刻的输出预测误差。$L(k)$ 表示 k 时算法的增益向量，这里需要一个简单的增益向量 $L(k)$，使得 $\hat{\theta}(k)$ 收敛于真值，或参照卡尔曼增益。根据随机逼近原理，可做如下选择：

$$L(k)=g(k)\varphi(k) \tag{4-22}$$

式中 $g(k)$ 为收敛因子，满足如下条件：

$$\begin{cases} g(k)>0, & \lim\limits_{k\to\infty} g(k)=0 \\ \sum\limits_{k=1}^{\infty} g(k)=\infty, & \sum\limits_{k=1}^{\infty} g^2(k)<\infty \end{cases}$$

式（4-21）中，$\rho(k)$ 用来表示 k 时系统输出预报误差，公式表示如下：

$$\rho(k)=y(k)-\varphi^{\mathrm{T}}(k)\hat{\theta}(k-1)\in R \tag{4-23}$$

式中 $\hat{\theta}(k)$ 为时刻 k 的参数估计在 $\hat{\theta}(k-1)$ 基础上的递推结果，是 $k-1$ 时刻的辨识参数，由增益向量 $L(k)$ 与标量新息 $\rho(k)$ 的乘积修正。

多新息，是根据公式（4-20）和（4-21）将 $\rho(k)$ 扩展为向量 $\varPsi(m,k)$，那

么，系统其他向量也必须改变，增益向量$L(k)$就改为矩阵形式$T(m,k)$。即在多新息辨识算法中，k时刻的参数估计，需要在$k-1$时刻参数估计的基础上，由增益矩阵$T(m,k)$和多新息向量$\varPsi(m,k)$来修正。多新息辨识方法可写作如下形式：

$$\hat{\theta}(k)=\hat{\theta}(k-1)+T(m,k)\varPsi(m,k) \tag{4-24}$$

式中$m\geqslant 1$，为新息长度，$T(m,k)=[L_1(k), L_2(k), L_3(k),\cdots, L_m(k)]\in \mathbf{R}^{n\times m}$为增益矩阵，$\varPsi(m,k)=[\rho(k), \rho(k-1),\cdots, \rho(k\text{-}m+1)]^{\mathrm{T}}\in \mathbf{R}^{m}$为多新息向量。其详细理论证明过程见文献[7]。

4.3.2　改进的 MI-EKF

为了能够提供准确参数的船舶相应模型，谢朔[8]等在多新息扩展卡尔曼滤波的基础上，利用遗忘因子，对参数的辨识方法进行了改进。具体改进方法如下[8]：

1. 基于遗忘因子的改进

通常，辨识精度差或收敛速度低是递推辨识的主要缺点。从理论上分析，通过有效新息的多次利用，随新息长度p的增大，MI-EKF 的参数辨识精度也相应提高。但是，每次递推所使用的新息是在时间维度上得到扩展，却未能有效地根据新息的新旧程度对数据加以甄别。因此，历史数据对参数估计的累积干扰也同时存在，那么辨识的收敛速度必定受到影响，且其提高有限，而且辨识精度降低。针对 MI-EKF 中新息数量p对算法精度的影响问题，在文献[2]中，利用仿真实验的方法，验证了$p=2$时的情况，而且，MI-EKF取得了最佳效果；若新息数量持续递增，旧的历史新息形成累加干扰，MI-EKF的估计误差也开始增大。

借鉴文献[9]中对 KF 衰减记忆的分析，为降低 MI-EKF 中历史量测值的修正作用，在 MI-EKF 中融入遗忘因子[10]，再对辨识方法进行改进，利用递推过程降低历史数据的修正效果，累积干扰也就相应减小，算法也就有了对新量测输入变化的快速响应能力。

在公式（4-25）中

$$K(p,k)=K(k)K(k-1)\cdots K(k-p+1)]^{\mathrm{T}} \tag{4-25}$$

式中K表示增益矩阵，p是其维度。对增益矩阵K，可以左乘遗忘因子矩阵

α 来降低历史数据的权重，同时增加新量测数据的权重，从而对递推算法进行改进。

将 MI-EKF 中的增益矩阵变为

$$K(p,k)=\alpha\cdot[K(k)K(k-1)\cdots K(k-p+1)]^{\mathrm{T}} \tag{4-26}$$

式中，矩阵 $\alpha=diag(\lambda_1\ \ \lambda_2\cdots\lambda_p)$，则在 EKF 中，新的更新方程为：

$$\begin{aligned}\widehat{X}(k)&=\widehat{X}(\bar{k})+K(p,k)E(p,k)\\&=\widehat{X}(\bar{k})+\begin{bmatrix}\lambda_1&&&\\&\lambda_2&&\\&&\ddots&\\&&&\lambda_p\end{bmatrix}\begin{bmatrix}K(k)\\K(k-1)\\\vdots\\K(k-p+1)\end{bmatrix}E(p,k)\\&=\widehat{X}(\bar{k})+\begin{bmatrix}\lambda_1K(k)\\\lambda_2K(k-1)\\\vdots\\\lambda_pK(k-p+1)\end{bmatrix}E(p,k)\end{aligned} \tag{4-27}$$

为了让当前时刻新息的增益权值最大，取：

$$\lambda_1\geqslant(\lambda_2+\lambda_3+\cdots+\lambda_p) \tag{4-28}$$

通过对历史数据的增益进行加权处理，算法可以在有效修正与抑制累积干扰之间找到相对平衡区间。通常，为了让多新息优化的 EKF 算法至少优于标准的扩展卡尔曼滤波，通常对参数的取值如下：

$$\begin{cases}\lambda_1=1\\\lambda_2=\lambda_3=\cdots=\lambda_p=\dfrac{a}{p-1},\ 0\leqslant a\leqslant 1\end{cases} \tag{4-29}$$

式（4-29）中，a 表示遗忘因子矩阵的设计参数，通常 $0\leqslant a\leqslant 1$ 时，式（4-28）成立。

将文献[2]的 MI-EKF 与式（4-27）相结合，就是对标准 MI-EKF 的改进。

2. 改进后 MI-EKF 的收敛性分析

关于 MI-EKF 的收敛性分析，文献[2]中已给出了一般性的收敛性理论推导过程。以下是文献[8]对容易遗忘因子矩阵改进后的 MI-EKF 的进一步分析。

设参数估计的误差表示如下：

$$\widetilde{X}(k)=\widehat{X}(k)-X(k)$$

则有：

定理 1 假设系统观测噪声的均方差有界，方差表示为σ^2，则

$$E(\|v_k\|^2)=\sigma^2 \tag{4-30}$$

并且，连续的激励条件成立，就是$K(k)$表示的增益矩阵满足下列条件：

$$\alpha I\leqslant\frac{1}{N}\sum_{i=1}^{N}K(t-i+1)K^{\mathrm{T}}(t-i+1)\leqslant\beta I \tag{4-31}$$

则有$E(\|\widetilde{X}(k)\|^2)$有界收敛。

证明 根据 MI-EKF 的详细步骤有：

$$\begin{aligned}\widetilde{X}(k)&=\widehat{X}(k)+K(p,k)[Z(p,k)-H\widehat{X}(\bar{k})]-X(k)\\&=\widetilde{X}(\bar{k})+K(p,k)[Z(p,k)-H\widehat{X}(\bar{k})]\\&=\widehat{X}(\bar{k})+K(p,k)[HX(k)+v(p,k)H\widehat{X}(\bar{k})]\\&=[I-K(p,k)H]\widehat{X}(\bar{k})+K(p,k)v(p,k)\end{aligned} \tag{4-32}$$

对式（4-32）取范数，并利用$(x+y)^2\leqslant(1+b)x^2+\left(1+\frac{1}{b}\right)y^2$，则有：

$$\begin{aligned}\left\|\widetilde{X}(k)\right\|^2&=\|[I-K(p,k)H]\widetilde{X}(\bar{k})+K(p,k)v(p,k)\|^2\\&\leqslant(1+b)\|[I-K(p,k)H]\widetilde{X}(\bar{k})\|^2+\left(1+\frac{1}{b}\right)\|K(p,k)v(p,k)\|^2\end{aligned} \tag{4-33}$$

再对式（4-33）取期望，则有：

$$\begin{aligned}E(\|\widetilde{X}(k)\|^2)&\leqslant(1+b)E(\|[I-K(p,k)H]\widetilde{X}(\bar{k})\|^2)\\&\quad+\left(1+\frac{1}{b}\right)E(\|K(p,k)v(p,k)\|^2)\\&\leqslant(1+b)E(\widetilde{X}(\bar{k})\|^2)E(\|[I-K(p,k)H]\|^2)\\&\quad+\left(1+\frac{1}{b}\right)p\sigma^2E\|K(p,k)\|^2\end{aligned} \tag{4-34}$$

设$K(p,k)$的最大特征值为$\lambda_{\max}$，根据公式（4-31）和（4-29）得：

$$E(\|K(p,k)\|^2)\leqslant E(\lambda_{\max}(K(p,k)\cdot K^{\mathrm{T}}(p,k)))\leqslant\left(1+\frac{a^2}{p-1}\right)\beta \tag{4-35}$$

对于一般状态估计过程，观测矩阵$H=[I\ 0]$，则有：

$$\begin{aligned}
&E(\|[I-K(p,k)H]\|^2)\\
&=E(\lambda_{\max}(I-K(p,k)H)^{\mathrm{T}}(I-K(p,k)H))\\
&=E(\lambda_{\max}(I-K(p,k)H-H^{\mathrm{T}}K^{\mathrm{T}}(p,k)+H^{\mathrm{T}}K^{\mathrm{T}}(p,k)K(p,k)H))\\
&\leqslant E(\lambda_{\max}(I-2\sqrt{H^{\mathrm{T}}K^{\mathrm{T}}(p,k)K(p,k)H}+H^{\mathrm{T}}K^{\mathrm{T}}(p,k)K(p,k)H))\\
&\leqslant\left(1-2\sqrt{\left(1+\frac{a^2}{p-1}\right)\alpha}+\left(1+\frac{a^2}{p-1}\right)\beta\right)
\end{aligned}\tag{4-36}$$

根据公式（4-34）、（4-35）和（4-36）可得出如下结论：

$$E(\|\widetilde{X}(k)\|^2)\leqslant(1+b)E(\|\widetilde{X}(\bar{k})\|^2)\cdot\left(1-2\sqrt{\left(1+\frac{a^2}{p-1}\right)\alpha}+\left(1+\frac{a^2}{p-1}\right)\beta\right)+\left(1+\frac{1}{b}\right)p\sigma^2\left(1+\frac{a^2}{p-1}\right)\beta\tag{4-37}$$

假设系统的过程噪声 w_k 为均方差有界，方差为 $E(\|w_k\|^2)=\gamma^2$，A 为状态转移矩阵，且均方有界，$E(\|A\|^2)\leqslant\tau^2$，根据估计误差的定义可得：

$$\begin{aligned}
E(\|\widetilde{X}(k)\|^2)&=E(\|\widehat{X}(\bar{k})-X(k)\|^2)\\
&\approx E(\|A\widetilde{X}(k-1)-AX(k-1)-w(k))\|2)\\
&=E(\|A\widetilde{X}(k-1)-w(k))\|2)\\
&\leqslant\tau^2E(\|\widetilde{X}(k-1)\|^2)+\Upsilon^2
\end{aligned}\tag{4-38}$$

将式（4-37）代入式（4-38）得：

$$\begin{aligned}
E(\|\widetilde{X}(k)\|^2)\leqslant&(1+b)\cdot(\tau^2E(\|\widetilde{X}(k-1)\|^2)+\Upsilon^2)\cdot\left(1-2\sqrt{\left(1+\frac{a^2}{p-1}\right)\alpha}+\left(1+\frac{a^2}{p-1}\right)\beta\right)\\
&+\left(1+\frac{1}{b}\right)p\sigma^2\left(1+\frac{a^2}{p-1}\right)\beta\\
\leqslant&(1+b)\tau^2\left(1-2\sqrt{\left(1+\frac{a^2}{p-1}\right)\alpha}+\left(1+\frac{a^2}{p-1}\right)\beta\right)E(\|\widetilde{X}(k-1)\|^2)\\
&+(1+b)\cdot\Upsilon^2\left(1-2\sqrt{\left(1+\frac{a^2}{p-1}\right)\alpha}+\left(1+\frac{a^2}{p-1}\right)\beta\right)\\
&+\left(1+\frac{1}{b}\right)p\sigma^2\left(1+\frac{a^2}{p-1}\right)\beta
\end{aligned}\tag{4-39}$$

取常量条件如下：

$$\begin{cases} 0<b<\dfrac{1}{\left(1-2\sqrt{\left(1+\dfrac{a^2}{p-1}\right)\alpha}+\left(1+\dfrac{a^2}{p-1}\right)\beta\right)\tau^2}-1 \\ M=\left((1+b)\tau^2\left(1-2\sqrt{\left(1+\dfrac{a^2}{p-1}\right)\alpha}+\left(1+\dfrac{a^2}{p-1}\right)\beta\right)\right)<1 \\ N=(1+b)\cdot\Upsilon^2\left(1-2\sqrt{\left(1+\dfrac{a^2}{p-1}\right)\alpha}+\left(1+\dfrac{a^2}{p-1}\right)\beta\right) \\ \quad +\left(1+\dfrac{1}{b}\right)p\sigma^2\left(1+\dfrac{a^2}{p-1}\right)\beta \end{cases} \tag{4-40}$$

那么：

$$\begin{aligned} \lim_{k\to\infty}E(\|\tilde{X}(k)\|^2) &\leqslant \lim_{k\to\infty}M\cdot E(\|\tilde{X}(k-1)\|^2)+N \\ &\leqslant \lim_{k\to\infty}M^{k-1}E(\|\tilde{X}(1)\|^2)+\frac{1-M^{k-1}}{1-M}N \\ &\leqslant \frac{N}{1-M} \end{aligned} \tag{4-41}$$

式中 M、N 均为常数。

因此，$\tilde{X}(k)$ 均方误差有界且收敛，因此，定理 1 得证。

此外，为满足式（4-40）的不等式条件，α 取值应满足如下条件：

$$\left(1-2\sqrt{\left(1+\frac{a^2}{p-1}\right)\alpha}+\left(1+\frac{a^2}{p-1}\right)\beta\right)\tau^2<1 \tag{4-42}$$

求解得：

$$a<\sqrt{\left(\frac{1}{\tau^2}+2\sqrt{\frac{\alpha}{\beta}}-2\right)(p-1)} \tag{4-43}$$

若上述不等式成立，遗忘因子有上界时，改进后的 MI-EKF 的辨识结果收敛有界。而 $N/(1-M)$ 关于 a 为增函数，改进前的 MI-EKF 可视为遗忘因子为 $(p-1)\geqslant a$，因此，与标准 MI-EKF 相比较，改进后的 MI-EKF 的辨识误差均方上界更小，辨识结果更精确[8]。

4.4　一种新的改进扩展卡尔曼滤波

为了取得更加准确的跟踪效果，文献[11]中基于几何和代数关系化简得出伪线性模型，通过对 EKF 的改进，取得了较好的跟踪效果。具体改进过程如下：

4.4.1　改进扩展 Kalman 滤波

非线性系统的状态方程和量测方程如下：

$$x_k = f(x_{k-1}) + w_{k-1} \tag{4-44}$$

$$z_k = h(x_k) + v_k \tag{4-45}$$

式中 $x_k \in \mathbf{R}^n$ 表示 k 时系统的状态；$Z_k \in \mathbf{R}^n$ 为系统的量测值；w_{k-1} 为过程噪声，v_k 为量测噪声。

为了对扩展 Kalman 滤波进行改进，首先对加权高斯积分的基本容积点及其对应权值进行计算。具体计算方法如下：

$$\xi_i = \sqrt{\frac{m}{2}}\left[\begin{pmatrix}1\\0\\\vdots\\0\end{pmatrix}\cdots\begin{pmatrix}0\\0\\\vdots\\1\end{pmatrix}\begin{pmatrix}-1\\0\\\vdots\\0\end{pmatrix}\cdots\begin{pmatrix}0\\0\\\vdots\\-1\end{pmatrix}\right] \tag{4-46}$$

$$\omega_j = \frac{1}{m} \tag{4-47}$$

式中 m 表示容积点的总数。

为了提高改进 EKF 在目标跟踪中的滤波性能，其代价函数定义如下：

$$J(x_k) = (x_k - \overline{x}_k)^{\mathrm{T}} \overline{P}_k^{-1}(x_k - \overline{x}_k) + (y_k - h(\overline{x}_k))^{\mathrm{T}} R_k^{-1}(y_k - h(\overline{x}_k)) \tag{4-48}$$

式中 $\overline{x}_k$ 表示状态预测值，$\overline{P}_k$ 表示预测方差。

对目标状态的最大似然估计值求解，等价于对式（4-48）的极小值求解。

利用 Gauss-Newton 非线性迭代法对式（4-45）做线性化处理，得求解式（4-48）极小值的迭代公式如下：

$$\hat{x}_k^{(i+1)}=\bar{x}_k+\bar{P}_k(H_k^{(i)})^{\mathrm{T}}(H_k^{(i)}\bar{P}_k(H_k^{(i)})^{\mathrm{T}}+R_k)^{-1}\cdot[Z_k-h(\hat{x}_k^{(i)})-H_k^{(i)}(\hat{x}_k-\hat{x}_k^{(i)})] \tag{4-49}$$

然而，对量测方程的线性化，会导致传递误差较大，以及目标跟踪精度降低。所以，使用较高精度的迭代方法计算改进扩展 Kalman 滤波的方差和协方差：

$$Z_{j,k}^{(i)}=h(X_{j,k}^{(i)}),j=1,2,\cdots,m \tag{4-50}$$

$$\hat{z}_k^{(i)}=\sum_{j=1}^{m}\omega_j Z_{j,k}^{(i)} \tag{4-51}$$

$$P_{zz,k}^{(i)}=\sum_{j=1}^{m}\omega_j Z_{j,k}^{(i)}(Z_{j,k}^{(i)})^{\mathrm{T}}-\hat{z}_k^{(i)}(\hat{z}_k^{(i)})^{\mathrm{T}}+R_k \tag{4-52}$$

$$P_{xz,k}^{(i)}=\sum_{j=1}^{m}\omega_j X_{j,k}^{(i)}(Z_{j,k}^{(i)})^{\mathrm{T}}-\hat{x}_k^{(i)}(\hat{z}_k^{(i)})^{\mathrm{T}} \tag{4-53}$$

式中 $X_{j,k}^{(i)}$ 表示第 i 次迭代时计算的容积点，$Z_{j,k}^{(i)}$ 表示第 i 次迭代时传播的容积点，$Z_k^{(i)}$ 表示第 i 次迭代时的量测预测值。

4.4.2 改进扩展 Kalman 滤波工作流程

1. 状态更新

（1）计算容积点：

$$X_{j,k-1}=S_{k-1}\xi_j+\hat{x}_{k-1},\ j=1,2,\cdots,m \tag{4-54}$$

（2）容积点的传播：

$$X_{j,k}^{*}=f(X_{j,k-1}),\ j=1,2,\cdots,m \tag{4-55}$$

（3）估计预测值和方差预测：

$$\bar{x}_k = \sum_{j=1}^{m} \omega_j X_{j,k}^{*} \tag{4-56}$$

$$\bar{P}_k = \sum_{j=1}^{m} \omega_j X_{j,k}^{*} X_{j,k}^{*\mathrm{T}} - \bar{x}_k \bar{x}_k^{\mathrm{T}} + Q_{k-1} \tag{4-57}$$

2. 量测更新

量测更新是以预测值 $\bar{x}_k$ 和预测方差 $\bar{P}_k$ 为初始值的迭代过程。记第 i 次迭代的估计值和方差分别为 $\hat{x}_k^{(i)}$ 和 $P_k^{(i)}$。

（1）分解因式：

$$\hat{S}_k^{(i)} = chol(P_k^{(i)}) \tag{4-58}$$

（2）计算容积点：

$$X_{j,k}^{(i)} = \hat{S}_k^{(i)} \xi_j + \hat{x}_k^{(i)},\ j = 1, 2, \cdots, m \tag{4-59}$$

（3）计算传播的容积点和量测预测值。

（4）计算增益状态和方差估计：

$$K_k^{(i)} = P_{xz,k}^{(i)} (P_{zz,k}^{(i)})^{-1} \tag{4-60}$$

$$\hat{x}_k^{(i+1)} = \bar{x}_k + K_k^{(i)} [Z_k - h(\hat{x}_i) - (P_{xz,k}^{(i)})^{\mathrm{T}} \bar{P}_k^{-1} (\bar{x}_k - \hat{x}_k^{(i)})] \tag{4-61}$$

$$P_k^{(i+1)} = \bar{P}_k - K_k^{(i)} (P_{zz,k}^{(i)}) (K_k^{(i)})^{\mathrm{T}} \tag{4-62}$$

（5）设定迭代终止条件：

$$\| x_k^{(i+1)} - x_k^{(i)} \| \leqslant \varepsilon \text{ 或 } i = N_{\max} \tag{4-63}$$

式中 ε 为预置的误差极小值，$N_{\max}$ 为循环计算的最大次数。

若迭代计算结束时的循环次数为 N，那么 k 时刻的状态估计值和协方差为：

$$\begin{cases} \hat{x}_k = \hat{x}_k^{(N)} \\ P_k = P_k^{(N)} \end{cases}$$

4.5 改进粒子群算法优化的 EKF

在 EKF 的应用过程中，针对感应电机的转速估计，较难以获得 KF 的系统噪声矩阵，以及量测噪声矩阵的最优值[12]。因此，林国汉[12]等首先对粒子群优化算法进行改进，再通过对遗传算法与粒子群算法的各自优点的融合，对 EKF 的系统噪声矩阵和量测噪声矩阵进行优化处理，最后，将优化的 EKF 应用于电机转速的估计上，取得了比标准 EKF 较好的估计效果。具体改进过程如下：

4.5.1 粒子群算法的改进

作为群体智能算法的粒子群算法和遗传算法，都有其自身的优点和缺点。遗传算法的特点是：其有广泛的空间搜索能力和变异能力，以及高效的全局最优解的搜索能力，但也有容易陷入早熟、收敛速度较慢、局部搜寻能力不足等缺点。作为一种随机全局优化搜索的粒子群算法，PSO 的收敛速度快，但是，实际应用过程中，其一些性能难以令人满意，如：容易陷入局部最优解、收敛精度差等缺点。若能将遗传算法与 PSO 有效融合，可得出高效率的搜索算法。因此，首先，对 PSO 进行改进。改进的 PSO 利用可调的混合 GA/PSO 模型，通过适当混合 GA 和 PSO，可有效克服 GA 和 PSO 的缺点。混合算法在寻优过程中结合遗传算法中的选择、交叉和变异算子思想，通过引入变化范围在[0, 1]之间的繁衍因子系数，并利用该系数来决定在每次迭代过程中需要进行选择、交叉和变异的个体数。从而，在每次迭代时，每个个体的适应度值得到计算，并按由大到小的顺序对个体适应度值进行排序。

设粒子种群数为 N，繁衍因子为 b，则将适应度值较小的 $N\times b$ 个个体丢弃，剩余的 $N\times(1-b)$ 个个体则按照 PSO 对其速度进行更新；然后，从更新后的剩余个体中采用锦标赛法选择 $N\times b$ 个个体，利用以下两式进行交叉操作：

$$\begin{cases} c_1(x) = \dfrac{p_1(x) + p_2(x)}{2} - \beta_1 p_1(v) \\ c_2(x) = \dfrac{p_1(x) + p_2(x)}{2} - \beta_2 p_2(v) \end{cases} \tag{4-64}$$

式中 $c_1(x)$ 和 $c_2(x)$ 表示交叉操作后的子代粒子个体；$p_1(x)$ 和 $p_2(x)$ 分别表示锦

标赛选择的两个父代粒子个体位置；$p_1(v)$ 和 $p_2(v)$ 分别表示锦标赛法选择的两个父代粒子个体速度。子代粒子的速度则由式（4-65）得到：

$$\begin{cases} c_1(v) = p_1(v) \\ c_2(v) = p_2(v) \end{cases} \tag{4-65}$$

式中 $c_1(v)$ 和 $c_2(v)$ 分别表示子代粒子的速度。通过这样的交叉操作，父代粒子的位置和速度就传递到子代。通过以上遗传交叉算子运算，可使粒子多样性得到增强，同时可以搜寻更多区域范围的解，从而跳出局部最优，使群体的寻优能力得到加强，群体中的优良粒子得到充分利用，收敛速度也因此而加快[13]。

可调整的 IPSO 流程如图 4-2 所示[12]。

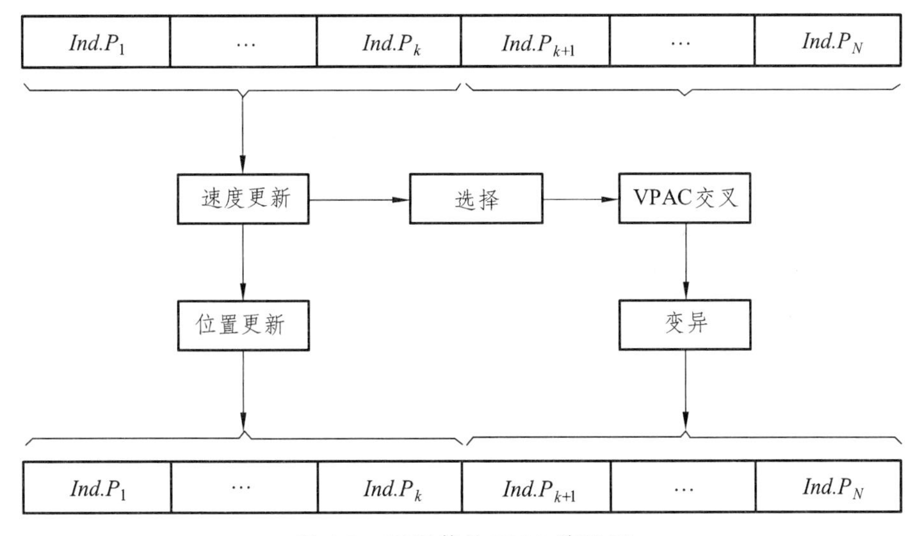

图 4-2　可调整的 IPSO 流程图

4.5.2　改进的 POS 优化 EKF

作为改进的 PSO 优化 EKF，主要是对 EKF 的噪声矩阵进行优化。结合电机转速的预测，优化具体过程如下：

在电机状态方程中共有 7 个变量，其中有 5 个状态变量、2 个输出变量，系统噪声和量测噪声的协方差矩阵分别表示如下：

$$Q = diag(Q_{11}\ \ Q_{22}\ \ Q_{33}\ \ Q_{44}\ \ Q_{55}),\ R = diag(R_{11}\ \ R_{22})$$

噪声矩阵的优化本质上就是在每次采样时对以上 7 个元素进行调整。因为每个粒子与一组参数相对应，故通过多次迭代运算，可对系统输出和适应度值进行计算，再根据适应度值，对个体历史最优粒子与全局最优粒子进行选取，当达到迭代结束阈值后，终止迭代，并将获取的全局最优粒子作为噪声矩阵参数。噪声矩阵元素会随系统状态的变化而不断变化。因为 IPSO 是通过适应度函数值判定粒子位置优劣的，所以，适应度函数的选择必须以实际问题为依据。对于电机转速的估计，适应度函数表示如下：

$$fitness(e) = \frac{1}{k}\sum_{i=0}^{k}(w_{ri}^{*} - w_{ri})^{2} \tag{4-66}$$

式中 w_{ri}^{*} 和 w_{ri} 分别表示时刻 i 时的实际转速与估计转速，k 为仿真时间除以采样周期得到的值。

IPSO-EKF 转速估计算法流程如下：

（1）对噪声矩阵 Q、R 初始化。对粒子的位置向量、速度向量随机初始化，对适应度函数值进行计算，并取得粒子个体最优值 P_i 以及群体的全局最优值 P_g。

（2）更新粒子速度。繁衍因子 b 随机生成，再对适应度函数值进行排序，并将最差的 $N \times b$ 个个体丢弃，按照标准 PSO 更新其他每个粒子的速度。

（3）交叉和变异操作。按照锦标赛选择方法，利用公式（4-64）对粒子的位置进行交叉运算，利用公式（4-65）对粒子的速度进行更新，将速度、位置更新后的 $N \times b$ 个粒子进行标准的变异操作，再用新生成的粒子对丢弃的 $N \times b$ 个粒子进行替换。

（4）对每个粒子历史最优适应度值和全局最优适应度值进行比较。若某粒子的当前位置的适应度值优于历史值，则对该粒子的历史最佳位置和适应度函数值进行替换；若某个粒子的历史最优适应度值优于全局最优适应度值，则置全局最优适应度值为该历史最优适应度值，并记录该全局最优粒子的位置。

（5）对步骤（2）至（4）重复操作，直到算法达到精度要求或达到设定的迭代阈值。

（6）输出全局最优解。Q、R 就是求得的 EKF 噪声矩阵。

4.5.3　其他 IPSO-EKF

1. PSO 的改进

粒子群优化算法（PSO）是一种生物进化算法[14]，每个粒子都是问题的一个潜在解，它对应一个由适应度函数决定的适应度值。粒子移动的方向和距离由粒子的速度决定，粒子的速度由自身及其他粒子的运动经验动态调整，进而实现每个个体在可解空间中的寻优。

设目标搜索空间为 D 维，种群由 F 个粒子组成。粒子 f 的位置用 $x_{f,d}=(x_{f,1},x_{f,2},\cdots,x_{f,D})$ 表示，运动速度用 $v_{f,d}=(v_{f,1},v_{f,2},\cdots,v_{f,D})$ 表示，粒子 f 搜索到的最优解位置为 $p_{f,d}=(p_{f,1},p_{f,2},\cdots,p_{f,D})$，全局最优位置用 $g_{f,d}=(g_{f,1},g_{f,2},\cdots,g_{f,D})$ 表示。标准 PSO 算法中粒子速度和位置的更新公式如下所示：

$$v_{f,d}^{k+1}=\omega v_{f,d}^{k}+c_1r_1(p_{f,d}^{k}-x_{i,d}^{k})+c_2r_2(g_{f,d}^{k}-x_{f,d}^{k}) \tag{4-67}$$

$$x_{f,d}^{k+1}=x_{f,d}^{k}+v_{f,d}^{k+1} \tag{4-68}$$

$$\omega=\omega_{\max}-k(\omega_{\max}-\omega_{\min})/k_{\max} \tag{4-69}$$

式中，$f=1,2,\cdots,F;\ d=1,2,\cdots,D$；$c_1$、$c_2$ 表示学习因子；$r_1,r_2\in[0,1]$ 之间的随机数；$x_{f,d}\in[-X_{\max},X_{\max}]$、$v_{f,d}\in[-V_{\max},V_{\max}]$；$\omega$、$\omega_{\max}$、$\omega_{\min}$ 分别表示惯性权重、最大权重、最小权重；k、$k_{\max}$ 分别为迭代次数和最大迭代次数。当 $\omega_{\max}=0.9$，$\omega_{\min}=0.4$ 时，迭代初始阶段 ω 较大，PSO 具有较强的全局搜索能力，到迭代末期，ω 较小，此时 PSO 主要集中于更精确的局部搜索。

为解决 PSO 在应用中存在的遍历性交叉，且容易陷入局部极值的问题，对标准 PSO 进行了以下改进：

IMPROVED-1：提高种群的多样性及粒子搜索的遍历性。主要采用具有较强寻优能力的分段 Logistic 混沌映射，对粒子群的速度和位置进行初始化[15]。计算公式如下：

$$e_{f,d}^{k+1}=\begin{cases}4\mu e_{f,d}^{k}(0.5-e_{f,d}^{k}), & 0\leqslant e_{f,d}^{k}<0.5\\ 1-4\mu(1-e_{f,d}^{k})(e_{f,d}^{k}-0.5), & e_{f,d}^{k}\geqslant 0.5\end{cases} \tag{4-70}$$

式中 $e_{f,d}^{k}\in(0,1)$；$f=0,1,\cdots,n$；$d=1,2,\cdots,D$；$\mu\in(0,4)$ 表示控制参数。

粒子群位置和速度的混沌初始化过程如下：

（1）随机地生成 $F \times D$ 维矩阵 $E=(e_{f,d},\cdots,e_{1,d})$，通过对式（4-70）的迭代，利用第 k 次迭代结果对 $e_{k,d}$ 进行更新，直到 $k=F$。

（2）最后利用公式（4-71）将 $e_{f,d}$ 映射到粒子 f 第 d 维位置的混沌搜索区域 $(-r_{f,d}, r_{f,d})$ 内，就得到初始化的粒子速度和位置：

$$e'_{f,d}=r_{f,d}(2e_{f,d}-1) \tag{4-71}$$

IMPROVED-2： 由公式（4-12）可得，若 $g_{f,d}^{k}$ 和 $p_{f,d}^{k}$ 为同一粒子，则粒子群高度集中，最优粒子出现交替振荡现象，搜索陷入停滞状态。为解决该问题，取各粒子的位置协方差矩阵 $\Delta=\sigma_{f,j}(f=1,2,\cdots,n; j=1,2,\cdots,D)$ 表示其聚集程度，若 $\sigma_{f,j}<\varepsilon$，ε 为指定阈值，说明粒子群陷入局部极值，再重新利用公式（4-70）和（4-71）生成初始混沌序列，并作为新的种群，从而跳出局部极值，并继续寻优。

2. IPSO 优化 EKF

作为对标准 PSO 的改进，IPSO 的优化目标是获得噪声方差矩阵 M 和 N，总共有 10 个参数，即 $D=10$。随机生成的 $F \times D$ 维种群粒子的位置和速度初始矩阵通过式（4-70）和（4-71）进行混沌映射初始化，再利用公式（4-67）到（4-69）对粒子的位置和速度进行更新。

粒子适应度函数决定粒子最优位置的选择，每一组赋值的噪声方差矩阵应用于 EKF 估算电池 SOC 的效果。这里利用方程的预测值 $Cx_{k+1|k}$ 与测量值 y_{k+1} 的绝对误差累计，作为粒子适应度值 $fitness$，如式（4-72）所示：

$$fitness=\sum_{i=1}^{L}|y_{k+1}-Cx_{k+1|k}| \tag{4-72}$$

式中 L 表示离散频率点采样的最大数。

最终，利用 IPSO-EKF 进行电池参数辨识和 SOC 预测的算法流程如图 4-3 所示。

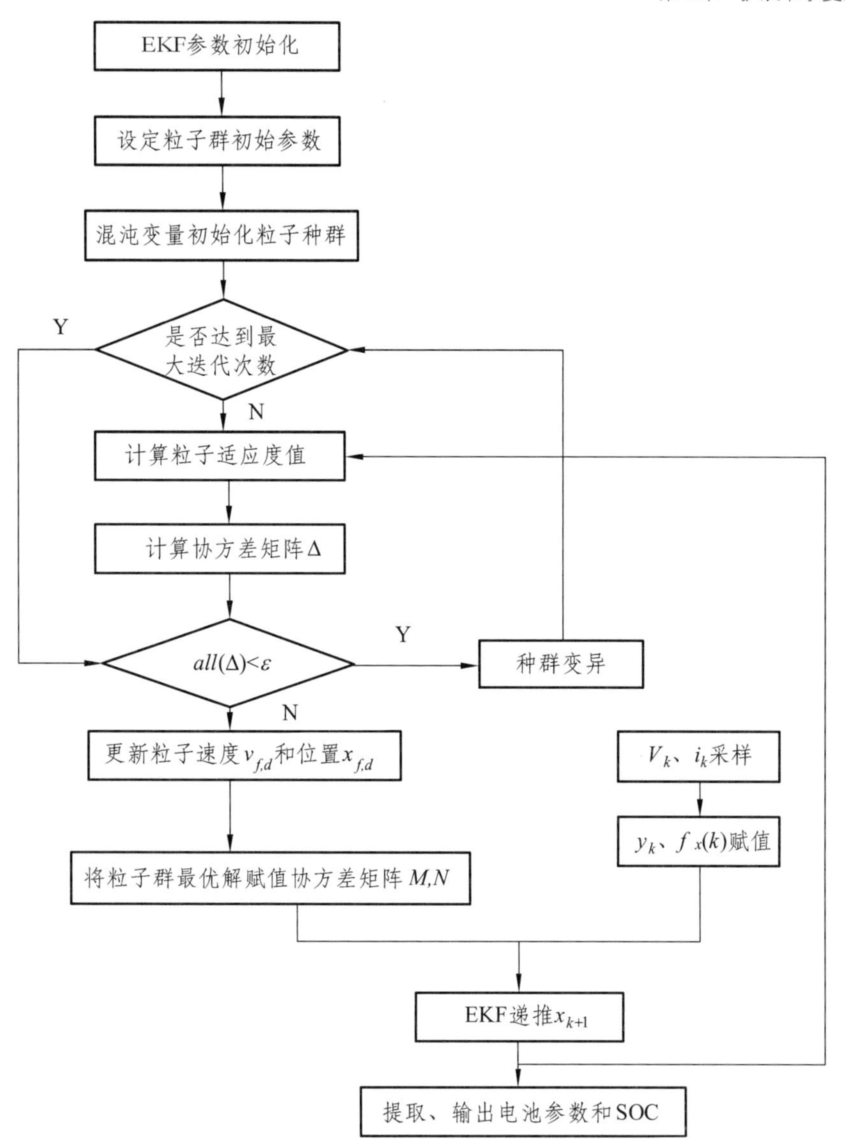

图 4-3　IPSO 优化 EKF 流程图

4.6　混杂扩展卡尔曼滤波的改进

杨靖[15]等提出了一种改进的混沌 EKF（Improved Hybrid Extended

Kalman Filter, IHEKF), 其主要目的在于避免 IHEKF 在实际应用时由于建模误差计算精度有限引起的发散问题。其主要思想是：通过引入虚拟的过程噪声，可在每个不长的时间段内对称化协方差矩阵。

4.6.1 标准的混杂 EKF（HEKF）

状态方程用微分方程描述，而量测方程为离散的一般形式的动力学系统：

$$\begin{cases} \dot{x} = f(x,\omega,t) \\ y = h(x) \\ y_k = h_k(x_k,v_k) \end{cases} \tag{4-73}$$

式中状态向量 $x \in \mathbf{R}^n$， $y \in \mathbf{R}^m$ 表示输出向量，用向量 y_k 表示输出向量 y 的第 k 次量测值，向量 x_k 表示对应采样时刻的系统状态，系统过程噪声为 $\omega \in \mathbf{R}^n$，量测噪声为 $v_k \in \mathbf{R}^m$。设 ω 及 v_k 为高斯白噪声，则

$$\begin{cases} \omega \sim N(0,\ Q) \\ v_k \sim N(0,\ R_k) \end{cases} \tag{4-74}$$

时间更新方程如下：

$$\begin{cases} \dot{\hat{x}} = f(\hat{x},O,t) \\ \dot{P} = AP + PA^{\mathrm{T}} + LQL^{\mathrm{T}} \end{cases} \tag{4-75}$$

式中 O 表示零矩阵，$\hat{x}$ 表示系统状态的估计值，P 表示状态估计的协方差矩阵，A,L 如下：

$$A = \left.\frac{\partial f}{\partial x}\right|_{\hat{x}}, \quad L = \left.\frac{\partial f}{\partial \omega}\right|_{\hat{x}} \tag{4-76}$$

(t_{k-1}^{+}, t_k^{-}) 表示连续的两个量测值之间的时间段。在该时间段内，对公式（4-75）进行积分运算，并将第 $k-1$ 次量测后获得的状态估计值 $\hat{x} = \hat{x}_{k-1}^{+}$ 与状态估计协方差矩阵 $P = P_{k-1}^{+}$，作为每一时间段内的积分初值，直到第 k 次量测值可用的时刻，即得到 t_k 时刻的状态估计的时间更新值 $\hat{x} = \hat{x}\overline{k}$ 和状态协方差矩阵的时间更新值 $P = P_k^{-}$。

量测更新方程表示如下：

$$\begin{cases} K_k = P_k^- H_k^{\mathrm{T}} (H_k P_k^- H_k^{\mathrm{T}} + M_k R_k M_k^{\mathrm{T}})^{-1} \\ \hat{x}_k^+ = \hat{x}_k^- + K_k (y_k - h_k(x_k, O)) \\ P_k^+ = (I - K_k H_k) P_k^- (I - K_k H_k)^{\mathrm{T}} + \overline{R}_k \end{cases} \tag{4-77}$$

式中 $\overline{R}_k = K_k M_k R_k M_k^{\mathrm{T}} K_k^{\mathrm{T}}$，$K_k$ 表示增益矩阵，矩阵 H_k, M_k 如下：

$$H_k = \left.\frac{\partial h}{\partial x}\right|_{\hat{x}_k}, \quad M_k = \left.\frac{\partial h}{\partial v}\right|_{\hat{x}_k} \tag{4-78}$$

4.6.2　HEKF 的改进方法

时间更新方程式（4-75）中的第二式，等价于量测协方差矩阵趋于无穷的微分 Riccati 方程，但要求协方差矩阵 P 始终为对称矩阵。但是，当数值求解该微分方程的时候，由于计算机精度导致了舍入误差，因此，在时间更新过程中的每一次积分后，要对称化协方差矩阵 P，即

$$P = (P + P^{\mathrm{T}})/2 \tag{4-79}$$

再者，根据量测更新方程（4-77）的二式可得出，时间更新值 $\hat{x}_k^-$ 与测量误差更新 $y_k - h_k(x_k, O)$ 两部分构成了第 k 次测量值对应的最终的状态估计值 $\hat{x}_k^+$。若系统模型本身存有偏差，那么，势必影响时间更新值 $\hat{x}_k^-$ 可信度的降低。若量测比较准确，则可增大增益矩阵 K_k，从而降低时间更新相对于观测值在最终的状态估计值中的比重，进而可以在固有建模偏差存在的情况下，能够获得精度更高的状态估值。这可通过融入虚拟过程噪声实现，这就相当于人为地增大式（4-74）的过程噪声协方差矩阵 Q。

4.7　基于雁群 PSO 的模糊自适应 EKF

为了实现 EKF 的准确定位，文献[16]基于对雁群粒子群算法的改进，对模糊自适应扩展卡尔曼滤波进行优化。其基本思想是：先利用分数阶微分对粒子进化速度进行改进，再利用混沌对粒子的初始化进行改进，通过改进，使雁群粒子群算法在搜索速度和避免早熟方面有了很大提高；最后，将改进后的雁群粒子群算法应用于模糊自适应扩展卡尔曼滤波，使得改进雁群 PSO

优化的 EKF 取得了很好的定位效果。

4.7.1 雁群 PSO

对动物群体行为的研究和模拟，催生了粒子群算法。这种群体智能算法，主要用于对复杂优化问题的求解。

雁群粒子群算法[17]的基本思想是：首先随机初始化一群粒子，再利用迭代的方法找到最优解。对于每次的迭代搜索，按粒子的历史最优适应度值大小排序，从而使历史最优适应度值最好的粒子被选出，并作为第一个粒子，而其他粒子依次往后排列，后面的每个粒子跟随前面的较优粒子运动。

粒子的更新通过两个值来完成：一是第 i 个粒子本身所找到的最优解 p_{id}；二是按历史适应度值好坏排在该粒子前面的粒子的最优解 $p_{(i-1)d}$。第 i 个粒子在 N 维空间中的位置表示为 $x_i=(x_{i1},x_{i2},\cdots,x_{iN})^{\mathrm{T}}$，速度为 $v_i=(v_{i1},v_{i2},\cdots,v_{iN})^{\mathrm{T}}$，个体极值用 $p_i=(p_{i1},p_{i2},\cdots,p_{iN})^{\mathrm{T}}$ 表示。基于以上内容，对雁群粒子群算法的进化方程表示如下：

$$v_{id}^{t+1}=\omega v_{id}^{t}+c_1r_1(p_{id}^{t}-x_{id}^{t})+c_2r_2(p_{(i-1)d}^{t}-x_{id}^{t}) \tag{4-80}$$

$$x_{id}^{t+1}=x_{id}^{t}+v_{id}^{t+1} \tag{4-81}$$

式中 $i=1,2,\cdots,m$，$d=1,2,\cdots,D$；ω 称为惯性因子，为非负常数；c_1，c_2 表示学习因子；$r_1,r_2\in[0,1]$之间的随机数；t 表示迭代次数。

经过雁群思想的改建，虽然 PSO 的粒子多样性在一定程度上得到了保证，且也在一定程度上避免了陷入局部最优，但效果不是特别明显。因此，陈卫东[16]等提出基于分数阶微积分对雁群 PSO 进行改进。

4.7.2 基于分数阶微积分的雁群 PSO 的改进

时域分数阶微分方程[18]由 Grunwald-Letnikov 定义，具体表示如下：

$$D^{\alpha}[x(t)]=\lim_{h\to 0}\left[\frac{1}{h^{\alpha}}+\sum_{k=0}^{\infty}\frac{(-1)^k(\alpha+1)x(t-kh)}{\Gamma(k+1)\Gamma(\alpha-k+1)}\right] \tag{4-82}$$

根据公式（4-82）可得，整数阶导数是有限级数，但是分数阶导数却包含无限项级数。分数阶微积分与整数阶微积分最显著的不同在于分数阶微积分与过去所有点的信息有关，是一种全局算子。

在离散时间时，可近似地表示分数阶导数，公式如下：

$$D^{\alpha}[x(t)]=\frac{1}{T^{\alpha}}+\sum_{k=0}^{r}\frac{(-1)^{k}\Gamma(\alpha+1)x(t-kT)}{\Gamma(k+1)\Gamma(\alpha-k+1)} \tag{4-83}$$

式中 T 为采样周期， r 为截止阶数。

由于以上形式的分数阶模型具有记忆的特性，故不可逆和混沌现象非常适合用它来描述。因此，利用分数阶的思想，对扰动的船舶以及粒子群中粒子长期的动态计划过程进行描述，对问题的分析有很大的帮助[19]。

利用分数阶微积分对雁群 PSO 的速度进行更新，并对更新公式进行重排列，具体表述如下：

$$v_{id}^{t+1}-\omega v_{id}^{t}=c_1 r_1(p_{id}^{t}-x_{id}^{t})+c_2 r_2(p_{(i-1)d}^{t}-x_{id}^{t}) \tag{4-84}$$

设 $\omega=1$，等式左边为离散形式导数，阶数 $\alpha=1$（设 $T=1$），则式（4-84）表述如下：

$$D^{\alpha}[v^{t+1}]=c_1 r_1(p_{id}^{t}-x_{id}^{t})+c_2 r_2(p_{(i-1)d}^{t}-x_{id}^{t}) \tag{4-85}$$

利用分数阶微积分的思想，可将速度导数的阶数进一步推广到分数阶，即 $0\leqslant\alpha\leqslant1$，进而引起了更平稳的变化和更长的记忆效应。为了研究 α 大小对 PSO 优化算法性能的影响，将 α 从 0 增加到 1，步长为 $\Delta\alpha=0.1$，并计算一些函数的最优解。根据实验可得，当 $\alpha=0.6$ 时，算法的性能最优。分数阶微积分的特性为无限维，这种“无限记忆”特性使其数字实现较困难。由于当前的仿真工具并不能直接处理非整数阶微积分，因此，在使用分数阶微积分时，需要利用有限维的函数来近似[16]，其中， $r=4$，也就是考虑前四项。因此，式（4-85）可进行如下表示：

$$\begin{aligned}&v^{t+1}-\alpha v^{t}-\frac{1}{2}\alpha v^{t-1}-\frac{1}{6}\alpha(1-\alpha)v^{t-2}-\frac{1}{24}\alpha(1-\alpha)(2-\alpha)v^{t-3}\\&=c_1 r_1(p_{id}^{t}-x_{id}^{t})+c_2 r_2(p_{(i-1)d}^{t}-x_{id}^{t})\end{aligned} \tag{4-86}$$

即

$$\begin{aligned}v^{t+1}=&\alpha v^{t}+\frac{1}{2}\alpha v^{t-1}+\frac{1}{6}\alpha(1-\alpha)v^{t-2}+\frac{1}{24}\alpha(1-\alpha)(2-\alpha)v^{t-3}\\&+c_1 r_1(p_{id}^{t}-x_{id}^{t})+c_2 r_2(p_{(i-1)d}^{t}-x_{id}^{t})\end{aligned} \tag{4-87}$$

多次仿真实验结果显示，增大 r 对算法性能的提升没有多大作用。

4.7.3 基于混沌对雁群 PSO 的粒子初始化及早熟问题进行改进

作为一种普通非线性现象的混沌，其行为与随机性类似，然而，混沌也有其规律性。首先，混沌具有遍历的特性。所以，选取变量最优值时，利用混沌进行搜索比使用无序的随机搜索具有优越性，它可以有效地避免算法陷入局部最优[20]。

关于粒子群发生早熟收敛的判定，其依据是：设定好两个阈值 α 和 β，若平均粒子距离 $D_{is} < \alpha$，且粒子群的适应度方差 $\sigma^2 < \beta$ 时，则粒子群早熟。平均粒子距离表示粒子群中各个粒子间分布的离散程度。假设 L 表示搜索空间对角的最大长度，D 表示解空间的维数，p_{id} 表示粒子 i 的第 d 维坐标值，p_d 表示所有粒子的第 d 维坐标值均值，那么平均粒子距离的计算方法如下：

$$D_{is} = \frac{1}{pop_{size} \cdot L} \sum_{i=1}^{pop_{size}} \sqrt{\sum_{d=1}^{D} (p_{id} - p_d)^2 d} \tag{4-88}$$

式中 pop_{size} 表示种群规模。由式（4-88）可得，若 D_{is} 越大，说明离散程度越高；反之，说明种群集中度越高。

设第 i 个粒子的适应度值用 f_i 表示，当前粒子群的平均适应度值用 f_{avg} 表示，那么，粒子群的适应度方差 σ^2 表示如下：

$$\sigma^2 = \sum_{i=1}^{pop_{size}} \left(\frac{f_i - f_{avg}}{f} \right)^2 \tag{4-89}$$

式中 f 表示归一化定标因子，对 σ^2 的大小起限制作用。f 的取值方式规则如下：

$$f = \begin{cases} \max\limits_{1 \leqslant i \leqslant pop_{size}} |f_i - f_{avg}|, \max |f_i - f_{avg}| > 1 \\ 1, \text{其他} \end{cases} \tag{4-90}$$

粒子群的适应度的方差反映了粒子群中粒子的聚集程度。即若 σ^2 越大，粒子的聚集程度越小；反之，粒子的聚集程度越大。随着迭代的进行，粒子的适应度值都趋向一致，因此，σ^2 会越小。当 $\sigma^2 < \beta$ 时，可判定算法已经进入后期搜索阶段，此时，算法易陷入局部极值和早熟收敛。

利用混沌初始化粒子种群，其过程为：首先，在[0, 1]上随机生成 D 随机数，D 表示目标函数中自变量的个数；再利用 Logistic 混沌映射[21]：

$$p_{i,d}=\mu p_{i-1,d}(1-p_{i-1,d}),\ i=2,3,\cdots,G\quad (G>pop_{size}) \tag{4-91}$$

生成 G 个混沌序列，并将该序列从混沌区间[0, 1]映射到变量的取值区间 $[a,b]$，即

$$p_{i,n}=a+(b-a)p_{i,n} \tag{4-92}$$

最后，对每个序列的适应度值进行计算，并选择 pop_{size} 个适应度值高的粒子作为初始粒子。

利用混沌序列的遍历性，可使其搜索算法在迭代中产生许多局部最优解的邻近点，从而帮助惰性粒子避免陷入局部最优点，进而提高搜寻到全局最优点的速度。因此，选择活力较好的新粒子替代惰性粒子，可使其避免陷入停滞状态。即，若判断出 PSO 发生早熟现象，则利用混沌搜索更新粒子群中的某个粒子，使得粒子群的多样性增加。

然而，粒子群中的所有粒子并不能完全避免陷入局部最优点，因此，若存在部分粒子陷入局部最优点，可对其执行以下操作：

（1）生成一个[0, 1]之间的初始混沌变量，再利用 Logistic 映射函数产生新的混沌序列，并将混沌变量映射到优化变量的取值区间。

（2）对每个序列的适应度值进行计算。记录下搜索到的最好适应度值，直到混沌搜索的终止迭代次数。

（3）对当前粒子群最好的适应度值与混沌搜索到的最好适应度值进行比较，若后者优于前者，则用混沌搜索到的最好的混沌序列替代当前粒子群的最优粒子；否则，用此混沌序列取代粒子群中的任一其他粒子。

通过两种不同的方法对雁群 PSO 进行了改进[16]：一是利用分数阶微积分对粒子更新速度进行改进，进而增加了雁群 PSO 的全局性和遗传性；二是利用混沌思想，对粒子初始化值的选取进行优化，进而保证了有限个粒子在解空间的均匀分布，并在粒子发生早熟时更新粒子，以增加粒子群的多样性。

4.7.4　改进雁群 PSO 的模糊自适应卡尔曼滤波

改进雁群 PSO 的模糊自适应卡尔曼滤波[16]的详细步骤如下：

（1）预测过程。其方程如下：

$$x(k+1\mid k)=F(k)x(k\mid k)+u(k) \tag{4-93}$$

$$z(k+1|k)=H(k)x(k+1|k) \tag{4-94}$$

$$P(k+1|k)=F(k)P(k|k)F^{\mathrm{T}}(k)+Q(k) \tag{4-95}$$

式中 $u(k)$表示任意时刻 k 时的控制信号，$z(k)$表示 k 时传感器的量测值，$Q(k)$和 $R(k)$分别表示 $u(k)$和 $z(k)$对应的协方差，$F(k)$表示 k 时系统的状态转移矩阵，$H(k)$表示 k 时系统的观测矩阵。

（2）观测更新过程。其方程如下：

$$v(k+1)=z(k+1)-z(k+1|k) \tag{4-96}$$

$$S(k+1)=H(k)P(k+1|k)H^{\mathrm{T}}(k)+R(k+1) \tag{4-97}$$

$$x(k+1|k+1)=x(k+1|k)+K(k+1)v(k+1) \tag{4-98}$$

$$P(k+1|k+1)=P(k+1|k)-K(k+1)\times S(k+1)K^{\mathrm{T}}(k+1) \tag{4-99}$$

$$K(k+1)=P(k+1|k)H^{\mathrm{T}}(k)S^{-1}(k+1) \tag{4-100}$$

式中 $v(k)$ 表示 $k+1$时刻的新息。新息的理论协方差矩阵用 $S(k+1)$ 表示。

模糊算法的作用在于对观测噪声的协方差矩阵 R 的值进行在线调整。即利用模糊系统，再以实际的新息协方差矩阵与理论协方差矩阵的差值为依据，对观测噪声协方差矩阵 R 的大小进行调整。实际的新息协方差矩阵方程表示如下：

$$C_{\ln nk}=v(k)v^{\mathrm{T}}(k) \tag{4-101}$$

为了使 $C_{\ln ck}$ 与 $S(k)$之间的差值最小，即使 $\min(\Delta C_{\ln nk})$存在，有：

$$\Delta C_{\ln nk}=C_{\ln nk}-S(k) \tag{4-102}$$

这里使用了单输入输出系统，其输入为 $\Delta C_{\ln nk}$ 的对角元素值 $\Delta C_{\ln nk}(j,j)$，输出为 R 的对角元素 $\Delta R(j,j)$。对于该模糊系统的输入输出，利用三个隶属度函数：负值（N）、零值（Z）、正值（P）。其模糊规则表示如下：

若 $\Delta C_{\ln nk}(j,j)$ 为 N，则 $\Delta R(j,j)=w_1$；

若 $\Delta C_{\ln nk}(j,j)$ 为 Z，则 $\Delta R(j,j)=w_2$；

若 $\Delta C_{\ln nk}(j,j)$ 为 P，则 $\Delta R(j,j)=w_3$。

三个隶属度函数分别用高斯型表示为 guass1(a_1, b_1)，guass2(a_2, b_2)和 guass3(a_3, b_3)，则模糊系统中需要确定 9 个参数，分别为 $(a_i,b_i,w_i),i=1,2,3$。

4.8　模糊神经网络优化扩展卡尔曼滤波

商云龙[22]等为了解决传统卡尔曼滤波过度依赖于精确的电池模型，且需要系统噪声必须服从高斯白噪声分布问题，提出了基于模糊神经网络（Fuzzy Neural Network，FNN）的模型误差的预测模型，并在此基础上，对卡尔曼滤波的量测噪声协方差进行修正，实现了在模型误差较小时，对状态估计进行量测更新。若模型的误差较大，则只对过程进行更新。

4.8.1　模糊神经网络

文献[23]对模糊神经网络进行了详细介绍，这里利用文献[23]的图 2，对四层 FNN 进行简要阐述。具体内容如下所示：

（1）FNN 的第一层为输入层。N 个输入变量与各神经元直接连接。

（2）FNN 的第二层为模糊化层。在该层中，每个输入变量有 L（未知）个模糊规则。对于 N 个输入变量，可分为 $N*L$ 个神经元，每个神经元表示一条模糊规则的前件。

（3）FNN 的第三层为模糊推理层。利用自组织聚类算法，对 $N*L$ 个神经元聚类为 N 个神经元。然后对各神经元使用乘积推理[24]，计算各模糊规则的后件 $u_k(x)$。具体方法如下：

$$u_k(x)=\prod_{i=1}^{N}u_{ik}(x_i)\text{，}\ k=1,2,3,\cdots,L \tag{4-103}$$

（4）FNN 的第四层为清晰化层。其作用是对模型的输出变量 y 进行计算。计算公式如下：

$$y=\frac{\sum_{k=1}^{L}u_k(x)w_k}{\sum_{k=1}^{L}u_k(x)} \tag{4-104}$$

在 FNN 中，有两个主要特点：① 模糊规则 L 是未知的，也就是说，FNN 的结构不能确定。② FNN 有三个参数，分别为 σ_{ik},c_{ik},w_k，需要进行样本训练。

4.8.2 基于模糊神经网络优化 EKF

EKF 利用对观测量的更新，进而对系统的状态进行估计。但是，EKF 的应用有其特定条件，如噪声需要服从高斯分布，并对系统的模型精度有很高的要求。若模型有较大误差，量测噪声协方差为非高斯时，会因为测量更新给状态估计带来较大的估计误差。为此，首先基于模糊神经网络，建立模型误差的预测模型，并以此对滤波时的测量噪声协方差实时修正；进而，可在较小的模型误差时，对状态估计进行测量更新，而在具有较大的模型误差时，进行过程更新。

FNN- EKF 的详细计算过程如下[23]：

步骤 1　初始化。滤波器状态和误差协方差初始化。

$$\begin{cases} \hat{x}_0 = E(x_0) \\ P_0 = E[(x_0 - \hat{x}_0)(x_0 - \hat{x}_0)^{\mathrm{T}}] \end{cases} \tag{4-105}$$

式中 x_0 表示状态真值的初值，状态估计值的初值用 $\hat{x}_0$ 表示，P_0 表示误差协方差矩阵的初值。

步骤 2　过程更新(预测)。

$$\hat{x}_k^- = A_k \hat{x}_{k-1} + B_k u_{k-1} + w_k \tag{4-106}$$

式中 $\hat{x}_k^-$ 表示已知第 k 步以前状态的条件下，第 k 步的先验状态估计；$\hat{x}_{k-1}$ 表示第 $k-1$ 步的后验状态估计。

误差协方差更新可表述为

$$P_k^- = A_k P_{k-1} A_k^{\mathrm{T}} + w_k Q w_k^{\mathrm{T}} \tag{4-107}$$

式中 P_k^- 表示第 k 步的误差协方差矩阵的先验值。

步骤 3　对测量噪声协方差 R_k 进行修正。

鉴于电池电压及电流测量误差的存在，以及建立的模型难以非常准确地对复杂的电池动态系统进行描述，需建立电池模型误差的预测模型，并对 EKF 量测噪声的协方差进行修正。然而，模型误差与电池端电压、电流的关系非常复杂，难以建立精度很高的关系模型；而对于 EKF 量测噪声协方差的修正并不需要精确的预测模型误差，只需预测模型误差大或小即可，因此，可设定模型误差为 0、1 两个开关变量，若误差 $\geqslant 0.001\mathrm{V}$ 时，记为 1；若误差 $< 0.001\mathrm{V}$ 时，记作 0。以电压和电流作为输入，模糊化的模型误差作为输出，基于模糊神经网络的模型误差预测模型，具体表示如下：

$$Flag_k = g(U_{bat,k},\ i_{bat,k}) \tag{4-108}$$

式中$U_{bat,k}$和$i_{bat,k}$表示第k步电压和电流的测量值；g表示非线性的神经网络函数；$Flag_k$表示第k步基于模糊神经网络预测的模糊化模型误差，取值为[0, 1]之间。文献[23]的图4是基于模糊神经网络的模型误差预测结果，且以0.5为判定阈值，在$0.5 \leqslant Flag_k \leqslant 1$时，模型有较大误差；而当$0 \leqslant Flag_k < 0.5$时，模型具有较小误差。

在式（4-110）中，测量噪声协方差R_k主要用来计算增益矩阵K_k。如果R_k越小，那么，残余的增益K_k就越大，对修正滤波状态的作用也就越大，这时，测量更新决定了状态估计的效果；如果R_k越大，残余的增益K_k就越小，修正滤波状态的作用小，此时，过程更新就决定了状态估计的效果。因此，若预测的模型误差为$0.5 \leqslant Flag_k \leqslant 1$，则可令$R_k$为无穷大值，$K_k$接近于0，测量更新也就越失效，这时状态估计主要由过程更新决定，从而由较大模型误差而引入的状态估计误差得以避免；若预测模型误差较小为$0 \leqslant Flag_k < 0.5$，令R_k为较小值（这里取1），状态估计主要由测量更新决定，从而实现了状态估计的校正，提高了估计精度与收敛速度。

综上所述，测量噪声修正模型为：

$$R_k = \begin{cases} 1, 0 \leqslant Flag_k < 0.5 \\ \infty, 0.5 \leqslant Flag_k \leqslant 1 \end{cases} \tag{4-109}$$

步骤4 计算滤波增益矩阵。具体计算方法如下：

$$K'_k = \boldsymbol{\Gamma} K_k = \boldsymbol{\Gamma} P_{\bar{k}} H_k^{\mathrm{T}} [H_k P_{\bar{k}} H_k^{\mathrm{T}} + v_k P_{\bar{k}} v_k^{\mathrm{T}}]^{-1} \tag{4-110}$$

式中$\boldsymbol{\Gamma}$为滤波增益系数，v_k为服从协方差为变值（R_k）的正态分布：

$$p(v_k) \sim N(0,\ R_k) \tag{4-111}$$

第5步 测量更新（校正）。

$$\hat{x}_k = \hat{x}_{\bar{k}} + K'_k [y_k - h(\hat{x}_{\bar{k}}, u_k)] \tag{4-112}$$

式中$\hat{x}_k$为已知电池端电压的测量真值y_k时，第k步的后验状态估计，误差协方差测量更新：

$$P_k = (1 - K'_k H_k) P_{\bar{k}} \tag{4-113}$$

式中R_k为误差协方差矩阵第k步的估计值。

文献[23]的图5展示了基于模糊神经网络优化EKF的流程图。其滤波过程本质上是基于小模型误差准则的 EKF 估计。其原理是：通过模糊神经网络预测的模型误差，实时地修正量测噪声协方差 R_k，进而实现：在预测模型误差较小时，取 R_k 为较小值，以实现量测更新，进而确保算法的收敛速度；当预测模型误差较大时，取 R_k 为无穷大，只对过程更新，这就解决了较大模型误差和测量噪声不确定性导致的状态估计误差，算法的估计精度也相应得到提高。

4.9 其他关于 EKF 的改进研究

4.9.1 基于计算观测矩阵的 EKF 改进算法

扩展卡尔曼滤波（EKF）的基本思想是：基于泰勒公式将非线性函数按其阶数展开，再将高阶项省略。从而在滤波过程中无法避免地会产生线性误差，也只有在系统的状态和观测模型都接近线性时，滤波结果才有可能接近真实值。

马凌[25]等基于 EKF 在针对强非线性模型误差较大，滤波结果出现显著偏差，以致滤波发散的问题，提出了一种改进扩展卡尔曼滤波（IEKF）。其基本思想是：在计算观测矩阵时进行多次迭代，以提高滤波精度。IEKF 迭代过程如下：

$$\hat{X}_{k+1,k}=F_k\hat{X}_k \tag{4-114}$$

$$P_{k+1,k}=F_kP_kF_k^{\mathrm{T}}+Q_k \tag{4-115}$$

$$\hat{Z}_{k+1,k}^0=H_{k+1}^0\hat{X}_{k+1,k} \tag{4-116}$$

$$K_{k+1}^0=P_{k+1,k}(H_{k+1}^0)^{\mathrm{T}}[H_{k+1}^0P_{k+1,k}(H_{k+1}^0)^{\mathrm{T}}+R_{k+1}]^{-1} \tag{4-117}$$

$$X_{k+1}^0=\hat{X}_{k+1,k}+K_{k+1}^0[Z_{k+1}-Z_{k+1,k}^0] \tag{4-118}$$

$$\hat{Z}_{k+1,k}=H_{k+1}\hat{X}_{k+1}^0 \tag{4-119}$$

$$K_{k+1}=P_{k+1,k}(H_{k+1}^0)^{\mathrm{T}}[H_{k+1}P_{k+1,k}(H_{k+1})^{\mathrm{T}}+R_{k+1}]^{-1} \tag{4-120}$$

$$\hat{X}_{k+1}=\hat{X}_{k+1}^0+K_{k+1}[Z_{k+1}-\hat{Z}_{k+1,k}] \tag{4-121}$$

$$P_{k+1}=\left[I-K_{k+1}H_{k+1}\right]P_{k+1,k}\left[I-K_{k+1}H_{k+1}\right]^{\mathrm{T}}+K_{k+1}R_{k+1}K_{k+1}^{\mathrm{T}} \tag{4-122}$$

其中 $H_{k+1}^{0}=\left.\dfrac{\partial h}{\partial X}\right|_{X=\hat{X}_{k+1,k}}$，$H_{k+1}=\left.\dfrac{\partial h}{\partial X}\right|_{X=\hat{X}_{k+1}}$；其他数学符号的具体含义详见文献[25]。

4.9.2　基于斜距误差和多普勒误差的 EKF 优化算法

关于标准 EKF 在多普勒量测目标的跟踪中，估计精度较低的问题，宁倩慧[26]等提出了 EKF 的优化算法。其基本思想是：在标准 EKF 中将位置量测扩展到多普勒量测，进而提高滤波精度。

相关研究结果表明：大多数情况下，斜距和多普勒量测误差是统计相关的[26]，为使雷达的多普勒量测信息得以充分利用，宁倩慧[26]等对标准 EKF 进行了优化。优化算法的状态方程可表示为：

$$X(k)=F(k-1)X(K-1)+G(K-1)u(k-1)+v(k-1) \tag{4-123}$$

式中 $X(k)=[x(k),y(k),\dot{x}(k),\dot{y}(k),S_{1\times(n-4)}]'$ 表示目标的运动状态，$x(k)$、$y(k)$ 表示目标在 x,y 方向的位置分量，$\dot{x}(k)$、$\dot{y}(k)$ 表示速度分量，其余的状态分量用 $S_{1\times(n-4)}$ 表示，$F(k)$ 表示状态转移矩阵，$v(k)$ 为零均值的高斯白噪声序列，$G(k)$ 为适当维数的系数矩阵，$u(k)$ 为确定性输入向量。

目标运动状态中的位置转换量测是线性函数，因此，对于线性函数，采用序贯滤波估计，可使位置和估计量测之间的相关性得以去除。那么，根据位置和估计量测，协方差阵 $R_a(k)$ 可分两块表示：

$$R_a(k)=\begin{bmatrix} R_a^{p}(k) & R_a^{\zeta p}(k) \\ (R_a^{\zeta p}(k))' & R_a^{\zeta}(k) \end{bmatrix}^{\mathrm{T}} \tag{4-124}$$

令 $L(k)=-R_a^{\zeta p}(k)[R_a^{p}(k)]^{-1}=[L^{1}(k),L^{2}(k)]$，则

$$B(k)=\begin{bmatrix} I_2 & L(k) \\ O & 1 \end{bmatrix}^{\mathrm{T}} \tag{4-125}$$

根据矩阵的 Cholesky 分解得：

$$\begin{cases} z^{c,p}(k)=H^{c,p}(k)X(k)+v^{c,p}(k) \\ \varepsilon^{c}(k)=h_k^{\varepsilon}\left[X(k)\right]+\tilde{\varepsilon}(k) \end{cases} \tag{4-126}$$

式中

$$
\begin{cases}
z^{c,p}(k)=[x^{c}(k),y^{c}(k)]' \\
H^{c,p}=[I_2,O_{2\times(n-2)}] \\
E[v^{c,p}(k)]=\mu_a^p(k)=[\mu_a^x(k),\mu_a^y(k)]' \\
\mathrm{cov}[v^{c,p}(k)]=R_a^p(k) \\
\varepsilon^c(k)=L^1(k)x^c(k)+L^2(k)y^c(k)+\zeta(k) \\
h_k^{\varepsilon}(X(k))=L^1(k)x(k)+L^2(k)y(k)+x(k)\dot{x}(k)+y(k)\dot{y}(k) \\
\tilde{\varepsilon}(k)=L^1(k)\tilde{x}(k)+L^2(k)\tilde{y}(k)+\tilde{\zeta}(k) \\
E[\tilde{\varepsilon}(k)]=\mu_a^{\varepsilon}(k)=L^1(k)\mu_a^x(k)+L^2(k)\mu_a^y(k)+\mu_a^{\zeta}(k) \\
\mathrm{var}[\tilde{\varepsilon}(k)]=R_a^{\varepsilon}(k)-R_a^{\varepsilon p}(k)(R_a^p(k))^{-1}[R_a^{\varepsilon p}(k)]'
\end{cases}
\tag{4-127}
$$

且 $\tilde{\varepsilon}(k)$ 和 $v^{c,p}(k)$ 不相关。

利用公式（4-123）和（4-126），可以完成对目标运动状态的滤波估计，主要包括以下四个步骤：

步骤 1　时间更新滤波估计。

$$
\begin{cases}
\tilde{X}(k\,|\,k-1)=F(k-1)\tilde{X}(k-1\,|\,k-1)+G(k-1)u(k-1) \\
P(k\,|\,k-1)=F(k-1)P(k-1\,|\,k-1)[F(k-1)]'+Q(k-1)
\end{cases}
\tag{4-128}
$$

步骤 2　位置量测更新滤波估计。

$$
\begin{cases}
K^p(k)=P(k\,|\,k-1)[H^{c,p}(k)]'[H^{c,p}(k)P(k\,|\,k-1)[H^{c,p}(k)]'+R_a^p(k)]^{-1} \\
\hat{X}^p(k\,|\,k)=\hat{X}(k\,|\,k-1)+K^p(k)[z^{c,p}(k)-\mu_a^p(k)-H^{c,p}(k)\hat{X}(k\,|\,k-1)] \\
P^p(k\,|\,k)=(I_n-K^p(k)H^{c,p}(k))P(k\,|\,k-1)
\end{cases}
\tag{4-129}
$$

步骤 3　伪量测更新滤波估计。

$$
\begin{cases}
K^{\varepsilon}(k)=P^p(k\,|\,k)[H^{\varepsilon}(k)]'[H^{\varepsilon}(k)P(k\,|\,k)[H^{\varepsilon}(k)]'+R_a^{\varepsilon}(k)+A(k)]^{-1} \\
\hat{X}^{\varepsilon}(k\,|\,k)=\hat{X}^p(k\,|\,k-1)-K^{\varepsilon}(k)\left[\varepsilon^c(k)-\mu_a^{\varepsilon}(k)-H_k^{\varepsilon}(\hat{X}^p(k\,|\,k))-\dfrac{1}{2}\delta^2(k)\right] \\
P^{\varepsilon}(k\,|\,k)=(I_n-K^{\varepsilon}(k)H^{\varepsilon}(k)P^p(k\,|\,k))
\end{cases}
\tag{4-130}
$$

式中 $H^{\varepsilon}(k)$ 为 $h_k^{\varepsilon}[X(k)]$ 在 $\hat{X}^{\varepsilon}(k\,|\,k)$ 处的雅可比行列式矩阵。

步骤 4　最终滤波估计：

$$\begin{cases} \hat{X}(k \mid k) = \hat{X}^{\varepsilon}(k \mid k) \\ P(k \mid k) = P^{\varepsilon}(k \mid k) \end{cases} \tag{4-131}$$

该算法的流程如图 4-4 所示。

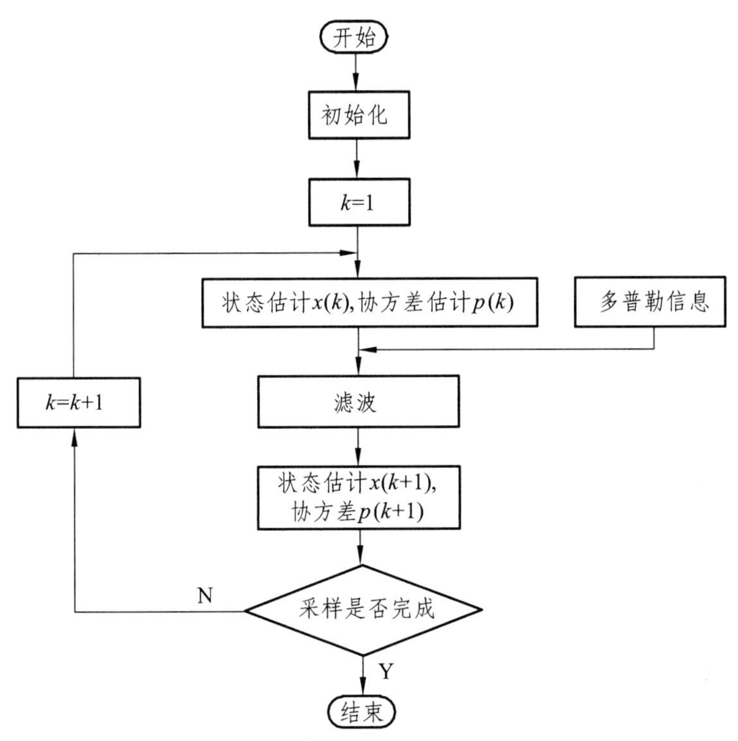

图 4-4　优化算法的仿真流程图

4.9.3　基于 Levenberg-Marquardt 优化方法的 EIEKF

杨宏[27]等把迭代理论融入 EKF 中，同时，利用 Levenberg-Marquardt[28] 对迭代过程进行优化，以增加算法的稳定性。

1. 迭代的 EKF

状态滤波值为：

$$\hat{x}_k = \hat{x}_k^- + K_k(y_k - \hat{y}_k^-) \tag{4-132}$$

在式（4-132）中，首先，将状态预测值 $\hat{x}_k^-$ 作为参考点，对观测预测值 $\hat{y}_k^-$ 和增益矩阵 K_k 进行计算；然后，根据观测量 y_k 获得状态估计 $\hat{x}_k$。而状态的滤

波值 $\hat{x}_k$ 比预测值 $\hat{x}_k^-$ 更加接近真实轨迹，因此，如果参考点是观测更新后的状态估计 $\hat{x}_k$，再对观测方程作线性化处理就能获得更加准确的状态估计值。多次重复该过程，就构成了迭代 EKF 方法。

2. Levenberg-Marquardt 优化方法

对基于线性化方法的卡尔曼滤波，可将代价函数 $C(x_k)$ 进行如下表示：

$$C(x_k)=(x_k-\bar{x}_k)^{\mathrm{T}}\bar{P}^{-1}(x_k-\bar{x}_k)+(y_k-h(\bar{x}_k))^{\mathrm{T}}\cdot\bar{R}^{-1}(y_k-h(\bar{x}_k)) \quad (4\text{-}133)$$

对观测更新的迭代过程，可视作用 Gauss-Newton 方法求解 $C(x_k)$ 的极小值点。但是，关于线性化处理引起的误差，观测数据与状态空间模型未必完全一致，因此，只能求出函数 $C(x_k)$ 的非零极值点，这等同于将 Gauss-Newton 方法应用于小残差问题的迭代优化。在此类问题的求解上，Gauss-Newton 性能缺乏稳定性，主要表现为：状态的观测更新并不能有效地确保估计误差也相应减少，协方差阵的估计值与真实值相比是偏低的，进而使观测信息的有效利用受到影响。为了增加算法的稳定性，利用 Levenberg-Marquardt 方法对预测协方差阵进行调整，以确保算法能够全局收敛。该方法的核心之处在于：每次迭代时，使用参数 μ_i 修正预测协方差阵，也就是对协方差阵 $\tilde{P}_{x_k}=[I-\bar{P}_{x_k}(\bar{P}_{x_k}+\mu_i^{-1}I)^{-1}]\bar{P}_{x_k}$ 进行调整。最后，利用修正的协方差矩阵 $\tilde{P}_{x_k}$ 对观测进行迭代更新。

基于以上改进方法，我们提出了基于 Levenberg-Marquardt 优化方法的 NIEKF 滤波。详细过程如下：

（1）初始化 $k=0$。

$$\hat{x}_0=E[x_0] \quad (4\text{-}134)$$

$$P_0=E[(x_0-\hat{x}_0)(x_0-\hat{x}_0)^{\mathrm{T}}] \quad (4\text{-}135)$$

（2）

for–0　$k=1$：N

计算系统方程的雅可比矩阵：

$$F_k=\left.\frac{\partial f(x_k)}{\partial x_k}\right|_{x_k}=x_{k-1} \quad (4\text{-}136)$$

计算预测系统状态及协方差：

$$\hat{x}_k^-=f(x_{k-1|k-1}) \quad (4\text{-}137)$$

$$P(k|k-1)=F_k^iP(k-1|k-1)F_k^{i\mathrm{T}}+P_w \quad (4\text{-}138)$$

进行 c 次迭代：

for-1　$j=1$：c

利用公式（4-139）计算系统方程的雅可比矩阵：

$$F_{k_j}=\left.\frac{\partial f(x_{k_j})}{\partial x_{k_j}}\right|_{x_{k_j}}=x_{k-1_j} \tag{4-139}$$

计算预测系统状态、观测预测及协方差：

$$\hat{x}_{k_j}^{-}=f(x_{k-1|k-1}^{j}) \tag{4-140}$$

$$\hat{y}_{k_j}^{-}=h(\hat{x}_{k_j}^{-}) \tag{4-141}$$

$$P_j(k\,|\,k-1)=F_{k_j}P(k-1\,|\,k-1)F_{k_j}^{\mathrm{T}}+P_w \tag{4-142}$$

修正的协方差阵如下：

$$P_j(k\,|\,k-1)=[1-P_j(k\,|\,k-1)*(P_j(k\,|\,k-1)+\mu_i\hat{}(-1))\hat{}(-1)]*P_j(k\,|\,k-1) \tag{4-143}$$

计算量测方程的雅可比矩阵：

$$H_{k_j}=\left.\frac{\partial h(x_{k_j})}{\partial x_{k_j}}\right|_{x_{k_j}}=x_{k-1_j} \tag{4-144}$$

利用公式（4-145）计算滤波增益矩阵：

$$K_k=P_j(k\,|\,k-1)H_{k_j}^{\mathrm{T}}[H_{k_j}P_j(k\,|\,k-1)H_{k_j}^{\mathrm{T}}+P_v]^{-1} \tag{4-145}$$

对协方差矩阵 P_{k_j} 、系统状态 $\hat{x}_{k_j}$ 进行更新。

$$P_j(k\,|\,k)=[I-K_kH_{k_j}]P_j(k\,|\,k-1) \tag{4-146}$$

$$\hat{x}_{k_j}=\hat{x}_{k_j}^{-}+K_k(y_k-\hat{y}_{k_j}^{-}) \tag{4-147}$$

end for-1

end for-0

其中 P_w，P_v 表示状态过程噪声协方差和测量噪声协方差，Levenberg-Marquardt 参数 $\mu_i=0.1$。

4.10 基于学习的 KPLS 优化扩展卡尔曼滤波

综合前面 9 个小节，在对 EKF 所做的改进或优化上，主要目的有两个：一是提高滤波精度，二是克服对高准确度的系统模型和噪声信号的要求。因此，我们基于核偏最小二乘法的学习能力，提出了基于学习的 KPLS 优化扩展卡尔曼滤波。其基本思想是：通过滑动窗口使得 KPSL 具有时序预测能力和模型的动态更新能力；再结合 KPLS 的预测结果与 EKF 的预测结果，使得在进行系统的状态估计时，能对最终的估计值进行修正。这在一定程度上解决了系统参数不确定和噪声信息不正确引起的估计偏差随时序增大的问题。

4.10.1 KPLS 理论基础

为了解决非线性系统的预测问题，Trejo 和 Rosipal 教授[17]将核函数引入 PLS，提出了核偏最小二乘法（Kernel Partial Least Square，KPLS）。其基本原理是：通过非线性核函数将输入空间映射到高维特征空间，在特征空间中构建线性偏最小二乘回归，从而实现原始输入空间的非线性建模。核偏最小二乘算法的详细步骤如下[5]：

设变量 $X \in \mathbf{R}^{n\times p}$，$Y \in \mathbf{R}^{n}$，自变量个数为 p, n 表示样本个数。从原始输入空间 $\{x_j\}_{j=1}^{p}$ 到特征空间 H 的非线性映射为 $\boldsymbol{\Phi}: x_j \in \mathbf{R}^{n} \to \Phi(x_j) \in H$。

步骤 1　计算核矩阵。

$$K = \sum_{l=1}^{p} \Phi(x_l)\Phi(x_l)^{\mathrm{T}} \tag{4-148}$$

利用高斯核函数计算矩阵元素，高斯核函数表示如下：

$$K(i,j) = \exp\left[\frac{-\|x(i)-x(j)\|^2}{2\sigma_l}\right] \tag{4-149}$$

式中 $\sigma_l\,(l=1, 2, \cdots, p)$表示高斯核函数宽度。

步骤 2　对核矩阵 K 中心化处理。

$$K = K - \frac{1}{N}O_N K - \frac{1}{N}KO_N + \frac{1}{N^2}O_N K O_N \tag{4-150}$$

步骤 3　随机初始化 Y 的得分向量 u。

步骤 4　计算特征空间中 X 的得分向量 t_h，并进行归一化。

$$\begin{cases} t_h = \Phi\Phi_u^{\mathrm{T}} h = K_h u_h \\ t_h = \dfrac{t_h}{\| t_h \|} \end{cases} \tag{4-151}$$

步骤 5　计算 Y_h 的权值向量 c_h。

$$c_h = Y_h^{\mathrm{T}} t_h \tag{4-152}$$

步骤 6　计算 Y_h 的得分向量 u_h，并归一化。

$$\begin{cases} u_h = Y_h c_h \\ u_h = \dfrac{u_h}{\| u_h \|} \end{cases} \tag{4-153}$$

步骤 7　重复步骤 4 ~ 6，直到 t_h 收敛。

步骤 8　将矩阵 K, Y 缩小，重复步骤 3 ~ 7，取得 p 个 t、u。

$$K_{h+1} = K_h - t_h t_h^{\mathrm{T}} K_h - K_h t_h t_h^{\mathrm{T}} + t_h t_h^{\mathrm{T}} K_h t_h t_h^{\mathrm{T}} \tag{4-154}$$

$$Y_{h+1} = Y_h - t_h t_h^{\mathrm{T}} Y_h \tag{4-155}$$

式（4-156）为训练样本的拟合公式：

$$\hat{Y} = KU(T^{\mathrm{T}}KU)^{-1}T^{\mathrm{T}}Y = TT^{\mathrm{T}}Y \tag{4-156}$$

式中 T 、U 分别为得分向量 t、u 组成的矩阵，$\hat{Y}$ 为拟合结果。

预测样本拟合公式为：

$$\hat{Y}_t = K_t U(T^{\mathrm{T}}KU)^{-1}T^{\mathrm{T}}Y \tag{4-157}$$

$$K_t = \Phi(x_{new})\Phi(x)^{\mathrm{T}} \tag{4-158}$$

式中 x_{new} 表示新采样的数据，x 为输入训练数据，Y 为输出训练数据，K_t 为新数据对应的核矩阵，$\hat{Y}_t$ 为预测结果。

4.10.2 KPLS 优化 EKF（KPLS-EKF）

1. KPLS 优化 EKF 理论分析

由标准 EKF 中的下面三个公式：

$$\hat{x}_{k|k-1} = f(x_{k-1}, u_k, 0) \tag{4-159}$$

$$\tilde{y}_k = z_k - h(\hat{x}_{k|k-1}, 0) \tag{4-160}$$

$$x_{k|k} = x_{k|k-1} + K_k \tilde{y}_k \tag{4-161}$$

可知，在标准的 EKF 中，k 时的预测只利用了线性化后 $k-1$ 时刻的状态估计，而忽略了 $k-2$，$k-3$，⋯，$k-p$ 时的状态估计信息，这样隐含的系统参数时变信息就不能在以后的状态估计中体现。

另外，KPLS 具有较强的泛化性能和抗噪能力，且在预测精度和训练时间方面与 SVM（Support Vector Machine）相当。而 KPLS 基于历史采样数据，实现了从原始输入空间到输出空间的非线性建模和预测，且不用关注非线性系统的状态方程和过程方差等信息。因此，可以利用 KPLS 建立量测与 EKF 收敛估计之间的核模型，再以此模型计算 k 时的预测值，并和 EKF 预测值合成，将此合成值作为 k 时状态估计的重要参数。

基于以上分析，根据 EKF 对非线性系统状态的估计过程，基于 KPLS 对动态非线性系统的模型重新定义如下：

$$Y = XB \tag{4-162}$$

$$Y = [y_1(k), y_2(k), \cdots, y_m(k)] \quad (y_i \in \mathbf{R}^N)$$

$$X = [x_1(k-1), x_1(k-2), \cdots, x_1(k-p), \cdots, x_l(k-1), x_l(k-2), \cdots, x_l(k-p)] \quad (x \in \mathbf{R}^N) \tag{4-163}$$

式中 Y 为系统状态各分量在 k 时的状态预测；X 为系统各分量 x_l 在 $k-1$，$k-2$，$k-3$，⋯，$k-p$ 时刻的量测矩阵；B 为模型的参数向量，由核偏最小二乘法辨识得到。

2. 基于滑动窗口更新 KPSL 预测模型

其基本思想是设定固定长度的样本作为训练样本，并使窗口随着新样本的采集不断向前滑动，以替换旧样本，从而使模型能够定期更新，以实现 KPLS 实时预测。具体过程如下：

步骤 1 对于变量 $X \in \mathbf{R}^{n \times p}$，因变量 $Y \in \mathbf{R}^n$，自变量个数为 p，n 表示样

本个数，其输入构成一个 $n \times p$ 矩阵，用以下公式：

$$S_k = H_k P_{k|k-1} H_k^{\mathrm{T}} + R_k \quad (4\text{-}164)$$

$$K_k = P_{k|k-1} H_k^{\mathrm{T}} S_k^{-1} \quad (4\text{-}165)$$

处理后，得核矩阵 K。因此，设定窗口长度为 n，滑动距离为 q。

步骤 2　自变量 x_j 的重新采样集合为 $\{\omega_j^m\}_{m=1}^q$，$q<n$，因变量 Y 的采样集合为 $\{y^m\}_{m=1}^q$。

步骤 3　在时序上越新的数据，对预测模型越有利。因此，对于原采样数据集合 $\{x_j^m\}_{m=1}^n, j=1,2,\cdots,p$，将从 $q+1$ 到 n 内的数据整体向时序的递减方向移动 q 位，以替换掉从 1 到 q 这 q 个原采样数据，再利用新采样数据，按时序替换空出的 q 个位置。其过程如图 4-5 所示。

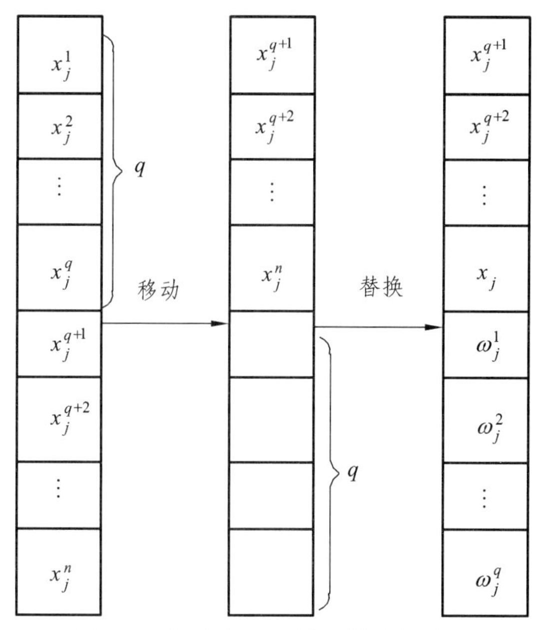

图 4-5　滑动窗口更新采样数据过程

步骤 4　利用重采样的数据 $\{x_j^m\}_{m=1}^q$ 和 $\{y^m\}_{m=1}^q$，计算核矩阵元素。

3. 高斯核函数宽度参数取值

在 KPLS 中，重点在于核函数中的宽度参数 σ 的取值，其值影响到 KPLS 的性能。σ 较大时，此算法主要应用于平缓变化的样本，具有更优的泛化能力；σ较小时，主要应用于剧烈变化的样本。在多输入变量的情况下，各变量的宽度参数σ不同，且随时序变化。通常，σ的取值可参照小波变换中的尺度变化规律，而多尺度小波核有近似正交的特点，它适用于连续函数的拟合及数字信号的局部分析、信噪分离和突变信号的检测。具体方法如下：

$$\sigma_i = 2^i \sigma, \quad i = 0, 1, 2, \cdots \tag{4-166}$$

对于时序变化样本，σ应该怎么取值需要进一步表达。设输入变量x_i的σ取值集合为$I = \{\sigma_i\}_{i=1}^n$，在时刻t的取值$\sigma = \sigma_{random(|I|)}$，即在集合$I$中随机取$\sigma_i$。

4. KPLS-EKF 量测噪声协方差估计

为了增强 KPLS-EKF 的适应性，需要解决噪声信息不准确的问题。通常，在标准 EKF 中，滤波增益与系统状态估计协方差和量测噪声协方差都有关，而量测噪声对滤波效果有更大的影响。因此，基于 Sage-Husa 对量测噪声协方差进行估计，而忽略系统状态估计中协方差的估计，以提高算法效率。量测噪声协方差的估计如下所示[29]：

$$\begin{aligned} R(k) = d_k\{&[1 - H(k)K(k-1)]V(k)V^{\mathrm{T}}(k) \cdot [1 - H(k)K(k-1)]^{\mathrm{T}} \\ &+ H(k)P(k-1)H^{\mathrm{T}}(k)\} + (1 - d_k)R(k-1) \end{aligned} \tag{4-167}$$

式中d_k为遗忘因子：

$$d_k = \frac{1-b}{1-b^{(k+1)}}, \ 0 < b < 1 \tag{4-168}$$

在滤波过程中，量测噪声协方差并非需要及时更新，因此，需要明确量测噪声协方差的更新条件。通常，采用滤波收敛性作为判据，判据表示方法如下：

$$V(k)V^{\mathrm{T}}(k) \leqslant H(k)P(k|k-1)H^{\mathrm{T}}(k) + R(k) \tag{4-169}$$

若式（4-169）为真，则滤波收敛，无须更新量测协方差，令$R(k) = R(k-1)$；否则，利用式（4-167）更新量测协方差。

5. KPLS-EKF

设计的 KPLS-EKF 流程如图 4-6 所示。

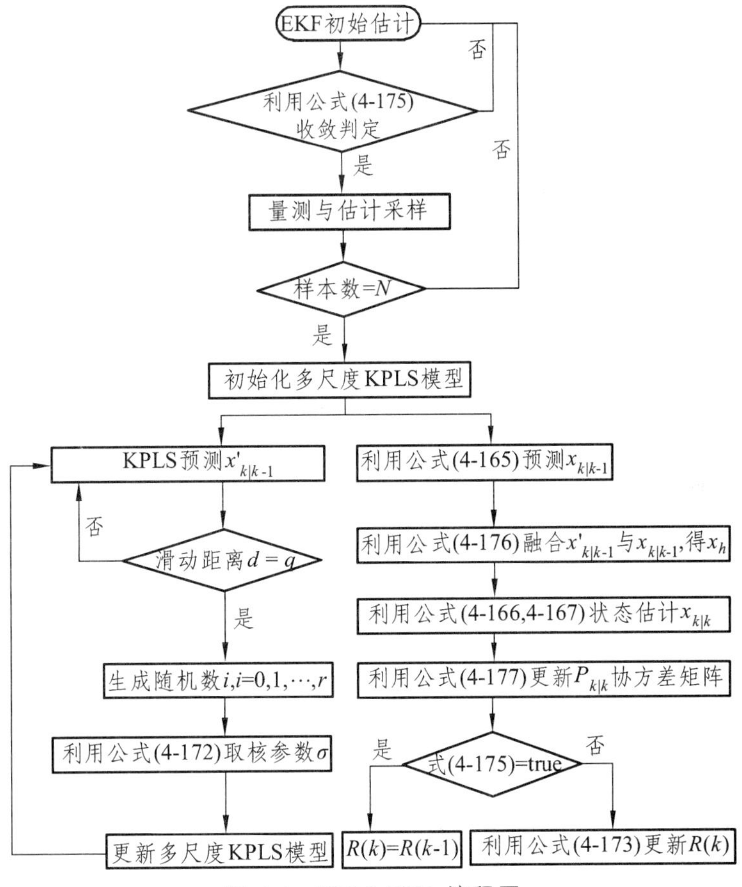

图 4-6　KPLS-EKF 流程图

KPLS-EKF 的详细步骤如下：

步骤 1　采样与 KPLS 建模阶段。

（1）利用标准 EKF 对系统状态进行初始估计，以形成历史数据。

（2）利用公式（4-169）判定 EKF 是否收敛，若收敛，则进入步骤（3）；否则，返回步骤（1）进行下一时刻的预测。

（3）将量测数据与状态估计值采样。

（4）判断样本数是否等于 N，若等于 N，则进入步骤（5）；否则，返回步骤（1）进行下一时刻系统状态估计。

（5）以量测数据作为输入矩阵，状态估计值矩阵作为输出，利用公式（4-148）–（4-157）初始化 KPLS 模型。

步骤 2　KPLS 预测与模型更新。

（6）利用 KPLS 模型和公式（4-157）、（4-158），预测 k 时状态 $x'_{k|k-1}$。

（7）将 KPLS 窗口向前滑动，若滑动距离 $d=q$，进入步骤（8）；否则，KPLS 模型不变，返回步骤（6）。

（8）随机生成 $i\in[1,5]$ 之间的随机数，利用公式（4-166）取核参数 σ，再更新 KPLS 模型，返回步骤（6）。

步骤 3 EKF 预测与更新。利用 EKF 的公式（4-159）预测 k 时状态 $x_{k|k-1}$。

步骤 4 分别利用 KPLS 预测信度和 EKF 预测信度，融合 $x'_{k|k-1}$ 和 $x_{k|k-1}$，得到状态 k 时预测的合成值 x_h。合成公式如下：

$$x_{h,k|k-1}=\rho_{KPLS}\times x'_{k|k-1}+\rho_{EKF}\times x_{k|k-1} \quad (4\text{-}170)$$

式中，ρ_{KPLS} 表示 KPLS 预测信度，ρ_{EKF} 表示 EKF 预测信度，理想状态下 $\rho_{KPLS}=\rho_{EKF}=1/2$，即 KPLS 和 EKF 预测的信度相同。

步骤 5 利用 EKF 的公式（4-160）和（4-161）进行状态估计得最终系统状态 $x_{k|k}$，并将其作为 KPLS 模型更新的样本。

步骤 6 利用公式（4-171）更新协方差矩阵 $P_{k|k}$。

$$P_{k|k}=(I-H_kH_k)P_{k|k-1} \quad (4\text{-}171)$$

步骤 7 若式（4-169）= true，则系统量测噪声协方差不变，执行 $R(k)=R(k\text{-}1)$；否则，用式（4-167）更新 $R(k)$。

在以上 KPLS-EKF 中，融入了基于滑动窗口的 KPLS，通过时序采样、训练与学习，构建了量测与状态的收敛估计的核矩阵，而无须建立具体的系统状态模型，从而避免了由于系统模型参数的不准确导致的估计误差。另外，通过滤波收敛性判定量测协方差的更新，可以提高 KPLS-EKF 在量测噪声信息不准确情况下的滤波精度。

6. KPLS-EKF 时间复杂度

下面从理论上分析 KPLS 优化 EKF 的可行性。KPLS-EKF 是在 EKF 的基础上融入 KPLS，而 EKF 本身的时间复杂度较低，具有较高的实时性，因此，在融入基于学习的 KPLS 后，整个算法的时间复杂度必定高于标准 EKF。因此，针对 KPLS-EKF 的详细过程进行分析，有利于选取合适的参数，而且在取得预期滤波精度的情况下，实时性也能够得到保证。由图 4-3 及其详细步骤，可以将 KPLS-EKF 分为如下三部分。

（1）数据采集和 KPLS 模型初始化。该阶段作为模型的学习和训练阶段，其运算量取决于两方面：一是采样的样本数 N；二是非线性迭代求解 T 和 U 时，设置的终止迭代次数 t 和收敛判据，以及输入空间自变量个数 m。若不能满足收敛判据，达到迭代终止条件后则终止。那么，最坏情况下，学习训练 KPLS 模型的时间复杂度为 $O(N^2+m\times t)$。但是，该阶段作为模型学习与训练的必要时间开销，可以不作为系统状态估计时的时间开销。

（2）KPLS-EKF 系统状态预测与估计。先是分别利用 KPLS 和 EKF 对 k 时的状态做出预测，得 $x'_{k|k-1}$ 与 $x_{k|k-1}$，再利用式（4-27）融合 KPLS 与 EKF 对 k 时的状态预测值。用 KPLS 模型进行预测时，需要对观测数据进行核化，这同样取决于输入自变量的个数和每个自变量的维度，而维度要和第一阶段建立 KPLS 预测模型时的样本数相同，则其核化时间复杂度为 $O(N^2)$。而 EKF 主要的时间开销为预测阶段的矩阵运算，主要是误差协方差矩阵的计算、泰勒级数展开的一阶近似和卡尔曼增益的计算，这主要取决于目标状态的维数。设目标状态用 M 维列向量表示为 $X=(x_1,x_2,x_3,\cdots,x_M)^{\mathrm{T}}$，则计算误差协方差矩阵时的时间复杂度为 $O(M^3)$；若向量 X 的维度较小，则其运算效率并不受影响。

（3）KPLS 模型更新阶段。该阶段从本质上分析，是在达到模型更新条件时对核矩阵进行更新，整个过程和核矩阵初始建模没有任何区别，故其时间复杂度仍然表示为 $O(N^2+m\times t)$。

综合以上分析，在系统状态实时估计阶段，KPLS-EKF 的时间复杂度表示为 $O(2N^2+M^3+m\times t)$。在实际应用时，t, N 和 M 的取值都较小，一般在 10 以内，而即使迭代次数 $t=100$，最坏情况下其迭代运算量仅为 1000。因此，综合分析，基于学习的 KPLS 优化 EKF，解决了非线性系统的状态估计问题，这在理论上具有可行性。

4.10.3　实验仿真与分析

利用实验仿真的方法重点探究以下三个问题。

（1）量测与估计的样本数 N 的取值。N 的大小影响到两个方面：一是算法的时间复杂度。N 越大，算法的运算量越高；反之，运算量低。二是合适的样本数量有利于构建准确的 KPLS 核矩阵，从而提高算法的收敛性和预测准确度。但是运算效率与收敛性和精度之间是个矛盾的问题，因此，这里需要找到合适的样本数 N，以便在效率与性能之间找到平衡。

（2）KPLS-EKF 收敛性分析。主要从实验仿真的角度分析 KPLS-EKF 在经过多少次迭代以后，估计值与真值的误差趋向于稳定，或者相较于固定值合理波动。

（3）KPLS-EKF 性能分析。重点是考察与其他算法相比，其滤波精度如何，主要通过均方根误差（Root Mean Square Error，RMSE）做对比分析；由于每次实验具有随机性，因此，每次取均方根误差的均值作为对比依据。

以上实验的运行环境为 Windows XP 系统，Intel(R) Core(TM) i3-2130 CPU @ 3.40GHz，3.39GHz 4G 内存，500 硬盘，仿真软件为 Matlab R2012a。实验的非线性系统状态方程如下：

$$X_k = f(x_{k-1}, u_k, w_k) = F \times X_{k-1} + G \times sqrt\ m(Q) \times rand\ n(2,1)$$

式中

$$F = \begin{bmatrix} 1 & T & 0 & 0 \\ 0 & 1 & 0 & 0 \\ 0 & 0 & 1 & T \\ 0 & 0 & 0 & 1 \end{bmatrix},\quad G = \begin{bmatrix} T^2/2 & 0 \\ T & 0 \\ 0 & T^2/2 \\ 0 & T \end{bmatrix}$$

为状态转移矩阵，G 为过程噪声驱动矩阵，Q 为过程噪声方差；T 为雷达扫描周期，观测站的位置为 $X_{station} = [x_0, y_0]$，量测方程如下：

$$Z(k) = Dist(X(:,k), X_{station}) + sqrt\ m(R) * rand\ n$$

式中 $Dist(\cdot)$ 表示目标与观测站的距离，R 为量测方差。

系统的初始化数据为 $T = 1$，总采样次数 $N = 200/T$，初始状态为 $X(:1) = [-100, 10, 200, 20]$，其中 -100 为 x 方向位置，10 为 x 方向速度；200 为 y 方向位置，20 为 y 方向速度。观测站的位置 $x_0 = 200$，$y_0 = 300$，即 $X_{station} = [200, 300]$。

1. KPLS-EKF 样本数量选择

通过多次试验仿真的方法，分析样本数量的选择对滤波精度的影响。具体方法如下：

分别取样本数 $N = 2, 3, \cdots, 20$，建立 KPSL 核矩阵，并分别进行 50 次仿真实验。在此基础上记录下选取每个样本数时滤波的 RMSE，并计算 50 次实验的 RMSE 均值。计算方法如下：

$$\overline{RMSE} = \frac{1}{M}\sqrt{\frac{1}{N}\sum_{i}^{N}(\hat{x} - x^{r})} \tag{4-172}$$

式中 M 为取不同的样本数时实验仿真次数，N 为建立 KPLS 核矩阵时的样本数。后面所有的 RMSE 均值计算都基于公式（4-172）。以 x 方向的速度估计为例，实验结果如图 4-7 所示。

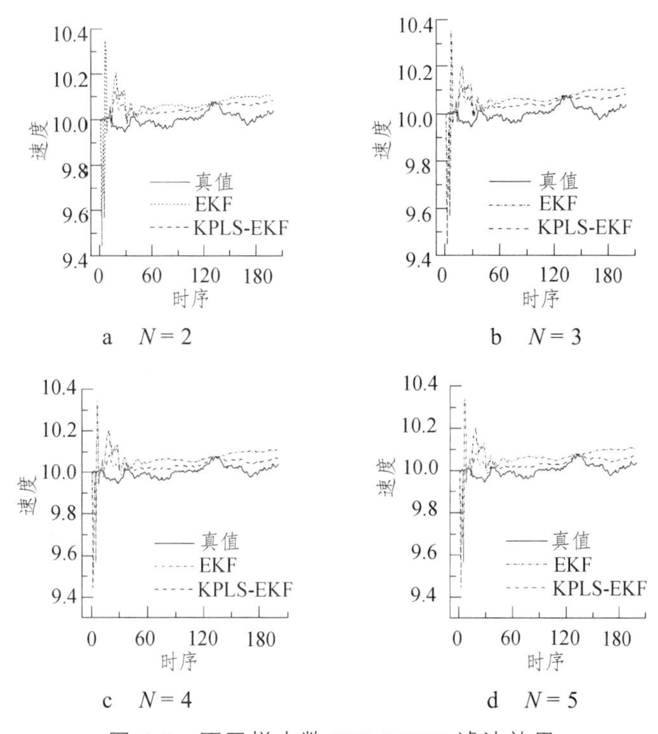

图 4-7　不同样本数 KPLS-EKF 滤波效果

在图 4-7 中，滤波的起始为 KPLS-EKF 采样和学习阶段，在达到训练样本以后，有相应的滤波结果输出。在后续的滤波阶段，KPLS-EKF 的值更接近于 EKF，即训练样本为 2 时，能够较快地建立 KPLS 核矩阵，但是其滤波效果更接近 EKF 的估计值，而在 $N = 4$ 时，其效果更加显著。而到了 $N = 5$ 时，效果并不明显，这是因为过多的历史数据的采样反而会抑制基于训练样本构建的核模型带来的有效增益。因此，选取合适的训练样本数就显得尤为重要。

基于以上四项实验结果，初步得出如下结论：随着样本数的增加，KPLS-EKF 的滤波结果会逐步靠近真值，虽然较 EKF 能够较快地收敛于真值附近，却需要以样本收集和训练为代价。为了进一步分析 KPLS-EKF 中训练样本对滤波结果的影响，下面考虑实验的随机性，取样本数 $N=2,3,\cdots,20$，对每个取值进行 50 次试验，并利用式（4-172）计算在 x 方向上速度估计值和真值的 RMSE 均值，结果如图 4-8 所示。

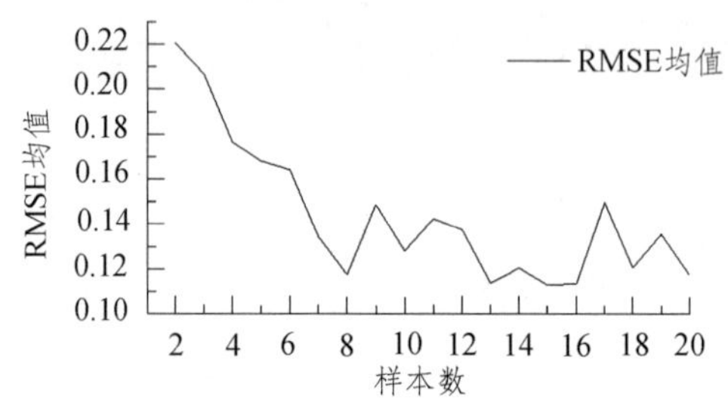

图 4-8 不同样本数下 KPLS-EKF 的 RMSE 均值

训练样本数在 $N\in[3,8]$之间为宜。这是因为在图 4-8 中，整体上随着样本数 N 的增加，RMSE 均值减小，滤波精度逐步提高，但是，随着样本数的增加，RMSE 均值稳定在一定范围内，呈一定的波动性，这主要是因为实验时量测与估计值都具有随机性，其波动值在合理范围内，且过多的增加训练样本并不能有效地增加算法的滤波精度。另外，根据 KPLS-EKF 时间复杂度的分析，过多的训练样本必然会带来时间复杂度的增加，进而影响到算法的实时性。

2. KPLS-EKF 收敛性分析

为了分析 KPLS-EKF 的收敛性，根据 KPLS-EKF 样本数选择的分析，设定样本数量 $N=4$，观察系统状态两个参数在 x 方向和 y 方向的速度收敛情况，实验结果如图 4-9 所示。

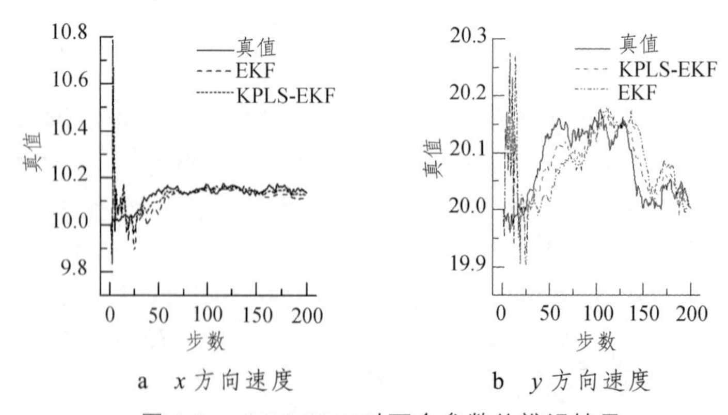

图 4-9 KPLS-EKF 对两个参数的辨识结果

图 4-9 所示的实验结果与图 4-7 中样本数 $N=4$ 时的结果接近。在 KPLS-EKF 样本的搜集阶段，以 EKF 的估计值作为滤波结果，在达到样本数以后，能够较快地收敛于真值附近，用了近 20 步，而 EKF 为 40 步。以上实验结果具有一定的随机性，因此，进行了 50 次实验以求 KPLS-EKF、标准 EKF 和改进 MI-EKF[21]在 x 和 y 两个方向速度的收敛步数均值，结果如表 4-1 所示。

表 4-1　三种滤波同一参数收敛步数均值

序号	滤波	参数收敛步数	
		V_x	V_y
1	EKF	42	48
2	KPLS-EKF($N=2$)	40	45
3	KPLS-EKF($N=3$)	35	37
4	KPLS-EKF($N=4$)	25	23
5	KPLS-EKF($N=5$)	24	23
6	改进 MI-EKF($p=2$)	38	40
7	改进 MI-EKF($p=3$)	35	36
8	改进 MI-EKF($p=4$)	30	33
9	改进 MI-EKF($p=5$)	29	30

注：表 4-1 中的 p 表示新息数，N 为训练样本数。

从表 4-1 中两个参数 V_x，V_y 在不同算法的不同参数下的收敛步数可以得出以下结论：

（1）KPLS-EKF 的收敛速度和改进 MI-EKF 接近，均优于标准 EKF。但在整体上，KPLS-EKF 的收敛速度略好于改进 MI-EKF。

（2）通过增加样本数，KPLS-EKF 能够提高收敛速度，但是，增加到一定程度后，其收敛性并不能显著提高。这是因为合适的采样数据能够对滤波产生积极的优化效果，然而，过多的训练数据对最终估计值产生了累积干扰。所以，需要在有效优化和抑制累积之间找到相对平衡点。

3. KPLS-EKF 性能分析

为了进一步说明 KPLS-EKF 的有效性，我们选取 KPLS-EKF 的训练样本数为 4，将 KPLS-EKF 与标准 EKF、MI-EKF[2]和文献[8]的改进 MI-EKF 进行 RMSE 均值对比，以分析其滤波精度和运行效率。效果对比如图 4-10 所示。

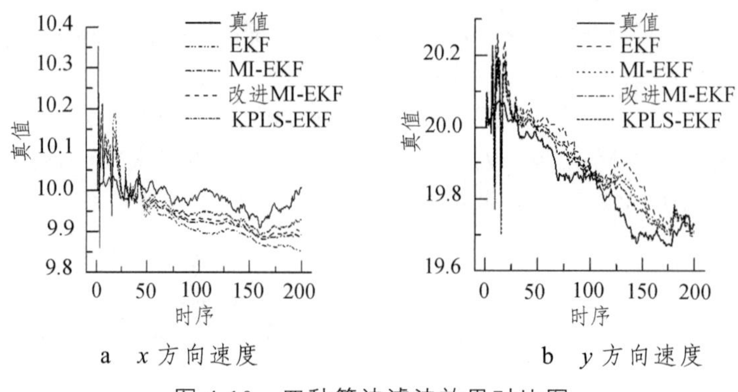

图 4-10　四种算法滤波效果对比图

根据图 4-10 中四种滤波的对比结果，初步得出结论：KPLS-EKF 在滤波开始的初始阶段，未采集到足够的收敛训练样本，使用 EKF 的估计值，故其结果和 EKF 相同；在达到训练样本数以后，KPLS-EKF 的估计值相比其他几种滤波更靠近真实值。但是，考虑到实验仿真过程存在随机性，重复进行 50 次实验，设过程噪声方差 $Q=5\times diag([0.5,1])$，观测噪声方差 $R=5+rand([1,1])$，利用式（4-172）计算四种算法的估计值和真值的均方根误差（RMSE）均值。实验结果如表 4-2 所示。

表 4-2　四种算法滤波性能对比

序号	算法	RMSE 均值		运行时间均值(s)
		V_x	V_y	
1	KPLS-EKF($N=2$)	8.6526	11.7618	0.0225
2	KPLS-EKF($N=3$)	4.2432	7.3524	0.0231
3	KPLS-EKF($N=4$)	2.1684	4.2776	0.0238
4	EKF	9.1091	12.2183	0.0212
5	MI-EKF($p=2$)	7.3682	10.4774	0.0219
6	MI-EKF($p=3$)	5.5626	8.6718	0.0226
7	MI-EKF($p=4$)	2.3851	5.4943	0.0235
8	改进 MI-EKF($p=2$)	7.1759	10.2851	0.0221
9	改进 MI-EKF($p=3$)	5.3625	8.4717	0.0224
10	改进 MI-EKF($p=4$)	2.2744	4.3886	0.0236

注：表 4-2 中参数 p，N 同表 4-1。

由表 4-2 的实验数据得出如下结论：

（1）KPLS-EKF 在效率上较 MI-EKF 和改进的 MI-EKF 略有降低。这是因为在滤波过程中，需要不断更新核矩阵，增加了算法运算量，但是增加量并不明显；当样本数 $2 \leqslant N \leqslant 4$ 时，运行时间增加值在 0.0001s 与 0.0007s 之间，增加幅度在可接受范围内。

（2）KPLS-EKF 在训练样本数 $N > 2$ 时，RMSE 均值均小于 EKF、MI-EKF 和改进的 MI-EKF。在样本数 $N = 3$ 时，KPLS-EKF 在 x 方向速度的 RMSE 均值为 4.2432，y 方向速度的 RMSE 均值为 7.3524，效果优于其他三种算法。而到了样本数为 4，MI-EKF 和改进的 MI-EKF 的信息数为 4 时，这三种算法的滤波效果相近。

4.11　小　结

通过对一些学者的研究方法和成果的回顾，我们总结了对 EKF 改进的方法和手段，比较有代表性的是多新息理论。并在多新息理论的基础上，利用遗忘因子对 MI-EKF 进行优化，进一步提高了 EKF 的滤波性能。其他，如基于模糊神经网络、通过扩展卡尔曼滤波建立模型误差的预测模型，均对 EKF 精度的提高有很大帮助。另外，通过我们对 EKF 理论基础的分析，针对强非线性模型误差较大、滤波结果出现显著偏差的问题，引入了基于 KPLS 的预测模型，再利用 KPSL 不需要得到准确的状态方程和噪声信息的特点，将 KPLS 与 EKF 结合，从而对 EKF 的估计结果进行了修正。也就是说，它为 EKF 解决强非线性系统的滤波问题提供了新的思路。

参考文献

[1] Choi J, de C Lima A C, Simon H. Kalman filter-trained recurrent neural equalizers for time-varying channels. IEEE Transactions on Communications, 2005, 53(3): 472-480.

[2] 吕国宏，秦品乐，苗启广，等. 基于多新息理论的 EKF 算法研究[J]. 小型微型计算机系统，2016，37(03)：576-580.

[3] 刘吉臻，秦天牧，杨婷婷，吕游. 基于自适应多尺度核偏最小二乘的 SCR 烟气脱硝系统建模[J]. 中国电机工程学报，2015，35(23)：6083-6088.

[4] 刘桂辛. 改进的自适应卡尔曼滤波算法[J]. 电子设计工程，2016，24(02)：48-51.

[5] 程剑，张凌波，顾幸生. 基于 KPLS 的延迟焦化柴油 95%点的预测与估计[J]. 系统仿真学报，2015，27(3)：598-602。.

[6] Yang Z，Guo J，Xu W，et al. Multi-scale support vector machine for regression estimation. In：Proceedings of the 3rd International Symposium on Neural Networks. Chengdu，China：Springer，2006. 1030-1037.

[7] 许亚朝，何秋生，王少江，等. 一种改进的自适应卡尔曼滤波算法[J]. 太原科技大学学报，2016，37(03)：163-168.

[8] 谢朔，陈德山，初秀民，等. 改进多新息卡尔曼滤波法辨识船舶响应模型[J]. 哈尔滨工程大学学报，2018，39(02)：282-289.

[9] 张旭光，张云，王艳宁，王延杰. 基于遗忘因子与卡尔曼滤波的协方差跟踪[J]. 光学学报，2010，30(08)：2317-2323.

[10] 徐景硕，秦永元，彭蓉. 自适应卡尔曼滤波器渐消因子选取方法研究[J]. 系统工程与电子技术，2004(11)：1552-1554.

[11] 杨鹏生，吴晓军，张玉梅. 改进扩展卡尔曼滤波算法的目标跟踪算法[J]. 计算机工程与应用，2016，52(05)：71-74 + 118.

[12] 林国汉，章兢，刘朝华，等. 改进粒子群算法优化扩展卡尔曼滤波器电机转速估计[J]. 计算机应用研究，2013，30(07)：2003-2006.

[13] Li S，Tan M，Tsang I W，et al. A hybrid PSO-BFGS strategy for global optimization of multimodal functions[J]. IEEE Transactions on Systems Man & Cybernetics Part B，2011，41(4)：1003-1014.

[14] Kenedy J，Eberhart R C. Particle swarm optimization[C]// Proceedings of International Conference on Neural Networks. New York：IEEE，1995：1942-1948.

[15] 杨靖，常思江，王中原. 基于改进混杂扩展卡尔曼滤波的炮弹阻力系数辨识[J]. 弹道学报，2017，29(01)：28-33.

[16] 陈卫东，刘要龙，朱奇光，陈颖. 基于改进雁群 PSO 算法的模糊自适应扩展卡尔曼滤波的 SLAM 算法[J]. 物理学报，2013，62(17)：

105-111.
[17] 刘金洋，郭茂祖，邓超. 基于雁群启示的粒子群优化算法[J]. 计算机科学，2006(11)：166-168 + 191.
[18] 马芳芳，靳丹丹，么焕民. Grunwald-Letnikov 分数阶导数的理论分析[J]. 哈尔滨师范大学自然科学学报，2011，27(03)：32-34.
[19] 董建平. 分数阶微积分及其在分数阶量子力学中的应用[D]. 山东大学，2009.
[20] 周杰，刘元安，吴帆，等. 基于混沌并行遗传算法的多目标无线传感器网络跨层资源分配[J]. 物理学报，2011，60(09)：148-157.
[21] 潘欣裕，赵鹤鸣. Logistic 混沌系统的熵特性研究[J]. 物理学报，2012，61(20)：105-111.
[22] 商云龙，张承慧，崔纳新，张奇. 基于模糊神经网络优化扩展卡尔曼滤波的锂离子电池荷电状态估计[J]. 控制理论与应用，2016，33(02)：212-220.
[23] 李彦瑾，罗霞. 基于模糊神经网络的混合交通流路阻测算模型[J/OL]. 吉林大学学报(工学版)：1-6[2018-10-04]. http：//kns.cnki.net/kcms/detail/22.1341.T.20180608.0937.030.html
[24] ER M J，WU S. A fast learning algorithm for parsimonious fuzzy neural systems [J]. Fuzzy Sets and Systems，2002，126(3)：337-351.
[25] 马凌，蒋外文，张肖霞. 基于改进扩展卡尔曼滤波的单站无源定位算法[J]. 计算机工程与应用，2016，52(10)：124-127.
[26] 宁倩慧，张艳兵，刘莉，等. 扩展卡尔曼滤波的目标跟踪优化算法[J]. 探测与控制学报，2016，38(01)：90-94.
[27] 杨宏，李亚安，李国辉. 一种改进扩展卡尔曼滤波新方法[J]. 计算机工程与应用，2010，46(19)：18-20.
[28] Dennis J，Schnabel R. Numerical methods for unconstrained optimization and nonlinear equations[M/OL]. Philadelphia：SIAM，1996：218-236.
[29] 许亚朝，何秋生，王少江，等. 一种改进的自适应卡尔曼滤波算法[J]. 太原科技大学学报，2016，37(03)：163-168.

第 5 章　粒子滤波的其他改进研究

在第 3 章，我们重点阐述了基于群体智能算法改进优化粒子滤波的方法，并在此基础上开展了类似研究，也取得了相应的成果。作为非线性系统的状态估计问题，也是一个相对的研究热点。其他学者，也从其他角度对此问题进行了研究。例如文献[1]，为了解决粒子贫化问题，将和声搜索算法[3]融入粒子滤波，提出了基于和声搜索算法优化的粒子滤波。刘润邦和朱志宇[2]基于万有引力的理论基础，对粒子滤波进行优化，使得粒子在状态估计过程中的分布更加合理。众多研究人员为我们提供了广阔的研究思路。为此，通过借鉴和学习，我们进一步从其他角度对该问题进行了研究。

5.1　和声搜索算法优化粒子滤波

李和香[1]等提出了和声搜索算法优化粒子滤波，其主要思想是：利用和声搜索算法（Harmony Search，HS），对基于重采样 PF 的目标跟踪方案进行优化，这主要是为了提高样本的随机性。

1. 和声搜索算法（Harmony Search）

一般的和声搜索算法中微调概率（PAR）和音调微调宽带（BW）是固定值，算法的搜索性能与收敛效率都比较低。很多改进的方法已经被应用到和声搜索算法中。PAR 根据公式（5-1）进行更新；BW 根据公式（5-2）进行更新：

$$PAR(t) = PAR_{\min} + \frac{(PAR_{\max} - PAR_{\min})}{NI} \times t \tag{5-1}$$

$$BW(t) = BW_{\max} \times e\left(\frac{\ln\left(\frac{BW_{\min}}{BW_{\max}}\right)}{NI} \times t \right) \tag{5-2}$$

式中，$PAR(t)$是根据迭代次数 t 的变化而变化，PAR_{min} 是最小的微调概率，PAR_{max} 是最大的微调概率，NI 是总的迭代次数；t 是当前的迭代次数；$BW(t)$ 是根据迭代次数 t 的变化而变化，BW_{min} 是最小的调整幅度，BW_{max} 是最大的调整幅度。通常，$PAR_{max} = 0.9$，$PAR_{min} = 0.4$，$BW_{max} = 0.1$，$BW_{min} = 0.001$。和声搜索算法的流程图，详见文献[4]的图 3。

2. HS 优化 PF

为了克服传统粒子滤波的样本贫化问题，本算法融入了和声搜索算法（HS），每个和声对应一个粒子。和声搜索算法的主要参数有：和声记忆库大小（HMS）、和声记忆库考虑概率（HMCR）和音调微调概率（PAR）。其中，HMS 越大，找到全局最优解的能力越强，但也会影响收敛速度，通常取值为 5；HMCR 对新解的产生有很大的影响，较大值有利于算法的局部搜索，本文取值为 0.9；音调调节率 PAR 可使算法搜索逃离局部最优，一般取值为 0.3。和声搜索的基本步骤如下：

步骤 1　初始化 HS 参数。设定 HMS、HMCR 及 PAR 参数。

步骤 2　初始化 HM。和声记忆库初始矩阵 HM 由随机生成的 HMS 个初始解组成：

$$HM = \begin{bmatrix} x_1^{(1)} & x_2^{(1)} & \cdots & x_{N-1}^{(1)} & x_N^{(1)} \\ x_1^{(2)} & x_2^{(2)} & \cdots & x_{N-1}^{(2)} & x_N^{(1)} \\ \vdots & \vdots & & \vdots & \vdots \\ x_1^{(HMS-1)} & x_2^{(HMS-1)} & \cdots & x_{N-1}^{(HMS-1)} & x_N^{(HMS-1)} \\ x_1^{(HMS)} & x_2^{(HMS)} & \cdots & x_{N-1}^{(HMS)} & x_N^{(HMS)} \end{bmatrix} \tag{5-3}$$

步骤 3　生成新解。通过在 HM 内进行搜索、随机选择和局部扰动等操作产生新解，使粒子多元化，生成规则如下：

$$x_1^{(new)} \leftarrow \begin{cases} ran\{x_1^{(1)}, x_1^{(2)}, \cdots, x_1^{(HMS-1)}, x_1^{(HML)}\}, ran(1) \leqslant HMCR \\ ran(D),\ ran(1) > HMCR \end{cases} \tag{5-4}$$

步骤 4　更新 HM。根据适应度函数对新解进行评估，若优于当前 HM 中的最优解，则进行替换。在达到迭代次数或阈值时，结束搜索。

3. 重采样

最后，将更新后的粒子作为下一个状态的先验粒子，先验这个递归过程将持续到最后一个状态的预测和更新。增加粒子的尺寸，将会改善跟踪的准确性，但这也需要更多的处理能力。实际上，在状态估计之后，权重较低的粒子会增多，若能有效丢弃这些粒子将会降低系统的计算量。因此，本节对更新后的粒子进行重采样，通过对估计的PDF$p(x_k \mid z_{1:k})$进行 N 次重采样来生成新的样本$[*x_1^{(i)}]_{i=1,2,\cdots,N}$，以至于对于任意 j，均满足 $\Pr[\cdot x_m^{(i)} = x_m^j]_{i=1,2,\cdots,N} = w_m^i$。优化后的粒子滤波描述如下：

$[_{i=1}^{N}(x_m^i = w_m^i)] = p\_Filter[_{i=1}^{N}(x_{m-1}^i = w_{m-1}^i), z_m]$，其中 N 为粒子数。

步骤 1　$j = 1$：N。

步骤 2　在 $m = 1$ 时。

步骤 3　从随机样本 PDF $p(x_{m-1} \mid z_{1,m-1})$ 中选择 N 个样本$[x_{m-1}^{(i)}]_{i=1,2,\cdots,N}$。

步骤 4　根据公式（5-5）为粒子分配权值。

$$w_j = \frac{p(z_m \mid x_m(j))}{\sum_{j=1}^{N} p(z_m \mid x_m(j))}, j = 1, \cdots, N \tag{5-5}$$

步骤 5　计算权值总和 $w = \sum_{i=1}^{N} w_i$。

步骤 6　对粒子权值进行归一化。

步骤 7　重采样：对 N 个更新粒子重采样后，基于 w_m^i 生成新的样本$[x_m^{(i)}, w_m^{(i)}]$，使得 $\Pr[*x_m^{(i)} = x_m^j]_{i=1,2,\cdots,N} = w_m^i$。

步骤 8　利用 $X_m = \frac{1}{N}\sum_{i=1}^{N} X_m^i$ 计算均值。

步骤 9　设置 $m+1 \leftarrow m, j+1 \leftarrow j$。

步骤 10　返回步骤 3。

5.2　多策略差分布谷鸟算法优化粒子滤波

黄辰[5]等提出了基于多策略差分布谷鸟算法的粒子滤波。其思想是：首先将多策略差分变异融入布谷鸟算法，以提高布谷鸟算法种群的多样性和全局搜索效率；另外，通过贪心算法减少局部极值的不良吸引，使搜索进程得以加快；再利用布谷鸟群体搜索巢穴的过程，优化粒子滤波中的粒子分布。

5.2.1 多策略差分进化布谷鸟算法

布谷鸟算法中，利用 Lévy 飞行的随机搜索特性，基于发现概率，利用偏好随机搜索对部分鸟巢予以舍弃。为了提高搜索效率，利用预先设定的比例，进行 Lévy 飞行随机搜索和基于偏好随机搜索的策略。

在布谷鸟算法中，偏好随机搜索策略是利用式（5-6）

$$x_k^d(t+1) = x_k^d(t) + r(x_i^d(t) - x_j^d(t)) \tag{5-6}$$

中的两个随机解 $x_i^d(t)$ 和 $x_j^d(t)$ 的差异，对一部分 Lévy 飞行的随机搜索新鸟巢位置的解进行更新。基于对搜索策略多样性的考虑，将多策略差分变异融入布谷鸟算法的偏好随机搜索过程中，而新的偏好随机搜索策略，就由三种差分策略和原来的偏好随机搜索策略构成。每次迭代时，新的染色体都是由差分算法的每个染色体通过变异操作产生。变异策略[6-8]为：

Rand/1

$$v_{i,g} = x_{r_1,g} + F(x_{r_2,g} - x_{r_3,g}) \tag{5-7}$$

Best/1

$$v_{i,g} = x_{best,g} + F(x_{r_1,g} - x_{r_2,g}) \tag{5-8}$$

Rand/2

$$v_{i,g} = x_{r_1,g} + F(x_{r_2,g} - x_{r_3,g}) + F(x_{r_4,g} - x_{r_5,g}) \tag{5-9}$$

Current-to-best/1

$$v_{i,g} = x_{i,g} + F(x_{best,g} - x_{i,g}) + F(x_{r_1,g} - x_{r_2,g}) \tag{5-10}$$

Current-to-rand/1

$$v_{i,g} = x_{i,g} + r(x_{r_1,g} - x_{i,g}) + F(x_{r_2,g} - x_{r_3,g}) \tag{5-11}$$

式中 F 表示缩放比例因子；$r_1 \sim r_5$ 为$[1, N_p]$中的随机整数，但和 i 不相等；$v_{i,g}$ 表示编译后第 i 个染色体的第 g 代；$x_{r_1,g} \sim x_{r_5,g}$ 表示 5 个第 g 代不同的染色体；$x_{best,g}$ 为当前种群中的最好染色体；$x_{i,g}$ 表示变异前的第 i 个第 g 代染色体。

由于 Lévy 飞行随机搜索过程中，已代入当前的全局最优解，因此，应利用公式（5-7）、（5-9）和（5-11）的策略。多策略的偏好随机搜索过程有公式（5-6）、（5-7）、（5-9）和（5-11）四种选择。在偏好随机搜索时，基于优化问题的不同，不同策略所起的作用也不同。因此，为了提高搜索效率，使用选择因子和轮盘赌的方式，对四个候选的偏好随机搜索被选择的可能性进行调整。

若布谷鸟算法有新解产生，则利用贪婪算法决定是否可以用新解对旧解进行替换。贪婪算法是将每个鸟巢的位置作为基准，使用新解中适应度值更优的个体对上一代进行替换，这与其他鸟巢没有关联关系。所以，被舍弃鸟巢位置的适应度值与某些鸟巢位置的适应度值相比可能是优秀的，从而会降低搜索效率。因此，在选择新解时，利用了贪婪与排队优选两种机制，使用预先设定的比例更新解。排队优选的方法是将全部旧解和产生的与旧解不同的新解合并为一个集合，根据各解的适应度值从优到劣进行排列，并选择 N 个（定义的布谷鸟巢数）优选解作为新解集，从而得出自适应差分变异布谷鸟算法。其具体步骤如下：

步骤 1　初始化。设置算法参数与终止条件，并初始化种群，对每个个体适应度值进行计算。

步骤 2　对于每个鸟巢，根据设定的 Lévy 飞行与偏好随机搜索策略的选择比例 c，并和[0, 1]间的随机数 r 做比较，若 $r > c$，则选择 Lévy 飞行的随机搜索，否则，选择偏好随机多策略搜索方法。

步骤 3　若选择了多策略偏好随机搜索，利用步骤 2 产生的随机数 r 与每个策略的选择因子，选择四个策略所对应的右边界，分别为 0.25(1-c)、0.5(1-c)、0.75(1-c)和 1-c。

$$x_k^d(t+1)=\begin{cases} x_k^d(t)+r(x_i^d(t)-x_j^d(t)), & (0\leqslant r\leqslant 0.25(1-c)) \\ x_{r_1,g}+F(x_{r_2,g}-x_{r_3,g}), & (0.25(1-c)<r\leqslant 0.5(1-c)) \\ x_{r_1,g}+F(x_{r_2,g}-x_{r_3,g})+F(x_{r_4,g}-x_{r_5,g}), & (0.5(1-c)<r\leqslant 0.75(1-c)) \\ x_{i,g}+r(x_{r_1,g}-x_{i,g})+F(x_{r_2,g}-x_{r_3,g}), & (0.75(1-c)<r\leqslant 1-c) \end{cases} \tag{5-12}$$

步骤 4　根据优选和贪婪原则，按适应度值选择优秀个体，以进行迭代运算，用 $c_1(c_1\in(0,1))$ 来调节两种选择机制的比例。随机产生 1 个随机数 r_1，若 $r_1 > c_1$，则利用贪婪原则；否则，使用排队优选原则。

步骤 5　若达到迭代终止条件，则输出结果；否则，重复步骤 2-4。

5.2.2　ICS-PF

为克服原粒子滤波中存在的粒子贫化与退化问题，本节将基于多策略差分的布谷鸟算法引入到粒子滤波的重采样过程中。ICS-PF 的具体实现步骤如下：

步骤 1　初始化。在初始时刻 $k=0$ 时按照初始样本分布 $P(x_0)$进行采样，产生的 N 个粒子作为初始样本$\{x_i(0)\}(i=1,2,\cdots,N)$，$x_i(k)$服从重要性密度函数：

$$x_i(k)\sim q(x_i(k)\,|\,x_i(k-1),y(k)) \tag{5-13}$$

步骤 2　设置每个粒子的权重为 $w_i=1/N$。

步骤 3　采用多策略差分布谷鸟算法来进化粒子，模拟布谷鸟优化算法的全局搜索行为。

（1）$g=1$，进入进化的初始粒子：

$$\{x_{g,i}(k)\}=\{x_i(k)\}(i=1,2,\cdots,N) \tag{5-14}$$

（2）将该粒子样本代入多策略差分布谷鸟算法中，按照多策略差分布谷鸟算法的步骤 2 ~ 5 进行相应的操作，得到进化后的新粒子集。在改进的布谷鸟算法中，所采用的适应度函数为：

$$f=\exp\left(-\frac{1}{2R}\,|\,y_k-y_k^i\,|\right) \tag{5-15}$$

（3）输出经过 ICS-PF 重采样后的粒子。

步骤 4　利用公式（5-5）计算新粒子的重要性权重，并进行归一化处理，即

$$\tilde{w}_i(k)=\frac{w_i(k)}{\sum_{i=1}^{N}w_i(k)} \tag{5-16}$$

步骤 5　重采样。舍弃低权值粒子，并复制高权值粒子。

步骤 6　输出系统状态。即对重采样后的粒子求均值。

5.3　改进的颜色粒子滤波

王欢[9]等为了解决目标的非线性运动、变形、遮挡和光照等因素对跟踪结果的影响，提出了一种改进的颜色粒子滤波。其基本思想是：首先提高模型的描述能力，改进直方图加权函数；再将目标由颜色特征空间映射到局部

熵特征空间，其具有对光照稳定、抗几何失真能力强的特性，并构建了颜色局部熵的观测模型，设计了自适应更新方法，若目标受到干扰，就自动调整粒子数。

5.3.1 颜色局部熵

首先，文献[9]从提高目标模型描述能力入手，结合加权颜色直方图与图像局部熵，提出了颜色局部熵特征。定义如下：

定义 1 以图像特定的区域，长为 w，宽为 h，其颜色局部熵 H_c 表示如下：

$$\begin{cases} H_c = -\sum_{u=1}^{m} p_u \lg p_u \\ p_u = C\sum_{i=1}^{n} k\left(\left\|\dfrac{x_i - x_0}{d}\right\|^2\right)\delta[b(x_i)-u] \end{cases} \tag{5-17}$$

颜色局部熵，比颜色直方图特征更能对目标特性进行描述和表示。具体原因如下：一是颜色局部熵保留了颜色模型对目标姿态的变化、局部遮挡不敏感等原有特点，加上融入了局部熵的抗几何失真且对光照稳定的特点，同时代表空间位置信息的加权函数的引入又减少了熵的对称性所带来的影响。二是基于人眼感官直觉，在空间中颜色的分布越集中，对人眼视觉产生的影响就越大；若目标色彩越分散，对人眼的视觉系统刺激就越小[10]。对于所提出的颜色局部熵来说，熵值的大小表明了颜色分布的分散与集中，因此，颜色局部熵相比传统的颜色特征更加符合人眼视觉的特点。

考虑到式（5-17）中涉及对数运算，工程应用时将此式用泰勒级数展开，在舍去高阶项后可得到如下近似公式：

$$H_c \approx -\sum_{u=1}^{m} p_u(p_u - 1) \tag{5-18}$$

跟踪过程中，设 p_u, H_c 分别为当前目标状态颜色分布和颜色局部熵，目标参考模板与当前状态的相似度量用欧氏距离表示为 $d_t^2 = \| H_{rel} - H_c \|^2$，则在粒子滤波框架下，粒子 x^i 的观测概率如下：

$$p(y_k \mid x_k^i) = \frac{1}{\sqrt{2\pi}\sigma}\exp\left(-\frac{d_t^2}{2\sigma^2}\right) \tag{5-19}$$

5.3.2　基于颜色局部熵的 PF

基于颜色局部熵的粒子滤波算法实施步骤如下：

步骤 1　粒子初始化。$k=0$，粒子数为 N，手动选取跟踪目标，计算加权颜色分布区和颜色局部熵 H_c，建立初始状态样本集 $\{(x_0^{(i)},1/N)\}_{i=1}^N \sim p(x_0^{(i)})$，$k=1$。

步骤 2　目标状态预测。根据系统的状态方程和粒子 $x_{k-1}^{(i)}$，预测粒子 $x_k^{(i)}$ 的状态。

步骤 3　计算粒子权值并归一化。$\overline{w}_k^i = w_k^i / \sum_{i=1}^N w_k^{(i)}$。

步骤 4　模板更新及粒子数据的确定。利用文献[9]中 3.2 小节的更新策略，动态更新目标参考模板及粒子数目。

步骤 5　输出结果。将权值最大的粒子状态作为跟踪结果输出，得到目标的跟踪区域。

步骤 6　粒子重采样。根据重要性原则[11]对粒子重采样。设 $k=k+1$，返回步骤 2。

5.4　Student's t 分布的自适应重采样粒子滤波

5.4.1　Student's t 分布重采样

为了解决粒子贫化问题，可将粒子集分为以下两大子集：较大权值的子集 C_L 及较小权值的子集 C_S，粒子权值和状态的全集由式（5-20）和（5-21）得出，如下所示：

$$x_k^i \sim q(x_k^i \mid x_{k-1}^i) = p(x_k^i \mid x_{k-1}^i) \tag{5-20}$$

$$w_k^i = w_{k-1}^i p(z_k^j \mid x_k^i) \tag{5-21}$$

$$x_k^i \in \begin{cases} C_S, \tilde{w}_k^i \leqslant W_T \\ C_L, \tilde{w}_k^i > W_T \end{cases} \tag{5-22}$$

W_T 参数的计算过程如下：

首先将粒子的权值按照从大到小的顺序递减排列，表示为 $\tilde{W}$，如下所示：

$$\tilde{W} = \{\tilde{w}_k^1, \tilde{w}_k^2, \cdots, \tilde{w}_k^N\} \tag{5-23}$$

然后，取第 N_z 号粒子的 W_T 值为：

$$W_T = \tilde{W}(N_z) \tag{5-24}$$

式中 N_z 表示自适应转移参数，表示如下：

$$N_z = N \times \int_{-\infty}^{\left(\frac{20 \times N_{eff}}{N} - 10\right)} \frac{\Gamma\left(\frac{v+1}{2}\right)}{\Gamma\left(\frac{v}{2}\right)} \frac{1}{\sqrt{v\pi}} \frac{1}{\left(1 + \frac{t^2}{v}\right)^{\frac{V+1}{2}}} \mathrm{d}t \tag{5-25}$$

通过 N_{eff} 动态反映粒子集的有效性，记为有效采样尺度，利用公式（5-26）计算有效采样尺度 N_{eff}：

$$N_{eff} = \left[\frac{1}{\sum_{i=1}^{N} (\tilde{w}_k^i)^2} \right] \tag{5-26}$$

由式（5-26）的递增特性及式（5-23）可知，当 N_{eff} 增大时，较大权值子集 C_L 增大，最大可能地保持了粒子集的原始特征，保证了粒子集合的有效性；当 N_{eff} 减小时，较小权值子集 C_s 增大，实现了小权值粒子集合的有效采样，使粒子集有效性降低，以防小权值粒子被删除。

通过 Student's t 分布的 CDF 函数的仿真，当式（5-25）中 $v=1$ 时，N_z 取值空间最符合要求。

通过上述操作，将粒子集合划分完成后，将权值大的粒子与权值小的粒子按照式（5-27）进行加权操作，生成新的粒子，如下所示：

$$x_{kS}^{*j} = \alpha x_{kL}^{l} + (1-\alpha) x_{kS}^{j} \tag{5-27}$$

式中 $x_{kL}^l \in C_L$，$X_{kS}^j \in C_S$，x_{kS}^{*j} 代表新生粒子。为了保留更多的粒子，该操作可使小权值粒子向大权值粒子移动，向高似然区域集中，由 α 的取值可控制交叉过程中由大小权值的粒子生成新粒子的比例。因此，在重采样复制删除操作中，保留了更多的粒子，提升了粒子多样性，又由于更多的粒子处于高似然区域，从而提高了估计精度。利用 Student's t 的 CDF 函数获得的自适应交

叉权值 α，如下所示：

$$\alpha = \int_{-\infty}^{\left(\frac{20\times N_{eff}}{N}-10\right)} \frac{\Gamma\left(\frac{v+1}{2}\right)}{\Gamma\left(\frac{v}{2}\right)} \frac{1}{\sqrt{v\pi}} \frac{1}{\left(1+\frac{t^2}{v}\right)^{\frac{V+1}{2}}} \mathrm{d}t \tag{5-28}$$

为了在生成新粒子的过程中，当粒子集有效性较小时，不过度向大权值粒子集中，而当有效性较大时，不过度拒绝加权交叉操作，根据 Student's t 分布的 CDF 函数的仿真，令参数 $v = 0.1$ 时，较为合适。为了解决粒子权值突变问题，引入了突变策略。根据 Monte Carlo 思想，若提升算法精度，可以通过提高粒子的多样性来实现，因此可以对新生粒子取以下运算式：

$$x_{kS}^{*j} = \begin{cases} 2x_{kH}^{l} - x_{kS}^{j},\ r_j \leqslant p_M \\ x_{kS}^{j},\ r_j > p_M \end{cases} \tag{5-29}$$

式中 r_j 为取值在 0 与 1 之间均匀分布的随机变量。由于突变的随机性，将 p_M 取值为一个较小的常数 0.3，以防过度改变粒子集，影响估计精度。

由于自适应地调整了粒子集中的粒子分布，使更多的粒子处于高似然区域，从而保存了更多有效的粒子，提升了粒子集的多样性。最后，对调整后的新生粒子集进行重采样。

5.4.2　算法详细步骤

基于 Student's t 分布的自适应重采样粒子滤波的完整步骤如下：

步骤 1　初始化粒子集 $\{x_0^i\}_N$。

步骤 2　利用公式（5-20）和（5-21）更新粒子集，对第 k 步进行隐状态估计，得到加权粒子集合 $\{x_k^i, \omega_k^i\}_N$。

步骤 3　根据公式（5-30）和（5-31）加权求和，计算估计目标状态的期望 $\hat{x}_k$。

$$p(x_{0:k}|z_{1:k}) \approx \sum_{i=1}^{N} \omega_k^i \delta(x_{0:k} - x_{0:k}^i) \tag{5-30}$$

$$\hat{x}_k = E(x_k) = \int x_k p(x_{0:k} \mid z_{1:k}) \mathrm{d}x_{0:k} \tag{5-31}$$

步骤 4　利用公式（5-26）得到粒子集的有效采样尺度 N_{eff}。

步骤 5　利用公式（5-23）~（5-25）得到自适应大小权值子集分界值 W_T。

步骤 6　将 W_T 代入式（5-22），生成大权值粒子集 C_L 和小权值粒子集 C_S。

步骤 7　利用公式（5-27）和（5-28）执行自适应加权交叉操作。

步骤 8　利用公式（5-29）执行突变操作，最终得到新生粒子集合 x_{kS}^{*j}。

步骤 9　执行重采样步骤。将新生粒子集合 x_{kS}^{*j} 代入式（5-21）更新权值，得到加权新生粒子集 $\{x_k^{*i},\omega_k^{*i}\}_N$。

步骤 10　将 $\{x_k^{*i},\omega_k^{*i}\}_N$ 作为第 $k+1$ 步的初始粒子集，循环执行步骤 2 到步骤 10。

5.5　基于万有引力优化的粒子滤波

刘润邦[12]等通过万有引力算法对粒子滤波中的粒子集进行优化。其核心思想是：将每个粒子视为质量大小和粒子权值成正比的点，粒子间的引力吸引着粒子向高似然区域移动，从而优化粒子集。然后，利用精英粒子策略加快万有引力优化算法中的粒子收敛速度，避免粒子陷入局部最优；引入感知模型防止过度收敛导致的粒子拥挤或重叠。其目的都是解决在粒子滤波过程中粒子权值退化和粒子丧失多样性问题。

5.5.1　基于精英策略和感知模型的万有引力优化算法

GSA 主要是通过模拟万有引力定律和牛顿加速度定律，利用 GSA 优化粒子滤波中的粒子集，以提升粒子多样性，提高预测的精确度。为此，刘润邦等提出了基于精英策略和感知模型的万有引力优化算法。

根据万有引力定律可知，万有引力定律主要包含四个参量：位置、惯性质量 M、主动引力质量 M_a 和被动引力质量 M_p。该算法中，设 M_a 表示主动引力质量，M_p 表示被动引力质量，d 维空间中 N 个粒子的位置状态 $X_i=(x_i^1,x_i^2,\cdots,x_i^d)$ 由万有引力定律可得，则第 j 个粒子作用于第 i 个粒子的引力为：

$$F_{ij}^d=G\frac{M_{a_j}M_{p_i}}{R_{ij}+e}(X_j-X_i) \tag{5-32}$$

$$G=G_0\exp(-\alpha t/T) \tag{5-33}$$

其中 e 是常量，R_{ij} 为粒子间的欧氏距离，G 为引力常数，G_0 是常数初始值，α 是 G 的衰减系数，T 是最大迭代次数，t 为当前迭代次数.

为了避免粒子多样性丧失，引入如下感知模型（5-34）。该模型可以避免在直接应用万有引力算法时，由于万有引力算法的全局寻优，使粒子仅受引力的作用向适应度值较高的粒子移动。

$$c(x_i,x_j)=\begin{cases}1, R(i,j)\geqslant r\\0, R(i,j)<r\end{cases} \tag{5-34}$$

式中 $c(x_i,x_j)$ 为第 i 个和第 j 个粒子间的感知矩阵，$R(i,j)$ 为粒子间的欧氏距离，r 为感知阈值。

该算法模型可使粒子向高似然区域移动的同时保持自身的多样性，当感知模型值为 1 时，粒子间的引力作用正常，否则引力消失。若第 i 个粒子的所有引力合力为 0，则粒子做无规则运动。

由万有引力可知，M 越大，其产生的引力越大，所处的位置越逼近最优解。假设粒子引力和惯性质量相等，则 M 可以由适应度函数值计算得到，如下所示：

$$\begin{cases}m_i(t)=(s_i(t)-\omega(t))/(b(t)-\omega(t))\\M_i(t)=\dfrac{m_i(t)}{\sum\limits_{j=1}^{N}m_j(t)}\end{cases} \tag{5-35}$$

$$\begin{cases}b(t)=\max\limits_{j\in\{1,2,\cdots,N\}}s_j(t)\\\omega(t)=\min\limits_{j\in\{1,2,\cdots,N\}}s_j(t)\end{cases} \tag{5-36}$$

式中 $s_j(t)$ 表示第 i 个粒子在 t 时刻的适应度值。为了极大地缩减算法的运算量及复杂程度，将每一个粒子受到其他所有粒子的合力，即万有引力合力修正为式（5-37）。此方法可以防止粒子陷入局部最优，加速粒子的收敛速度。

$$F_i^d=\sum_{j=k,j\neq i}r_iF_{ij}^d \tag{5-37}$$

式中 r_i 为[0, 1]之间的随机数，F_{id} 为第 i 个粒子所受的引力的合力。

对于集合中的每一个粒子，一般仅受质量最大的前 k 个粒子的引力作用，且 k（向上取整）是一个随着寻优次数迭代更新的数值，则 k 可表示为：

$$k=\left(1-\frac{t}{T}\right)N+1 \tag{5-38}$$

算法的基本思路为：对所有粒子的引力，不断进行优化，使产生有效引力的粒子数 k 越来越小，直到仅有一个质量最大的粒子对其他粒子产生引力，以加速粒子集向高似然区域收敛，同时避免粒子陷入局部最优。

根据牛顿第二定律，粒子的加速度为：

$$a_i^d = \frac{F_i^d}{M_i} \tag{5-39}$$

在优化的过程中，粒子的速度及位置更新准则为：

$$\begin{cases} v_i^d(t+1) = r_j v_i^d(t) + a_i^d(t) \\ x_i^d(t+1) = x_i^d(t) + v_i^d(t+1) \end{cases} \tag{5-40}$$

5.5.2 万有引力优化的 PF

步骤 1　初始化粒子集 $\{x_0^i\}_{i=1}^N$，权值为 $1/N$，N 为粒子数量。

对每个滤波步长 K，做第 k 步隐式估计，执行以下步骤：

步骤 2　利用公式（5-41）：

$$\hat{w}_k^i = \hat{w}_{k-1}^i \frac{p(z_k \mid x_k^i) p(x_k^i \mid x_{k-1}^i)}{q(x_k^i \mid x_{k-1}^i, z_k)} \tag{5-41}$$

求取每个粒子的权值 $\hat{w}_k^i$；由 $x_k^i \sim q(x_k^i|x_{k-1}^i,z_k)$ 的关系，预测下一时刻的粒子集 $\{x_k^i\}_{i=1}^N$。初始化当前迭代次数 t、最大迭代次数 T、感知阈值 r、引力常数 G_0、衰减系数 α 和粒子集初始速度 $v_i^d(0)$。

$$\hat{\omega}_k^i = \hat{\omega}_{k-1}^i \frac{p(z_k|x_k^i) p(x_k^i|\ x_{k-1}^i)}{q(x_k^i|x_{k-1}^i,z_k)} \tag{5-42}$$

$$\hat{x}_k = \sum_{i=1}^N \omega_k^i x_k^i \tag{5-43}$$

步骤 3　利用万有引力算法优化处理新预测的粒子集 $\{x_k^i\}_{i=1}^N$。

（1）根据公式（5-35），求取每个粒子的质量 M_i，其中 GSA 中的适应度值 $s_i(t)$ 为粒子权值 $\hat{w}_k^i$。

（2）利用公式（5-33）和（5-38）计算常数 G 及精英粒子数 k，并记录当前优化迭代次数 t。

（3）求取每个粒子所受精英粒子的合力 F_i^d。首先取粒子集中质量最大的前 k 个粒子作为主动粒子；然后根据公式（5-32），计算每个粒子所受精英粒子的引力 $F_{ij}^d, j \in k$，依据公式（5-34）判别 F_{ij}^d 是否生效；最后根据公式（5-37）计算每个粒子所受的合力。

（4）根据公式（5-39）首先计算每个粒子在合力作用下的加速度 a_i^d，然后利用公式（5-40），求取下一次寻优迭代时粒子的速度 v_t^d 和位置 x_t^d。

（5）根据更新后粒子的位置 x_t^d 和最新的粒子观测值 z_{new} 重新计算未归一化的粒子权值 $\hat{w}_k^i$，作为下一次优化的适应度值，若迭代完毕，则优化处理结束，进入步骤 4；否则，再次执行步骤 3。

步骤 4　利用公式（5-42）和（5-44）归一化处理优化后的粒子权值，获得经过万有引力算法处理后的粒子集 $\{x_i^k, \omega_i^k\}_{i=1}^N$。

$$\omega_k^i = \frac{\hat{\omega}_k^i}{\sum_{j=1}^{N} \hat{\omega}_k^i} \tag{5-44}$$

步骤 5　状态估计：$\hat{x}_k = \sum_{i=1}^{N} \omega_k^i x_k^i$。

步骤 6　判断滤波程序是否结束，若是，则结束；若不是，$k = k+1$，并返回步骤 2。

5.6　基于多新息理论的优化粒子滤波

多新息理论将部分历史信息加以利用，能够得到更好的辨识效果，同时提高了状态估计的收敛速度及估计精度。

5.6.1　PF 模型改进优化

结合新息理论，将粒子滤波改进。将粒子滤波过程中的新息定义如下：

$$\hat{y}_k = z_k - h_k(\hat{x}_{k|k-1}, 0) \tag{5-45}$$

式中 $\hat{x}_{k-1}$ 为前一时刻的状态。那么，将标准 PF 的状态估计公式改为如下形式：

$$\hat{x}_k = \sum_{i=1}^{N} \omega_k^i x_k^i + \hat{y}_k \tag{5-46}$$

以上为粒子滤波的单新息形式。为了将其扩展为多新息形式，需要将 $\Psi(m,k)$ 、$T(m,k)$ 表示为如下矩阵：

$$T(m,k)=[L_1(k),L_2(k),L_3(k),\cdots,L_m(k)] \tag{5-47}$$

$$\Psi(m,k) = \begin{bmatrix} \rho(k) \\ \rho(k-1) \\ \rho(k-2) \\ \vdots \\ \rho(k-m+1) \end{bmatrix} = \begin{bmatrix} z_k - h(\hat{x}_{k|k\text{-}1},0) \\ z_{k\text{-}1} - h(\hat{x}_{k\text{-}1|k\text{-}2},0) \\ z_{k\text{-}2} - h(\hat{x}_{k\text{-}2|k\text{-}3},0) \\ \vdots \\ z_{k\text{-}m+1} - h(\hat{x}_{k\text{-}m+1|k\text{-}m},0) \end{bmatrix} \tag{5-48}$$

根据公式（5-47）（5-48），将式（5-46）进一步扩展为矩阵的形式，可得基于多新息的粒子滤波，如公式（5-49）所示：

$$\begin{aligned} \hat{x}_k &= \sum_{i=1}^{N} \omega_k^i x_k^i + T(m,k)\Psi(m,k) \\ &= \sum_{i=1}^{N} \omega_k^i x_k^i + [L_1(k), L_2(k), \cdots, L_m(k)]\Psi(m,k) \\ &= \sum_{i=1}^{N} \omega_k^i x_k^i + [L_1(k), L_2(k), \cdots, L_m(k)] \begin{bmatrix} \rho(k) \\ \rho(k-1) \\ \vdots \\ \rho(k-m+1) \end{bmatrix} \\ &= \sum_{i=1}^{N} \omega_k^i x_k^i + \sum_{j=1}^{m} L_j(k)\rho(k-m+1) \end{aligned} \tag{5-49}$$

式中 $\hat{x}_k$ 为当前时刻估计值，m 为新息长度，$L_j(k)$ 为 k 时的增益向量。由此，得出基于多新息的粒子滤波，也就是标准 PF 中的状态估计公式替换为公式（5-49）即可。如此，MI-PF 在估计当前时刻状态时，不仅运用了粒子滤波的特点，同时考虑了以前的状态，并运用多个历史状态包含的信息对当前时刻的状态做出估计。

5.6.2　时间复杂度分析

为了充分说明多新息融入粒子滤波对算法性能的影响有限，在分析 MI-PF 时间复杂度之前，先对 PF 的时间复杂度进行分析。

1. PF 时间复杂度分析

粒子滤波精度和时间复杂度主要取决于粒子数，过多的粒子数会带来运算量的增加。通常标准粒子滤波主要有以下四个步骤：

（1）生成 N 个粒子，并计算各粒子权值。

（2）N 粒子权值归一化。

（3）重采样剔除低权重粒子，同时保留高权重，防止退化。

（4）计算得出状态值。

不难发现，每个步骤的时间复杂度为 $O(N)$。若以 100 个粒子计算，每个步骤平均执行 3 次基本运算（以乘除法为基本运算），总共执行 $3\times4\times100=1200$ 次。

2. MI-PF 时间复杂度分析

从公式（5-49）可以看出，MI-PF 相比标准 PF，增加项为：

$$\sum_{j=1}^{m} L_j(k)\rho(k-m+1)$$

增加的运算量主要取决于新息数 m。结合多新息运算量分析如下：

（1）$m=0$，MI-PF 退化为标准粒子滤波，不增加运算量。

（2）$m=1$，为单新息，新息运算为 $L_1(k)\rho(k)$。

（3）$m=2$，为多新息，多新息运算如下：

$$\sum_{j=1}^{2} L_j(k)\rho(k-m+1)=L_1(k)\rho(k)+L_2(k)\rho(k-1)$$

（4）$m=3$，多信息运算如下：

$$\sum_{j=1}^{3} L_j(k)\rho(k-m+1)=L_1(k)\rho(k)+L_2(k)\rho(k-1)+L_3(k)\rho(k-2)$$

从运算过程可知，增加的运算量主要取决于两个方面：一是新息数；二是 $\varphi(k)$ 与 $\theta(k)$ 两个向量元素个数。若其个数都为 N，则 $L(k)\,\rho(k)$ 的时间复杂度为 $O(N)$，再乘以新息数则为 $m\times O(N)$。而实际应用时，新息数不会较大，

而 $\varphi(k)$ 与 $\theta(k)$ 的元素个数也都较小，因此，在新息数 m 和 $\varphi(k)$ 与 $\theta(k)$ 两个向量元素个数都较小时，相对于标准 PF，加入多新息运算后增加的运算量并不大。如果利用多新息能够提高粒子滤波精度，那么 MI-PF 是否可以用较少的粒子数就能取得其他滤波用较多粒子数的滤波效果，从而提高粒子滤波的运行效率呢？

5.6.3 实验仿真

利用实验仿真的方法重点解决以下三个问题。

（1）新息数 m 的取值。在粒子滤波中，融入了多新息。由多新息的定义可知，越是过去的新息，对当前时刻预测值的影响越小，越能较大的增加算法运算量。也就是在修正粒子滤波估值时，新息数量并不是越多越好，那么在 MI-PF 中，应该使用的新息数 m 为多少最为合适，即滤波精度高、算法运算量少。

（2）利用多新息改进粒子滤波是否可行。MI-PF 是否可以用较少的粒子数就能取得其他滤波用较多粒子数的滤波效果，且能提高粒子滤波的运行效率。

（3）算法性能如何。为了进一步验证 MI-PF 的有效性，在强非线性系统下，利用 Matlab R2012 将 MI-PF 与 FA-PF[4]、imp-WOPF[11]、ADE-PF[22]和基本粒子滤波（PF）进行性能对比，并以均方根误差（RMSE）进行定量比较与分析。

所有实验通过如下非线性过程方程和量测方程进行：

$$x=\frac{1}{3}x+15\times\frac{x}{(1+x^2)}+6\times\cos(1.3\times(k-1))+sqrt(Q)\times r \tag{5-50}$$

$$y=\frac{x^2}{30}+sqrt(R)\times r \tag{5-51}$$

式中，Q 为过程噪声方差，R 为量测噪声方差，r 为服从高斯分布的随机数。仿真程序运行环境为 Microsoft Windows XP Professional，Intel(R) Core(TM) i3-2130 CPU @ 3.40GHz，4GB 内存。

下面考查新息数对滤波精度的影响。

新息数 m 对算法性能有重要影响，为了取得合适的新息数，分别取 $m=0,1,2,\cdots,25$，以分析算法的基本运算量（以乘除法作为基本运算）和 RMSE

均值。由于 MI-PF 是基于标准粒子滤波，故只需比较增加的新息运算的基本运算次数（在实验仿真中以变量 t 表示），以及真值和估计值的均方根误差的平均值即可。初始状态 $x=5$，过程噪声 Q 和量测噪声 R 的方差均为 5，模拟长度为 100，粒子数为 60。利用相同真值，进行以下实验。

（1）$m=0$，即没有新息，则 MI-PF 就退化为标准 PF。其滤波效果如图 5-1 所示。

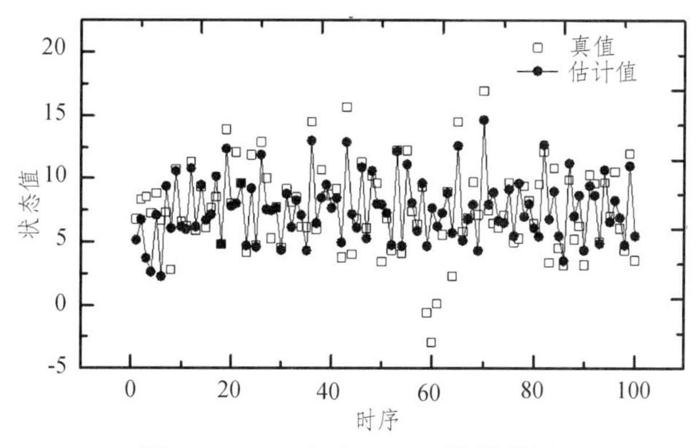

图 5-1　$m=0$ 时 MI-PF 滤波效果

（2）在图 5-1 的真值基础上，增加新息数，即 $m=1$，考虑前一个时刻，即 $k-1$ 时的数据和新息。滤波效果如图 5-2 所示。

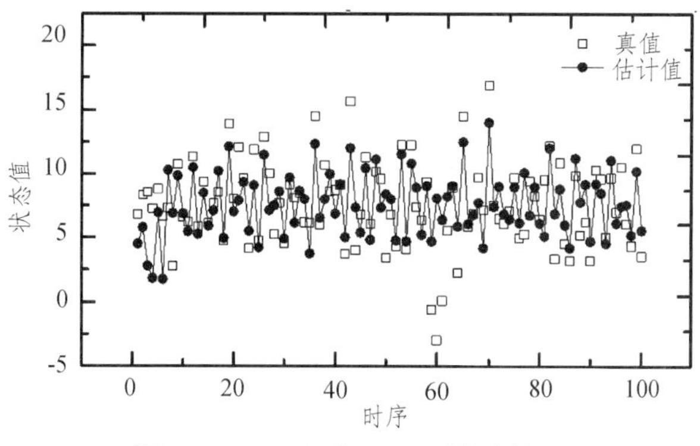

图 5-2　$m=1$ 时 MI-PF 滤波效果

从图 5-2 的滤波效果来看，当 $m=1$ 时，RMSE = 2.26，其滤波效果并没有明显提升，而且比较差，其真值存在较大离散点，即估计值在较大程度上偏离了真值，从而影响了整体滤波效果。单次滤波多新息基本运算次数 $t=15$。

（3）$m=2$，即：当前时刻为k时，需要考虑$k-1$，$k-2$时刻的数据和新息。滤波效果如图 5-3 所示。

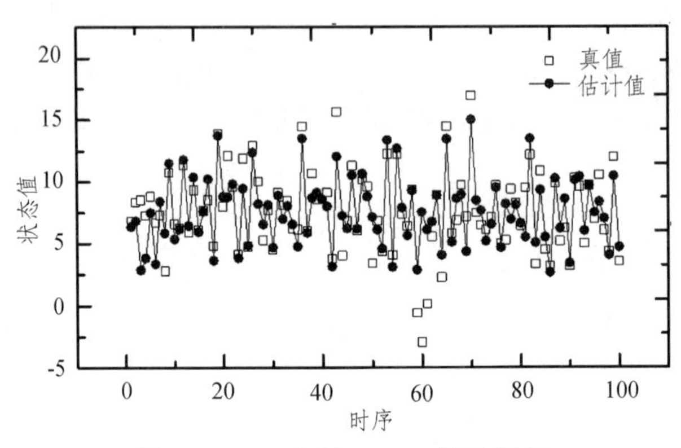

图 5-3　$m=2$ 时 MI-PF 滤波效果

在图 5-3 中，滤波效果较 $m=1$，$m=2$ 时较高，RMSE = 1.96。从一些局部滤波效果来分析，也就是离散点较突出的时候，其滤波效果仍然不是很理想。因此，继续增加新息长度，分析新息数增加的滤波效果。单次滤波多新息基本运算次数 $t=35$。

（4）$m=3$，即：当前时刻为k，需要考虑$k-1$，$k-2$，$k-3$时刻的数据和新息。滤波效果如图 5-4 所示。

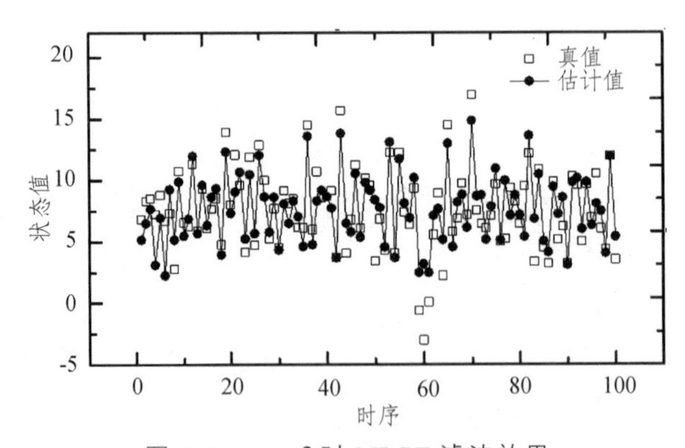

图 5-4　$m=3$ 时 MI-PF 滤波效果

在图 5-4 中，$m=3$ 取得了相对较好的效果，RMSE = 1.76。很多估计值在很大程度上接近了真实值，但是，仍然存在局部偏差较大的现象。单次滤波多新息基本预算次数 $t=70$。

以上三步实验结果具有随机性，为充分说明新息数对滤波精度的影响，可采用同样的方法，即针对每个 m 模拟测试 50 次，并计算 RMSE 均值，直到 $m=25$，结果如图 5-5 所示。

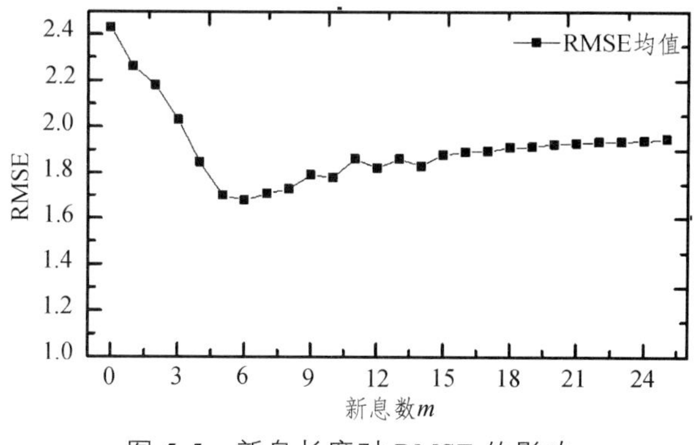

图 5-5　新息长度对 RMSE 的影响

基于以上实验结果，得出以下结论：

（1）新息长度 m 与 MI-PF 的 RMSE 之间存在非线性关系。当 $m=1$、$m=2$ 时，MI-PF 的滤波效果不明显；当 $m=3$、4 和 5 时，取得了显著的效果，也就是紧邻 k 时之前的 3 到 5 个时刻的数据和信息最有用。但是，随着 m 值的增大，对 MI-PF 的滤波效果起着相反的作用，这是因为越旧的历史数据和信息，对当前时刻的状态的估计影响越小，但是不断累积的新息却越大，从而导致利用累积后的新息修正当前时刻的估计值，产生的偏差反而越大。通过归纳可知，MI-PF 在基本粒子滤波的基础上增加的基本运算次数通过拟合，可近似表示为 $t=7.124\mathrm{e}^{0.77m}$，即运算次数 t 随新息数 m 近似成指数增长。也就是说，新息数并非越大越好。

（2）综合考量，新息长度 $2\leqslant m\leqslant 5$ 较为合理，此时滤波精度较高，运算量较低；当 $m>5$ 时，虽然取得较好的滤波效果，但是，运算量偏大。

5.6.4　MI-PF 性能分析

为了充分验证算法的有效性，下面对滤波精度和运行效率对比分析。

1. 精度测试

（1）粒子数 $N=20$、$Q=5$、$R=5$、$K=100$，新息数 $m=3$，仿真结果如图 5-6 和图 5-7 所示。

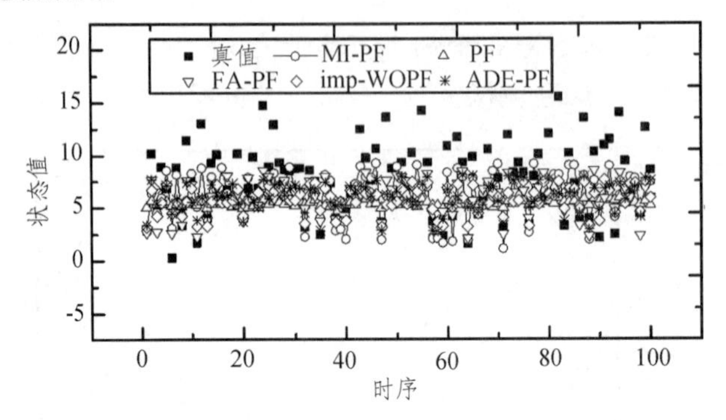

图 5-6　滤波状态估计($N=20$、$Q=5$、$R=5$)

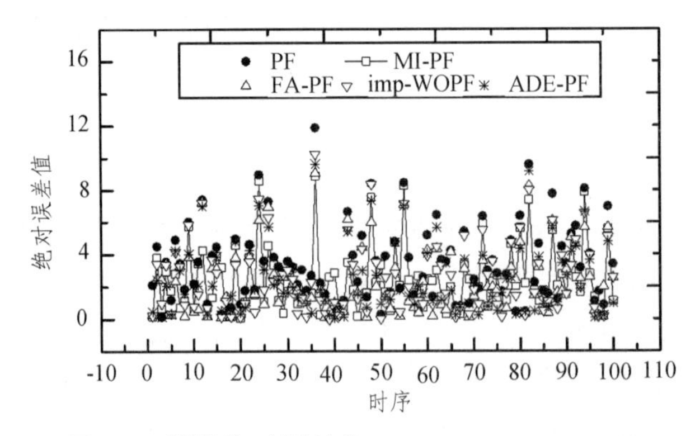

图 5-7　滤波绝对误差值($N=20$、$Q=5$、$R=5$)

（2）粒子数 $N=40$、$Q=5$、$R=5$、$K=100$，新息数 $m=3$，仿真结果如图 5-8 和图 5-9 所示。

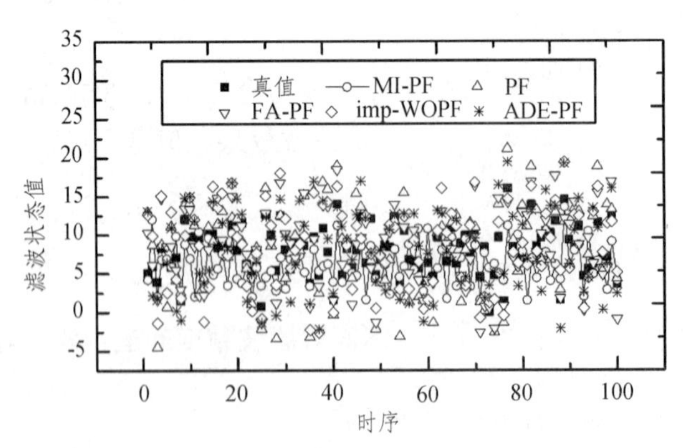

图 5-8　滤波状态估计($N=40$、$Q=5$、$R=5$)

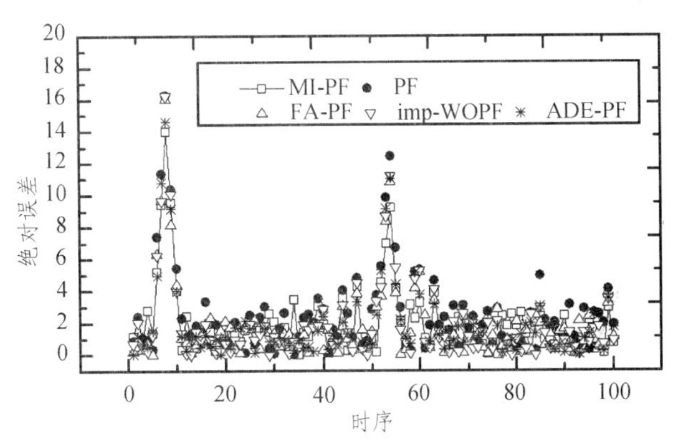

图 5-9　滤波绝对误差值($N=40$、$Q=5$、$R=5$)

基于以上两次实验结果，初步得出以下结论：在粒子数较少时，MI-PF 的滤波精度均高于其他几种滤波方法。

2. 运行效率测试

为了充分验证用多新息理论修正粒子滤波的可行性，下面对 MI-PF 在不同粒子数、过程方差和量测方差下的运算效率及 RMSE 均值进行分析。以公式（5-18）、（5-19）作为过程方程和量测方程，初始状态 $x=5$，过程噪声 $Q=[5,20]$和量测噪声 $R=[5,20]$，粒子数 $N_i=[20,40,60,80,100,120,140]$，模拟长度为 100，分别用 MI-PF（新息数 $m=3$）与 FA-PF[4]、imp-WOPF[11]、ADE-PF[22]和粒子滤波（PF）进行 50 次独立实验，并计算每种算法的均方根误差均值和运行时间均值。均方根误差均值计算公式如下：

$$RMSE(R_i)=\frac{1}{M}\sum_{m=1}^{M}\sqrt{\frac{1}{K}\sum_{k=1}^{N}(x_{k,m}^{r}-x_{k,m})^2} \tag{5-52}$$

式中 R_i 为 MI-PF、FA-PF[4]、imp-WOPF[11]、ADE-PF[22]和标准粒子滤波（PF）；$M=50$，$K=100$，$x_{k,m}^{r}$ 表示时序为 k、第 m 次实验的真值，$x_{k,m}$ 表示时序为 k、第 m 次实验的估计值。在不同粒子数、量测方差 R 和过程方差 Q 下，各滤波的 RMSE 均值和运行效率均值如表 5-1 所示。

表 5-1 实验仿真结果

参数	RMSE 均值					算法运行时间均值/s				
	MI-PF	PF	FA-PF	imp-WOPF	ADE-PF	MI-PF	PF	FA-PF	imp-WOPF	ADE-PF
$N=20$，$Q=5$，$R=5$	3.1750	4.1369	3.3177	3.3688	3.3889	0.0026	0.0025	0.0029	0.0029	0.0032
$N=40$，$Q=5$，$R=5$	2.6295	3.6825	3.0294	3.1820	3.1059	0.0053	0.0050	0.0057	0.0059	0.0064
$N=60$，$Q=5$，$R=5$	2.5911	3.3209	3.2654	3.0552	3.0386	0.0065	0.0062	0.0071	0.0073	0.0079
$N=80$，$Q=5$，$R=5$	2.4923	2.8564	2.6122	2.6279	2.6136	0.0086	0.0082	0.0094	0.0097	0.0104
$N=100$，$Q=5$，$R=5$	2.3012	2.5332	2.3368	2.3305	2.3179	0.0111	0.0106	0.0122	0.0125	0.0135
$N=120$，$Q=5$，$R=5$	2.2432	2.3976	2.2462	2.1763	2.3159	0.0138	0.0131	0.0151	0.0154	0.0166
$N=140$，$Q=5$，$R=5$	2.1471	2.2982	2.1574	2.1325	2.1562	0.0164	0.0156	0.0179	0.0184	0.0198
$N=20$，$Q=20$，$R=20$	5.3983	5.9322	5.5169	5.4576	5.4280	0.0033	0.0031	0.0036	0.0037	0.0039
$N=40$，$Q=20$，$R=20$	5.2935	5.8170	5.4098	5.3516	5.3226	0.0046	0.0044	0.0051	0.0052	0.0056
$N=60$，$Q=20$，$R=20$	5.2686	5.7897	5.3844	5.3265	5.2976	0.0059	0.0056	0.0064	0.0066	0.0071
$N=80$，$Q=20$，$R=20$	4.9327	5.4206	5.0412	4.9870	4.9598	0.0086	0.0082	0.0094	0.0097	0.0104
$N=100$，$Q=20$，$R=20$	4.8791	5.3616	4.9863	4.9327	4.9059	0.0111	0.0106	0.0122	0.0125	0.0135
$N=120$，$Q=20$，$R=20$	4.8520	5.3319	4.9587	4.9053	4.8787	0.0131	0.0125	0.0144	0.0147	0.0159
$N=140$，$Q=20$，$R=20$	4.6213	5.0784	4.7229	4.6721	4.6467	0.0165	0.0157	0.0180	0.0185	0.0199

从表 5-1 的实验仿真数据得出以下结论：

（1）相较于标准粒子滤波 PF，在相同条件下，通过修正的 MI-PF 在粒子数 $N=60$ 时的滤波精度已经接近 PF 粒子数 $N=100$ 时的滤波效果，这说明修正后的滤波性能有了较大提高。同时，在运行效率上，$N=60$，MI-PF 的运行时间为 0.0065；$N=100$，PF 的运行时间为 0.0106。

（2）在相同粒子数和噪声条件下，MI-PF 的滤波精度相比标准 PF 有了较大提高。基于以上实验数据，平均提高了 11.10%，但是运行效率有所降低，平均为 5%。

（3）相比其他几种改进的滤波，当粒子数较少时（$N<100$），MI-PF 在性能上具有显著的优势；当粒子数较多时（$N>100$），6 种算法的滤波性能几乎接近，但是，MI-PF 的效率高于其他几种滤波，略低于标准 PF。

综合以上实验结论，肯定地回答了在 3.2.2 节中提出的问题，即可以用较少的粒子数就能取得其他滤波用较多粒子数的滤波效果，从而降低了粒子滤波的时间复杂度，提高了算法的实时性。

5.7　小　结

有别于第 3 章的基于智能优化算法对标准粒子滤波的改进，这一章重点介绍了一些新的思路和方法，如基于和声搜索算法优化粒子滤波，基于万有引力对粒子滤波进行优化，以及改进的颜色粒子滤波。另外，介绍了作者前期的研究成果，即基于多新息理论，对粒子滤波的状态估计模型进行了改进，并通过实验仿真的方法，验证了改进的可行性。

参考文献

[1] 李和香，邓辉舫. 和声搜索优化粒子滤波的视频目标跟踪方案[J]. 计算机工程与设计，2017，38(07)：1905-1910.

[2] 刘润邦，朱志宇. 万有引力优化的粒子滤波算法[J]. 西安电子科技大学学报，2018，45(02)：141-147.

[3] Gao ML，He x，Luo D，et al. Object tracking based on harmony search：Comparative study [J]. Journal of Electronic Imaging，2012，21(04)：80-90.

[4] 袁小芳，刘晋伟，陈秋伊，等. 并行混沌与和声搜索的多目标混合优化算法[J]. 湖南大学学报(自然科学版)，2018，45(04)：96-103.

[5] 黄辰，费继友，王丽颖，等. 基于多策略差分布谷鸟算法的粒子滤波方法[J]. 农业机械学报，2018，49(04)：265-272.

[6] WANG Y，CAI Z，ZHANG Q. Differential evolution with composite trial vector generation strategies and control parameters［J］. IEEE Transactions on Evolutionary Computation，2011，15(1) ：55-66.

[7] 汪慎文，丁立新，张文生，等. 差分进化算法研究进展[J]. 武汉大

学学报：理学版，2014，60(04)：283-292.

[8] 赵志伟，杨景明，呼子宇，等. 基于一次指数平滑法的自适应差分进化算法［ J ］.控制与决策，2016，31(5) ：790-796.

[9] 王欢，王庆林，王蒙，等. 一种改进的颜色粒子滤波目标跟踪算法[J]. 北京理工大学学报，2014，34(08)：836-842.

[10] Itti L，Koch C. Computational modeling of visual attention[J]. Nature Reviews Neuroscience，2001，2(31)：194-230.

[11] Doucet A，Godsill S，Andrieu C. On sequential Monte Carlo sampling methods for Bayesian filtering[J]. Statistics and Computing，2000，10(3)：197-208.

[12] 刘润邦，朱志宇. 万有引力优化的粒子滤波算法[J]. 西安电子科技大学学报，2018，45(02)：141-147.